アルゴリズム・サイエンス シリーズ

杉原厚吉・室田一雄・山下雅史・渡辺　治 編

6

数理技法編

複雑さの階層

荻原光徳 著

共立出版

シリーズの序

インターネットやバイオインフォマティクスなど，情報科学は社会への影響力を急速に増大・拡大している．情報科学の基礎を支えるアルゴリズム・サイエンス分野も例外ではない．この四半世紀の進歩はまさに驚異的であったが，現在もその速度は増すばかりのように見える．

このような情勢の下に，アルゴリズム・サイエンスに対する時代の要請は以下の４点にまとめられる：

まず，並列計算機や分散計算環境が容易に手に入る時代となり，このような新しい計算環境のもとで上手に問題を解決するための新しい解法の開発が必要とされていることである．

次に，バイオインフォマティクスやナノ技術など多くの応用分野が巨大な問題を上手に扱うための新しい計算パラダイムを必要としていることである．

第３に，情報セキュリティという重要な応用分野の出現が，従来は応用に乏しい理論研究と考えられてきた整数論や計算困難性理論の実学としての再構築を迫っていることである．

そして最後に，これらの要請に応える健全なアルゴリズム・サイエンスの発展を担う人材の教育・養成である．

以上の状況を踏まえ，われわれは以下の２つの主目的を掲げて，アルゴリズム・サイエンス シリーズを発刊することにした．

第１に，アルゴリズム・サイエンスを高校生あるいは大学初年度生に紹介し，若年層のこの分野に対する興味を喚起することである．

第２に，アルゴリズム・サイエンスのこの四半世紀の進歩を学問体系として整理し，この分野を志す学習者および研究者のための適切な学習指針を整備することである．

これら２つの目的を達成するために，本シリーズは通常のシリーズとは異なる構成をとることにした．まず，２つの「超入門編」として，『入口からの超入門』と『出口からの超入門』を置いた．これらにより，理論的な展開に興味をもつ学生も，アルゴリズムの応用に興味をもつ学生も，ともに高校生程度の基礎学力で十分にアルゴリズム・サイエンスの面白さを満喫していただけることを期待している．

次に，確率アルゴリズムや近似アルゴリズムなどを含む，新たに建設された興味深いアルゴリズム分野を紹介し詳述するために，「数理技法編」として諸巻を設けることにした．『入口からの超入門』がこれらの巻に対する適切な入門書となるように企画されている．

さらに，バイオインフォマティクスや情報セキュリティに代表されるような，重要な応用分野における各種アルゴリズムの発展という視点からいくつかのテーマを厳選し，「適用事例編」として本シリーズに加えることにした．これらの巻に対する入門書が『出口からの超入門』である．

なお，各巻は大学や大学院の教科書として利用できるよう内容を工夫し，必要な初歩的知識についてもできるかぎり詳述するなど，各著者に自己完結的に構成していただいている．

最後になったが，本シリーズは特定領域研究「新世代の計算限界—その解明と打破」（領域代表 岩間一雄（京都大学））の活動の一環として企画された．

編集委員　　杉原厚吉・室田一雄・山下雅史・渡辺　治

まえがき

計算量理論とは，計算にかかる手間（計算の複雑さ）をモデル計算機を用いて系統立てて研究する，理論計算機科学の一分野であり，Juris Hartmanis と Richard Stearns が 1965 年にアメリカ数学会誌に発表した論文 “On the computational complexity of algorithms” によって創設された．その主眼は，計算問題のむずかしさを，それを解くアルゴリズムを実行する手間がどれくらいであるかによってクラス分けし，それらのクラスの性質および相互関係を調べることである．

計算量理論の分野は，1970 年代初頭に Stephen Cook と Leonid Levin によって独立に提唱され，Richard Karp によって整備された NP 完全性の概念によって飛躍的進歩を遂げた．この概念は，計算量のクラスの性質を，そのクラスの代表的問題を通じて研究することを可能にした．

本書の主眼は，チューリング機械を用いて定義される基本的計算量クラスとその階層構造と包含関係について解説すること，そして，それらのクラスの完全問題を示すことである．紙面の都合上，とりあげることのできなかった発展的内容については，巻末の参考文献などを参照されたい．

なお，本書に登場する用語には，それに対応する英語を示してある．また，外国人名に対しては，少し強引なところもあるが，そのカタカナ読みを付しておいた．読者の参考になればさいわいである．

さて，本書を執筆するにあたり，共立出版の小山透氏には執筆や構成に関する細かなアドバイスをいただくとともに，些細な質問にも的確にお答えいただいた．また，シリーズ編集委員である東京大学大学院情報理工学系研究科の杉原厚吉先生ならびに室田一雄先生，九州大学大学院システム情報科学研究院の山下雅史先生，東京工業大学大学院情報理工学研究科の渡辺治先生には貴重なご意見をいろいろと頂戴した．さらに，共立出版の浦山毅氏にはたいへんきめ細かい校正をしていただいた．これらの方々にここで改めて御礼申し上げる．

最後に，執筆のあいだ，あれやこれやとサポートしてくれたわが家族（恵実，えれん，エリカ）に，感謝の意を込めて本書を捧げる．

2006 年 9 月，Rochester にて

荻原光徳

目　次

第1章

準備

この章では，本書で使われる数学の概念を復習する．

1.1 論理

以下において，S と T は**命題**（statement）とする．

1. S と T の**論理積**（logical-and または conjunction）とは，「S と T が同時に成り立つ」という命題であり，これを $S \wedge T$ で表わす．
2. S と T の**論理和**（logical-or または disjunction）とは，「S と T の少なくとも一方が成り立つ」という命題であり，これを $S \vee T$ で表わす．
3. S の**否定**（negation）とは，「S が成り立たない」という命題であり，これを $\neg S$ で表わす．
4. 「S ならば T」という命題を $S \Rightarrow T$ で表わす．
5. $S \Rightarrow T$ が成り立つとき，S を T の**十分条件**（sufficient condition）とよび，T を S の**必要条件**（necessary condition）とよぶ．
6. $S \Rightarrow T$ と $S \Leftarrow T$ が同時に成り立つ場合，$S \iff T$ と表わし，S は T の**必要十分条件**（necessary and sufficient condition），あるいは，T は S の必要十分条件であるという．また，S と T はたがいの**同値条件**（equivalent condition）であるともいう．
7. (4) において述べた $S \Rightarrow T$ という形式の命題は，$\neg S \vee T$ と同値であることに注意．

8. $\neg T \Rightarrow \neg S$ は $S \Rightarrow T$ と同値である．この 2 つの命題は，たがいの**対偶**（contrapositive）である．対偶の対偶をとると，元の形に戻ることに注意．
9. 「Q の条件を満たすすべての x について R が成り立つ」という命題を $(\forall x : Q)[R]$ で表わす．ここに現われる記号 $\forall$ を**全称記号**（universal quantifier）とよぶ．
10. 「Q の条件を満たす x のうちで R を満たすものがある」という命題を $(\exists x : Q)[R]$ で表わす．ここに現われる記号 $\exists$ を**存在記号**（existential quantifier）とよぶ．
11. 「有限個の例外を除き，Q の条件を満たすすべての x について R が成り立つ」という命題を $(\overset{\infty}{\forall} x : Q)[R]$ で表わす．ここで，「有限個の例外を除き…すべての」という代わりに「ほとんどすべての」ともいうことに注意．
12. 「Q の条件を満たす x のうちで R を満たすものが無限個存在する」という命題を $(\overset{\infty}{\exists} x : Q)[R]$ で表わす．
13. 上記の 4 つの命題式を表わすにあたって，Q の部分が x で始まる形式のとき，$x : Q$ の $x :$ を省略して Q と表わしてもよい．たとえば，「$(\forall x : x \geq 2)$」を「$(\forall x \geq 2)$」と表わしてもよい．また，R のまわりの括弧を省いて，$(\forall x : Q)R$ や $(\exists x : Q)R$ などと書くことがある．
14. 命題 A，B，C に対して，$A \vee (B \wedge C)$ は $(A \vee B) \wedge (A \vee C)$ と同値であり，$A \wedge (B \vee C)$ は $(A \wedge B) \vee (A \wedge C)$ と同値である．この 2 つの法則を合わせて，論理の**分配法則**（distributive law）とよぶ．

1.2　集合

以下において，S と T は集合（set）とする．

1. $x \in S$ は，x が S の**要素**，あるいは，x が S の**元**　（element または member）であることを表わす．
2. 可算個の要素をもつ集合は，その要素を並べることによって表わすことができる．たとえば，$\{a,b,c\}$ は，a，b，c の 3 つの要素からなる集合を表わす．

3. $\emptyset$ は，**空集合**（empty set），すなわち，要素をもたない集合を表わす．
4. R を x に関する命題とするとき，$\{x \mid R\}$ は条件 R を満たすすべての x からなる集合を表わす．
5. S の各要素が T の要素であるとき，S は T の**部分集合**（subset）であるといい，これを $S \subseteq T$ で表わす．
6. $S \subseteq T$ かつ $S \neq T$ であるとき，S は T の**真部分集合**（proper subset）であるといい，これを $S \subset T$ で表わす．
7. S と T の両方に属する要素全体からなる集合を，S と T の**積**（intersection of S and T），または，S と T の**共通部分**（common part）とよび，これを $S \cap T$ で表わす．つまり，$S \cap T = \{x \mid (x \in S) \wedge (x \in T)\}$ である．
8. S と T の少なくとも一方に属する要素全体からなる集合を，S と T の**和**（union）とよび，これを $S \cup T$ で表わす．つまり，$S \cup T = \{x \mid (x \in S) \vee (x \in T)\}$ である．
9. S の要素であるが T の要素ではないもの全体からなる集合を，S と T の**差集合**（set difference）とよび，これを $S \setminus T$ で表わす．つまり，$\{x \mid x \in S \wedge x \notin T\}$ である．とくに，S が T の部分集合である場合においては，S と T の差集合は式 $S - T$ を用いて表わすことがある．
10. 全体集合 U の部分集合 S に対し，$U - S$ を S の**補集合**（complement）とよび，$\overline{S}$ または S^{c} で表わす．
11. S と T のどちらか一方のみに属する要素全体の集合を，S と T の**対称差**（symmetric difference）とよび，これを $S \triangle T$ で表わす．つまり，$S \triangle T = (S \setminus T) \cup (T \setminus S) = \{x \mid (x \in S \wedge x \notin T) \vee (x \notin S \wedge x \in T)\}$ である．
12. S の任意の要素 x と T の任意の要素 y の組 (x,y) からなる集合を，S と T の**直積**（direct product of S and T）または**デカルト積**（Cartesian product）とよび，$S \times T$ で表わす．つまり，$S \times T = \{(x,y) \mid x \in S \wedge y \in T\}$ である．

13. 集合 S に属する要素の個数を，S の**要素数**（cardinality），または，S の**大きさ**（size）といい，$\|S\|$ で表わす．
14. S の部分集合全体からなる集合を，S の**ベキ集合**（power set）とよび，2^S で表わす．つまり，$2^S = \{W \mid W \subseteq S\}$ である．
15. $\mathbf{Z}$ は，**整数**（integer）全体の集合 $\{\cdots, -1, 0, 1, \cdots\}$ を表わす．
16. $\mathbf{N}$ は，**自然数**（natural number），または，**非負の整数**（nonnegative integer）全体の集合 $\{0, 1, \cdots\}$ を表わす．
17. $\mathbf{N}^+$ は，**正の整数**（positive integer）全体の集合 $\{1, 2, \cdots\}$ を表わす．
18. $\mathbf{Q}$ は，**有理数**（rational number）全体の集合を表わす．
19. $S \times S$ の部分集合を，集合 S 上の **2 項関係**（binary relation）とよぶ．
20. 集合 S 上の 2 項関係 $\sim$ が**反射律**（reflexive law）を満たすとは，S に属するすべての x に対して $x \sim x$ が成り立つことをいう．
21. 集合 S 上の 2 項関係 $\sim$ が**対称律**（symmetric law）を満たすとは，S に属するすべての x と y に対して $(x \sim y) \iff (y \sim x)$ が成り立つことをいう．
22. 集合 S 上の 2 項関係 $\sim$ が**推移律**（transitive law）を満たすとは，S に属するすべての x，y，z に対して $((x \sim y) \wedge (y \sim z)) \Rightarrow (x \sim z)$ が成り立つことをいう．
23. 集合 S 上の 2 項関係 $\sim$ が反射律，対称律，推移律のすべてを満たすとき，$\sim$ は**同値律**（equivalence law）を満たすといい，$\sim$ は**同値関係**（equivalence relation）であるという．

1.3　グラフ・木

1. 有限集合 V 上の 2 項関係 $E \subseteq V \times V$ が与えられたとき，組 (V, E) を V 上の**有向グラフ**（directed graph）とよぶ．V の各要素を**頂点**（vertex），V を G の**頂点集合**（vertex set）とよぶ．また，E の各要素を**辺**（edge），E を G の**辺集合**（edge set）とよぶ．
2. グラフ G に対して，$V[G]$ で G の頂点集合，$E[G]$ で G の辺集合を表わす.

3. 有向グラフの辺 $e=(u,v)$ に対し，u を e の**始点**（source），v を e の**終点**（sink）とよぶ．有向グラフの辺を**有向辺**（directed edge），**弧**（arc）ともよぶ.
4. 有限集合 V の**無向グラフ**（undirected graph）$G=(V,E)$ とは，すべての頂点 u に対して $(u,u)\notin E$，かつ，すべての頂点の組 (u,v) に対して $(u,v)\in E \iff (v,u)\in E$ を満たすものである.
5. グラフ（有向または無向）$G=(V,E)$ の辺 $e=(u,v)$ に対し，u と v はたがいに**隣接する頂点**（adjacent vertex）であり，e は u および v と**結合する**（incident to u and v）という.
6. グラフ（有向または無向）$G=(V,E)$ の**小路**（path）とは，G の頂点の列 $\pi=[u_1,\cdots,u_k]$ で，$k=1$ もしくは $(u_1,u_2),\cdots,(u_{k-1},u_k)\in E$ を満たすものをいう．$\pi=[u_1,\cdots,u_k]$ の長さは $k-1$ である．有向グラフの小路は方向性をもつことに注意.
7. 小路 $\pi=[u_1,\cdots,u_k]$ に対して $k\geq 2$ および $u_1=u_k$ が成り立つとき，π は**閉路**（cycle）であるという.
8. グラフ $G=(V,E)$ が**連結グラフ**（connected graph）であるとは，G の任意の 2 頂点 u と v が，小路で結ばれていることをいう.
9. 閉路をもたないグラフを，**森**（forest）とよぶ,
10. 閉路をもたない連結グラフを，**木**（tree）とよぶ.

1.4 写像

1. 集合 S の任意の要素 x に対して T の要素 $f(x)$ が一意に定まるとき，f を，S から T への**写像**（mapping）または**関数**（function）とよぶ．f が S から T への写像であることを，式 $f:S\to T$ で表わす.
2. 写像 $f:S\to T$ に対し，S を f の**定義域**（domain of f）とよび，T を f の**値域**（image of f）とよぶ.
3. 写像 $f:S\to T$ と S の部分集合 A に対し，$\{y \mid y\in T\wedge(\exists x\in A)[f(x)=$

$y]\}$ を f による A の**像**（image of A with respect to f）とよび，$f(A)$ で表わす．

4. 写像 $f : S \to T$ と $y \in T$ に対し，y の f における**原像**（preimage of y with respect to f）とは，$\{x \mid x \in S \wedge f(x) = y\}$ のことであり，これを $f^{-1}(y)$ で表わす．
5. 写像 $f : S \to T$ と $B \subseteq T$ に対し，B の f における**原像**（preimage of B with respect to f）とは，$\{x \mid x \in S \wedge f(x) \in B\}$ のことであり，これを $f^{-1}(B)$ で表わす．
6. $f : S \to T$ に対し，$f(S) = T$ が成り立つとき，f は**全射関数**（surjective function，onto function，または，surjection）であるという．
7. $f : S \to T$ に対し，$(\forall x, y \in S)[f(x) = f(y) \iff x = y]$ が成り立つとき，f は**単射関数**（injective function，one-to-one function，または，injection）であるという．
8. $f : S \to T$ が全射かつ単射であるとき，f は**全単射関数**（bijective function または bijection）であるという．さらに，このとき，f^{-1} を f の**逆写像**あるいは**逆関数**（inverse function of f）とよぶ．
9. 写像 $f : S \to T$ と写像 $g : T \to U$ が与えられたとき，$g \circ f : S \to U$ は S の各要素 x を $g(f(x))$ に対応させる．これを g と f の**合成**（composite function of g and f）とよぶ．
10. $f : S \to S$ が $(\forall x \in S)[f(x) = x]$ を満たすとき，f は**恒等関数**（identity function）であるという．
11. $f : S \to S$ と正の自然数 n に対し，f を n 回合成してできる写像を f^n で表わす．
12. 実数 x に対し，$\lfloor x \rfloor$ は x よりも大きくない最大の整数である．
13. 実数 x に対し，$\lceil x \rceil$ は x よりも小さくない最小の整数である．

1.5　言語

1. **アルファベット**とは，有限個の文字からなる集合である．アルファベットのサイズまたは**大きさ**（size）とは，その要素数のことである．

2. アルファベット Σ が与えられたとき，Σ の記号を有限個選んで（同じ記号がなんど使われてもかまわない），それをある順序で一列に並べたものを，Σ 上の**文字列**（string または word）という．
3. Σ 上の文字列全体の集合を Σ^* で表わす．
4. 空の文字列（empty word）を ϵ で表わす．数の世界において $\{0\} \neq \emptyset$ であるように，文字列の世界において $\{\epsilon\} \neq \emptyset$ であることに注意．
5. Σ^* の各要素 w に対して，w の文字数を w の**長さ**（length）といい，$|w|$ で表わす．また，$\mathbf{N}$ の任意の要素に対して，Σ^n は $\{w \mid w \in \Sigma^* \wedge |w| = n\}$ を表わし，$\Sigma^{\leq n}$ は $\{w \mid w \in \Sigma^* \wedge |w| \leq n\}$ を表わす．
6. アルファベット Σ 上の**言語**（language）とは，Σ^* の部分集合である．
7. アルファベット Σ 上の**言語クラス**（class）とは，Σ 上の言語を要素としてもつ集合である．
8. 言語クラス $\mathcal{C}$ に対し，co$\mathcal{C}$ は，$\mathcal{C}$ の各言語の補集合からなるクラス（complementary class）である．すなわち，co$\mathcal{C} = \{A \mid \overline{A} \in \mathcal{C}\}$ である．
9. Σ を構成する要素 $a_1, \cdots, a_k$ に対し，順序 $a_1 < \cdots < a_k$ が与えられたとき，Σ^* の**文字列順序**（lexicographic order）$<_{\mathrm{lex}}$ を次のように定義する．文字 $u_1, \cdots, u_m$ からなる長さ m の文字列 $u = u_1 \cdots u_m$ と，文字 $v_1, \cdots, v_n$ からなる長さ n の文字列 $v = v_1 \cdots v_n$ に対し，$u <_{\mathrm{lex}} v$ が成り立つのは，次の 2 つの条件のどちらかが成り立つときであり，またそのときに限る．

   - $m < n$
   - $m = n$ でかつ $(\exists k : 1 \leq k \leq m)[(u_1 = v_1) \wedge \cdots \wedge (u_{k-1} = v_{k-1}) \wedge (u_k < v_k)]$

   また，$(u = v) \vee (u <_{\mathrm{lex}} v)$ であるとき，これを $u \leq_{\mathrm{lex}} v$ で表わす．
10. Σ^* の**辞書式順序**（dictionary order）$<_{\mathrm{dic}}$ を次のように定義する．文字 $u_1, \cdots, u_m$ からなる長さ m の文字列 $u = u_1 \cdots u_m$ と，文字 $v_1, \cdots, v_n$ からなる長さ n の文字列 $v = v_1 \cdots v_n$ に対し，$u <_{\mathrm{dic}} v$ が成り立つのは，次の 2 つの条件のいずれかが成り立つときであり，またそのときに限る．

- $m < n$ かつ $(\forall i : 1 \leq i \leq m)[u_i = v_i]$
- $(\exists k : 1 \leq k \leq \min\{m, n\})[(\forall i : 1 \leq i \leq k-1)[u_i = v_i] \vee u_k < v_k]$

また，$(u = v) \vee (u <_{\mathrm{dic}} v)$ であるとき，これを $u \leq_{\mathrm{dic}} v$ で表わす．

11. 本書では，文字列順序を文字列に関する基本の順序として用い，自明なかぎり，$<_{\mathrm{lex}}$ および $\leq_{\mathrm{lex}}$ を単純に $<$ および $\leq$ で表わすことにする．
12. 文字列順序のもとで，Σ^* と $\mathbf{N}$ は全単射で対応する．
13. 文字列順序のもとでの Σ^* から $\mathbf{N}$ への対応を f とするとき，Σ^* の**ペアリング関数**（pairing function）$\langle\ \rangle_2 : \Sigma^* \times \Sigma^* \to \Sigma^*$ を次のように定義する．
$$\langle u, v \rangle_2 = f^{-1}\left(\frac{(f(u)+f(v)+1)(f(u)+f(v))}{2} + f(v)\right)$$
関数 $\langle\ \rangle_2$ は全単射である．
14. 3 以上の任意の k および $u_1, \cdots, u_k \in \Sigma^*$ に対して，**k 次のペアリング関数** $\langle\ \rangle_k$ を $\langle u_1, \cdots, u_k \rangle_k = \langle \langle u_1, \cdots, u_{k-1} \rangle_{k-1}, u_k \rangle_2$ と定義する．関数 $\langle\ \rangle_k$ は全単射である．

1.6　関数の漸近的性状

以下において，f と g はともに $\mathbf{N}$ から $\mathbf{N}$ への関数とする．

1. $(\forall n \in \mathbf{N})[f(n) < f(n+1)]$ が成り立つとき，f は**単調増加関数**（monotonically increasing function）であるという．
2. $(\forall n \in \mathbf{N})[f(n) \leq f(n+1)]$ が成り立つとき，f は**単調非減少関数**（monotonically nondecreasing function）であるという．
3. $(\forall n \in \mathbf{N})[f(n) > f(n+1)]$ が成り立つとき，f は**単調減少関数**（monotonically decreasing function）であるという．
4. $(\forall n \in \mathbf{N})[f(n) \geq f(n+1)]$ が成り立つとき，f は**単調非増加関数**（monotonically nonincreasing function）であるという．
5. $(\overset{\infty}{\forall}\, n \in \mathbf{N})[f(n) < f(n+1)]$ が成り立つとき，すなわち，$(\exists n_0)(\forall n \in \mathbf{N})[(n \geq n_0) \Rightarrow (f(n) < f(n+1))]$ であるとき，f は**漸近的増加関数**

(asymptotically increasing function) であるという．同様にして，**漸近的非減少関数** (asymptotically nondecreasing function)，**漸近的減少関数** (asymptotically decreasing function)，および，**漸近的非増加関数** (asymptotically nonincreasing function) を定義する．

6. g が単調非減少で，ある定数 $c > 0$ に対して $(\overset{\infty}{\forall}\ n)[f(n) \leq cg(n)]$ が成り立つとき，これを $f \in O(g)$ で表わす．
7. g が単調非減少で，ある定数 $c > 0$ に対して $(\overset{\infty}{\forall}\ n)[f(n) \geq cg(n)]$ が成り立つとき，これを $f \in \Omega(g)$ で表わす．
8. $f \in O(g)$ かつ $\Omega(g)$ であるとき，これを $f \in \Theta(g)$ で表わす．
9. g が単調非減少で，$(\overset{\infty}{\forall}\ n \geq 0)[g(n) > 0]$ であり，かつ，$\displaystyle\lim_{n\to\infty} \frac{f(n)}{g(n)} = 0$ であるとき，これを $f \in o(g)$ および $f \in \omega(g)$ で表わす．

第2章 チューリング機械の基礎

2.1 チューリング機械による言語の受理

ここでは，多テープチューリング機械と，それによって受理される言語を定義する．

2.1.1 チューリング機械の基本的動作

まず，チューリング機械と，その基本的動作について解説する．

2.1.1.1 チューリング機械モデル

本書で用いる計算のモデルは，**チューリング機械**（Turing machine），とくに**多テープチューリング機械**（multi-tape Turing machine）である．多テープチューリング機械は，**制御部**（finite control），**入力テープ**（input tape），および有限個の**作業用テープ**（work tape）から構成される（図 2.1 参照）．作業用テープの数は，チューリング機械ごとに固定されている．作業用テープの数が k であるチューリング機械を $\boldsymbol{k}$ **作業用テープチューリング機械**（k-worktape Turing machine）とよぶ．

入力テープと作業用テープは，ともに 1 次元の記憶領域で，$0, 1, 2, \cdots$ と**番地**（address）をつけた**マス目**（tape cell）に分かれている．

チューリング機械の入力テープは，入力として与えられた文字列を保存する場所である．入力文字列は，1 番地に第 1 文字，2 番地に第 2 文字，3 番地

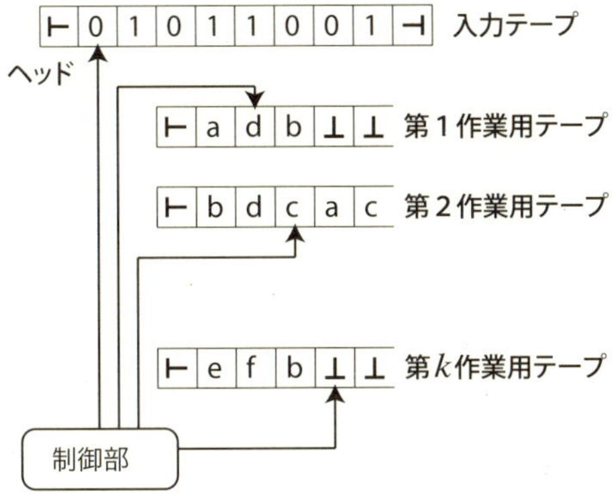

図 2.1　k 作業用テープチューリング機械

に第 3 文字，…というように入力テープに書かれている．これらの文字は，チューリング機械ごとに決まる有限の大きさをもつ**入力アルファベット**（input alphabet）に属する．入力文字列の前と後には，それぞれ $\vdash$ と $\dashv$ という，入力アルファベットに属さない特別な記号が書かれており，それぞれ入力の始まりと入力の終わりを表わす．$\vdash$ は必ず 0 番地にあるが，$\dashv$ は入力の長さが n である場合は $n+1$ 番地にある．チューリング機械の動作中，入力テープの内容は変化しない．

一方，作業用テープはいずれも無限の長さをもつ．作業用テープの 1 番地以降のマス目のそれぞれには，**作業用アルファベット**（work alphabet）に属する文字が書かれている．この作業用アルファベットはチューリング機械ごとに定まり，有限の大きさをもつ．入力テープと同じく，作業用テープの 0 番地のマス目にはテープの始まりを示す特殊文字 $\vdash$ が書かれており，それを書き換えることは許されない．また，$\vdash$ を 0 番地以外の場所に書くことも禁じられている．計算の初期状態においては，空白を表わす文字 $\perp$ が 1 番地以降のすべてのマス目に書かれている．$\vdash$ は作業用テープに含まれないが，$\perp$ は作業用アルファベットに含まれる．

チューリング機械の計算は，**離散的時間**（discrete time）で行なわれる．離散時間における時間単位を，**時刻**または**ステップ**（step）とよぶ．

入力テープ，作業用テープともに，その内容に対するアクセスは，**ヘッド**

(head) という媒体によって行なわれる．入力テープ上のヘッドを**入力ヘッド** (input head) とよび，作業用テープ上のヘッドを**作業用ヘッド** (work head) とよぶ．とくに，任意の自然数 k に対して，第 k 作業用テープ上のヘッドを**第 k 作業用ヘッド** (k-th work head) とよぶ．これ以外の種類のテープを後ほど導入するが，一般的に「何々テープ」という呼称に対し，「何々ヘッド」という言い方をする．

すべての時刻において，どのヘッドも，対応するテープのただ 1 つのマス目に接触することができる．入力ヘッドの場合，許されている動作は，そのマス目に書かれている文字を読むことだけである．作業用ヘッドの場合は，読み込むことに加えて書き込むこともできる．ただし，0 番地にある $\vdash$ を書き換えることはできない．作業用ヘッドに書き込まれる文字は，このあと定義する遷移関数によって定まる．さらに，次の時刻へ移るにあたり，ヘッドは両隣りのどちらかのマス目に独立して移動することができる．ただし，$\vdash$ の手前および $\dashv$ の先に移動することはできない．移動せずに現在いる番地にとどまることも可能である．文字列は慣習的に左から右へと書かれるので，チューリング機械のヘッドの動きを述べるときに，右へ移動することで番地がより大きなマス目に移動することを表わし，左へ移動することで番地がより小さなマス目に移動することを表わす．

制御部では計算の状況を，**状態** (state) を使って記憶する．状態はチューリング機械ごとに定まり，有限の大きさをもつ**状態集合** (state set) の要素である．チューリング機械の動作は，状態と，ヘッドが読み込んだ文字に基づいて決定される．計算の開始時において，状態は**初期状態** (initial state) にある．さらに，**受理状態** (accept state) と，**拒否状態** (reject state) という特別な状態があり，チューリング機械の状態が受理状態または拒否状態になったときに，その計算は終了する．

数学的には，チューリング機械は 7 個組 $(Q, \Sigma, \Gamma, \delta, q_0, q_{\mathrm{acc}}, q_{\mathrm{rej}})$ で表わす．ここで，Q は状態集合，Σ は入力アルファベット (input alphabet)，Γ は作業用アルファベット (work alphabet)，q_0 は初期状態，q_{acc} は受理状態，q_{rej} は拒否状態である．

δ は，チューリング機械の動きを規定する**遷移関数** (transition function) である．$\tilde{\Sigma} = \Sigma \cup \{\vdash, \dashv\}$，$\tilde{\Gamma} = \Gamma \cup \{\vdash\}$，$D = \{\leftarrow, -, \rightarrow\}^{k+1}$ とするとき，δ は $Q \times \tilde{\Sigma} \times \tilde{\Gamma}^k$ から $Q \times \tilde{\Gamma}^k \times D^{k+1}$ への関数である．

いま，Q の要素 q と p，$\tilde{\Sigma}$ の要素 b_0，$\tilde{\Gamma}$ の要素 $b_1, \cdots, b_k, c_1, \cdots, c_k$，$D$ の要素 $d_0, \cdots, d_k$ に対して，

$$\delta(q, b_0, b_1, \cdots, b_k) = (p, c_1, \cdots, c_k, d_0, d_1, \cdots, d_k)$$

が成り立つとする．入力テープを第 0 作業用テープと便宜上考え，第 i 作業用ヘッドのある番地を r_i とすると，この対応づけは，現在の時刻において，制御部の状態が q で，0 から k までの自然数 i に対して i 番目の作業用テープの r_i 番地に b_i が書かれているなら，次のことが起こることを意味する．

- 1 から k までの自然数 i に対して，i 番目の作業用テープのヘッドの位置に c_i が書かれる．
- 0 から k までの自然数 i に対して，第 i 作業用ヘッドの位置は次のように変化する．

$$\begin{cases} r_i - 1 & (d_i = \leftarrow \text{ のとき}) \\ r_i + 1 & (d_i = \rightarrow \text{ のとき}) \\ r_i & (d_i = - \text{ のとき}) \end{cases}$$

- 次の時刻に移る際に，状態は p になる．

このとき，先に述べた特殊文字に関する禁止事項を次のように記述できる．

- $(b_0 = \vdash) \Rightarrow (d_0 \neq \leftarrow)$
- $(b_0 = \dashv) \Rightarrow (d_0 \neq \rightarrow)$
- $(\forall i : 1 \leq i \leq k)[(b_i = \vdash) \Rightarrow (d_i \neq \leftarrow)]$
- $(\forall i : 1 \leq i \leq k)[(b_i = \vdash) \iff (c_i = \vdash)]$

次に，チューリング機械によって受理される言語を定義する．

定義 2.1 M を，Σ を入力アルファベットとしてもつチューリング機械とする．入力 $x \in \Sigma^*$ に対して，M の状態が最終的に q_{acc} に至るとき，M は x を**受理する**（M accepts x）といい，最終的に q_{rej} に至るとき，M は x を**拒否する**（M rejects x）という．また，入力 x に対して M が受理または拒否する

とき，M は入力 x に対して**停止する**（M halts on x）という．

定義 2.2　M を，Σ を入力アルファベットとしてもつチューリング機械，$L \subseteq \Sigma^*$ をアルファベット Σ 上の言語とする．Σ^* の任意の要素 x に対して $x \in L$ のとき，またそのときに限り，M が x を受理するとき，M は言語 L を**認識する**（M recognizes L）という．

また，チューリング機械 M が認識する言語を $L(M)$ で表わす．

定義 2.3　M を，Σ を入力アルファベットとしてもつチューリング機械，$L \subseteq \Sigma^*$ をアルファベット Σ 上の言語とする．Σ^* の任意の要素 x に対して

- $x \in L$ のとき M は x を受理する
- $x \notin L$ のとき M は x を拒否する

という条件が成り立つとき，M は L を**受理する**（M accepts L）という．

また，チューリング機械 M が受理する言語を $L(M)$ で表わす．

チューリング機械に入力を与えると，受理するか，拒否するか，あるいは受理も拒否もせず永遠に動作しつづけるかのいずれかの現象が起きるが，本書で考察するチューリング機械は，いかなる入力に対しても受理または拒否するものである．そのようなチューリング機械を，**停止性チューリング機械**（halting Turing machine）という．チューリング機械 M が言語 L を認識する場合，M は必ずしも停止性ではないことに注意する必要がある．

2.1.1.2　チャーチ–チューリングの提唱

チューリング機械は非常に原始的な計算機構であるが，現存するどのような計算モデルに対しても，その任意のプログラムをチューリング機械で実行できることが知られている．そこで，「計算できる」ということを指す**計算可能性**（computability）の概念を「チューリング機械で，またはそれと等価なモデルで計算できる」と定義しようという提唱がなされた．それを，提唱者である Alonzo Church と Alan Turing の名をとって，**チャーチ–チューリングの提唱**（Church–Turing's Thesis）とよぶ．

2.1.2　チューリング機械のプログラムの例

ここで，チューリング機械の比較的単純なプログラムを２つ紹介する．

2.1.2.1　回文を受理するチューリング機械

文字列 $u = u_1 \cdots u_m$ が**回文**（palindrome）であるとは，「しんぶんし」や「たけやぶやけた」のように，u の文字を逆の順序に並べてできる文字列 $u^R = u_m \cdots u_1$ が u と等しいことをいう．いま，アルファベット $\Sigma = \{0, 1\}$ に対して，Σ 上の回文全体の集合を L_{palin} で表わす．このとき，L_{palin} を受理する１作業用テープチューリング機械 M_{palin} を構成する．M_{palin} の状態集合 Q は $\{q_0, q_{\text{acc}}, q_{\text{rej}}, q_1, q_2\}$ であり，作業用アルファベット Γ は $\{0, 1, \perp\}$ である．

M_{palin} のプログラムは，次のように動作する．

- 状態 q_0 において，M_{palin} は入力を１文字ずつ読んでは，それを作業用テープにコピーする．入力の終わりにある $\dashv$ を読み込んだら，q_1 に状態を遷移する．
- 状態 q_1 において，M_{palin} は入力ヘッドを０番地，つまり $\vdash$ の位置に移動する．そのあいだ，作業用テープのヘッドはそのままの位置（コピーされた入力のすぐ次にくる $\perp$ のところ）に固定されている．入力ヘッドが $\vdash$ を見つけた時点で，入力ヘッドは入力の最初の文字のところ，作業用ヘッドは入力のコピーの最後の文字のところに移り，状態は q_2 に遷移する．
- 状態 q_2 において，M_{palin} は入力文字列を順方向に読み込む入力ヘッドと，逆方向に読み込む作業用ヘッドとを用いて，入力 x とその逆 x^R の比較を行なう．どこかで，ちがいが見つかればただちに q_{rej} に遷移し，M_{palin} は入力を拒否する．ちがいがどこにも見つからなければ，入力ヘッドと作業用ヘッドは最終的にそれぞれ $\dashv$ と $\vdash$ に同時に達する．そのとき，M_{palin} は q_{acc} に遷移し，入力を受理する．

そこで，M_{palin} の遷移関数を次のように定める．

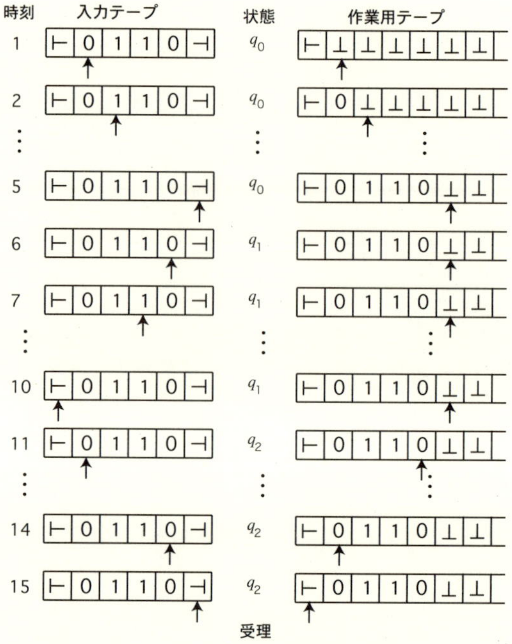

図 2.2　M_{palin} による回文の判定の例，その 1

矢印はヘッドの位置を表わす．入力 0110 は回文なので受理する．

- $\delta(q_0, 0, \perp) = (q_0, 0, \rightarrow, \rightarrow)$　……文字 0 をコピーする
- $\delta(q_0, 1, \perp) = (q_0, 1, \rightarrow, \rightarrow)$　……文字 1 をコピーする
- $\delta(q_0, \dashv, \perp) = (q_1, \perp, \leftarrow, -)$　……入力のコピーが終了したので，入力ヘッドを左に移動しはじめて q_1 に遷移する
- $\delta(q_1, 0, \perp) = (q_1, \perp, \leftarrow, -)$　……入力ヘッドを左に移動する
- $\delta(q_1, 1, \perp) = (q_1, \perp, \leftarrow, -)$　……入力ヘッドを左に移動する
- $\delta(q_1, \vdash, \perp) = (q_2, \perp, \rightarrow, \leftarrow)$　……入力ヘッドが 0 番地に移動したので，q_2 に遷移して比較を開始する
- $\delta(q_2, 0, 0) = (q_1, 0, \rightarrow, \leftarrow)$　……0 と 0 とで一致したので，ひき続き比較を行なう
- $\delta(q_2, 1, 1) = (q_1, 1, \rightarrow, \leftarrow)$　……1 と 1 とで一致したので，ひき続き比較

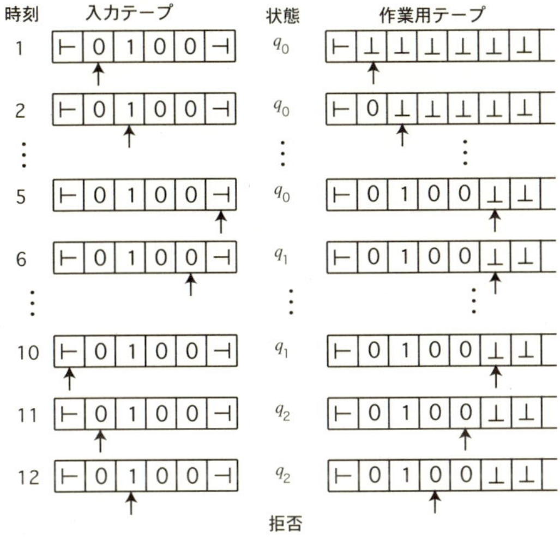

図 2.3 $M_{\rm palin}$ による回文の判定の例，その 2

矢印はヘッドの位置を表わす．入力 0100 は回文でないので拒否する．

を行なう

- $\delta(q_2, 0, 1) = (q_{\rm rej}, 1, -, -)$ ……0 と 1 とで不一致だったので拒否する
- $\delta(q_2, 1, 0) = (q_{\rm rej}, 0, -, -)$ ……1 と 0 とで不一致だったので拒否する
- $\delta(q_2, \dashv, \vdash) = (q_{\rm acc}, \vdash, -, -)$ ……比較が終了したので受理する

これ以外の引数に対して，δ は，テープの内容もヘッドの位置も変えずに $q_{\rm rej}$ に遷移するものとする．実際のところ，そのような引数が出現することはない．

図 2.2 と 2.3 に $M_{\rm palin}$ による計算例を示す．

2.1.2.2 2 のベキ乗の長さを認識するチューリング機械

次に，アルファベット $\{a\}$ 上の文字列で，その長さが 2 のベキ乗であるもの全体の集合 $L_{\rm exp2}$，すなわち $\{x \mid (\exists e \in \mathbf{N})[|x| = 2^e]\}$ を受理する 1 作業用テープチューリング機械 $M_{\rm exp2}$ を構成する．構成のアイディアは，作業用テープを，入力の長さを測る 2 進カウンターとして用いることである．カウンターのビットは，最下位の 2^0 の桁が 1 番地のところ，2^1 の桁が 2 番地のところ，2^2

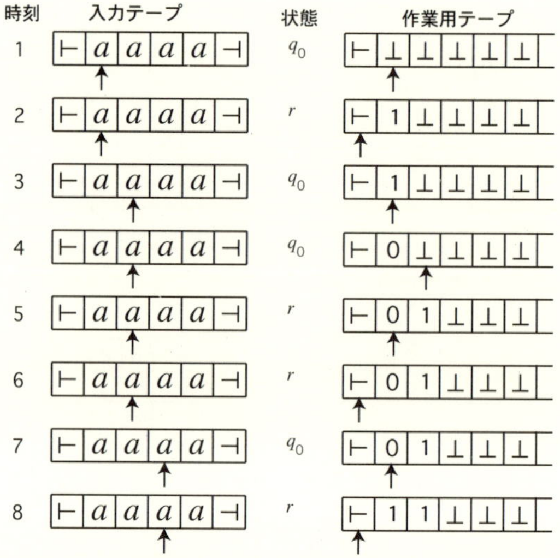

図 2.4　M_{exp2} の入力 $aaaa$ における計算の前半

矢印はヘッドの位置を表わす.

の桁が 3 番地のところ，…というように，番地が 1 つ増えるごとに桁が 1 つ上がるように設計する．1 番地に対しては少し特殊な処理が必要で，初期状態でそこに書かれている空文字 $\perp$ も 0 を表わすものとして取り扱う．カウンターの初期値は 0 で，文字 a が 1 つ読み込まれるごとにカウンターの値が 1 だけ増やされる．入力を読み終えたら，このカウンターの文字列の形式を調べる．もし，入力の長さが 2 のベキ乗であれば，カウンターの文字列は 1 が 1 つだけからなるか，$0\cdots01$ という形式になっているはずである．そこで，カウンターの文字列がこのような形式になっているかどうかを調べ，それによって受理もしくは拒否を決定する．

具体的には，M_{exp2} は次のように構成される．M_{exp2} の状態集合 Q を $\{q_0, r, s, q_{\mathrm{acc}}, q_{\mathrm{rej}}\}$，作業用アルファベット Γ を $\{0, 1, \perp\}$ とし，δ の遷移を以下のとおりに定める．

- 状態 q_0 では，入力文字を 1 つ読み込む．
  - 読み込まれた文字が a であれば，カウンターの値を 1 つ増やす作業を次のようにして行なう．1が書かれているあいだ，その1を0に変えながら，作業用ヘッドを上位ビットの方向へ動かす．0か $\perp$ が見つかったら，それを1に換えて，状態 r に遷移する．これは，遷移関数を用いて次のように表わされる．

  * $\delta(q_0, a, \perp) = (r, 1, -, \leftarrow)$ ……$\perp$ は1に書き換えて r に遷移する
  * $\delta(q_0, a, 0) = (r, 1, -, \leftarrow)$ ……0は1に書き換えて r に遷移する
  * $\delta(q_0, a, 1) = (q_0, 0, -, \rightarrow)$ ……1は0に書き換えて上位のビットに進む

- 読み込まれた文字が $\dashv$ であれば，カウンター内のビット1で最下位にあるものを探す作業を行なう．1が見つかったら，状態 s に遷移する．これは，遷移関数を用いて次のように表わされる．
  * $\delta(q_0, \dashv, 0) = (q_0, 0, -, \rightarrow)$ ……0はやりすごす
  * $\delta(q_0, \dashv, \perp) = (q_{\text{rej}}, -, -)$ ……0も1もなかったので，入力は ϵ のはずだから拒否する
  * $\delta(q_0, \dashv, 1) = (s, 1, -, \rightarrow)$ ……1が見つかったので，s に遷移する

● 状態 r においては，作業用テープのヘッドをカウンターの最下位のビットの位置へ戻す．

- $\delta(r, a, 0) = (r, 0, -, \leftarrow)$ ……ヘッドを移動する
- $\delta(r, a, 1) = (r, 1, -, \leftarrow)$ ……ヘッドを移動する
- $\delta(r, a, \vdash) = (q_0, \vdash, \rightarrow, \rightarrow)$ ……移動が終了したので q_0 に戻り，入力の次の文字に移る

● 状態 s においては，最下位の1の先にはビットが設定されていないことを確かめる．

- $\delta(s, \dashv, 0) = (q_{\text{rej}}, 0, -, -)$ ……最下位にある1の上位のビットが存在するので拒否する
- $\delta(s, \dashv, 1) = (q_{\text{rej}}, 1, -, -)$ ……最下位にある1の上位のビットが存在するので拒否する
- $\delta(s, \dashv, \perp) = (q_{\text{acc}}, \perp, -, -)$ ……最下位にある1の上位のビットが

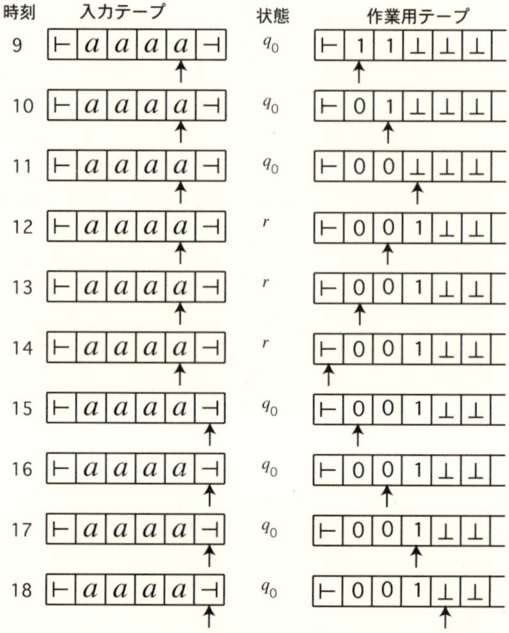

図 2.5　M_{exp2} の入力 $aaaa$ における計算の後半
矢印はヘッドの位置を表わす．

存在しないので受理する

図 2.4 および 2.5 において，M_{exp2} の入力 $aaaa$ に対する計算のようすを示す．

2.1.3　チューリング機械の記述と万能チューリング機械

チューリング機械そのものを，文字列として記述することができる．そのひとつの方法をここに示し，その記述を用いて，あらゆるチューリング機械を模倣することができる万能チューリング機械を定義する．

2.1.3.1　チューリング機械の記述

Java，C++，Pascal といったコンピュータ言語のプログラムは，アスキー文字上の言語として，あるいはユニコード上の文字列として記述することができる．アスキー文字もユニコード文字もビット列（bit sequence）であるから，これらのプログラムはビット列として記述できる，ということになる．これと同じようにして，チューリング機械のプログラムもビット列として記述できるであろうか．

ここで問題となるのは，チューリング機械のアルファベットや状態集合はチューリング機械ごとに決まっており，その大きさに制限がないことである．これは，アルファベットや状態集合をあるがままの形で記述することができない，ということを意味する．その問題点は次のように解決できる．

いま，アルファベット Σ 上の言語 L がチューリング機械 M によって認識されるとする．いま，Σ と同じ大きさをもつアルファベット Σ' が与えられたとき，単純な文字の置き換えを Σ にほどこすことによって，Σ' 上で定義された言語 L' を L からつくりだすことができる．この L' をチューリング機械で受理するには，L にほどこしたのと同じ文字変換を，M の入力アルファベットと遷移関数にほどこせばよい．こうしてできるチューリング機械 M' に，先の変換の逆変換をほどこせば，M が再び得られる．M と M' は本質的にまったく同じプログラムをもっているから，このような単純な文字変換でつくられる言語を，元の言語と同値であるとみなす．すると，これは同値関係となり，あらゆる言語全体からなる集合を**同値類**（equivalence class）に分割する．

この，置換によって生じる同値類という概念を，作業用アルファベットと状態集合にも用いることができる．つまり，同じ大きさの入力アルファベット，同じ大きさの作業用アルファベット，同じ大きさの状態集合，そして同じ数の作業用テープをもつ2つのチューリング機械

$$M = (Q, \Sigma, \Gamma, \delta, q_0, q_{\mathrm{acc}}, q_{\mathrm{rej}})$$

および

$$M' = (Q', \Sigma', \Gamma', \delta', q'_0, q'_{\mathrm{acc}}, q'_{\mathrm{rej}})$$

が与えられたとき，入力アルファベット，作業用アルファベット，状態集合に，それぞれ要素ごとの全単射 $f_1 : Q \to Q'$，$f_2 : \Sigma \to \Sigma'$，$f_3 : \Gamma \to \Gamma'$ を考え，f_1，f_2，f_3 をほどこすことによって δ から δ' が生成されれば，M と M' は同値であるものとする．ただし，特殊な状態である q_0，q_{acc}，q_{rej} と特殊文字の

$\perp$ は変換のもとで変わらないものとする．すなわち，$q_0 = q'_0$，$q_{\mathrm{acc}} = q'_{\mathrm{acc}}$，$q_{\mathrm{rej}} = q'_{\mathrm{rej}}$ であり，$\perp = \perp'$ である．

言語のときと同様に，これは同値関係であり，チューリング機械全体の集合を同値類に分類する．M と M' が同値であれば，その認識する言語 $L(M)$ と $L(M')$ が同値である（演習問題 2.5 参照）ので，チューリング機械をその同値類を表わす文字列として表現すればよい．

チューリング機械を表現するにあたって，文字と状態はそれぞれ自然数としてとらえることができる．$M = (Q, \Sigma, \Gamma, \delta, q_0, q_{\mathrm{acc}}, q_{\mathrm{rej}})$ を k 作業用テープチューリング機械とし，$\Sigma = \{a_1, \cdots, a_m\}$，$\Gamma = \{b_1, \cdots, b_n\}$，$Q = \{q_1, \cdots, q_\ell\}$ であるとする．$\tilde{\Sigma}$，$\tilde{\Gamma}$，Q および D の要素に，以下のようにして正の自然数で番号づけをする．

- $\tilde{\Sigma}$ の要素に関しては，$\vdash$ に 1，$\dashv$ に 2，そして $a_1, \cdots, a_m$ に $3, \cdots, m+2$ と番号をつける．
- $\tilde{\Gamma}$ の要素に関しては，$\perp = b_1$ と仮定し，$\vdash$ に 1，そして $b_1, \cdots, b_n$ に $2, \cdots, n+1$ と番号をつける．
- Q に関しては，$q_0 = q_1$，$q_{\mathrm{acc}} = q_2$，$q_{\mathrm{rej}} = q_3$ と仮定し，$q_1 \cdots, q_\ell$ に $1, \cdots, \ell$ と番号をつける．
- D に関しては，$\leftarrow$ に 1，$-$ に 2，$\rightarrow$ に 3 と番号をつける．

すると，M の遷移関数 δ は，集合

$$S = \{1, \cdots, \ell\} \times \{1, \cdots, m+2\} \times \{1, \cdots, n+1\}^k$$

から集合

$$T = \{1, \cdots, \ell\} \times \{1, \cdots, n+1\}^k \times \{1, 2, 3\}^{k+1}$$

への関数となる．関数は 2 項関係としてとらえることができるので，δ は $S \times T$

$$\begin{aligned}&\{1, \cdots, \ell\} \times \{1, \cdots, m+2\} \times \{1, \cdots, n+1\}^k \\ &\quad \times \{1, \cdots, \ell\} \times \{1, \cdots, n+1\}^k \times \{1, 2, 3\}^{k+1}\end{aligned}$$

の部分集合，さらには，$(\mathbf{N}^+)^{3k+4}$ の部分集合とみることができる．

いま，δ の任意の対応づけ

$$\mu = (i, j, s_1, \cdots, s_k, i', s'_1, \cdots, s'_k, d_0, \cdots, d_k)$$

が与えられたとする．このとき，μ の要素のそれぞれを，その数だけ 1 を並べた文字列で表わし，そのあいだに 0 を 1 つずつ区切りとして入れて，文字列

$$1^i01^j01^{s_1}0\cdots01^{s_k}01^{i'}01^{s'_1}0\cdots01^{s'_k}01^{d_0}0\cdots01^{d_k}$$

を構成する．これが μ の表現となる．δ は，このような対応づけの表現を並べることによって構成できる．隣り合う対応づけのあいだには，対応づけの表現内に現われる区切りである文字列 0 よりも，0 が 1 つ多い 00 を区切りとして入れる．さらに，この表現の前に，m，n，ℓ，k の値を表わす文字列

$$1^m01^n01^\ell01^k0$$

をつければ，M の表現が完成する．この M の表現を，記号 $\mathcal{E}(M)$ で表わす．この $\mathcal{E}(M)$ から，m，n，ℓ，k の値を読み取り，さらに δ の各対応づけを読み取ることは，ごく簡単にできる．

これと同じやり方で，M の入力 x も 0 と 1 の文字列で表わすことができる．それには，x の各文字を 1 の羅列で表わして，あいだに 0 をはさめばよい．これを，記号 $\mathcal{E}(x)$ で表わすことにする．そして，$\mathcal{E}(M)$ と $\mathcal{E}(x)$ を，これまでの区切り文字列よりも 1 文字ぶん長い 000 をあいだに入れてつなげ，文字列 $\mathcal{E}(M)\,000\,\mathcal{E}(x)$ をつくる．これが M と x の同時表現であり，それを，記号 $\mathcal{E}(M, x)$ で表わす．

上記の考察によって，チューリング機械全体の集合は，1 で始まる $\{0,1\}$ 上の文字列に一対一に対応する．1 で始まる $\{0,1\}$ 上の文字列は，自然数の 2 進表現であるとみなせるから，チューリング機械の同値類の集合は，正の自然数全体の集合 $\mathbf{N}^+$ に一対一に対応する．逆に，正の自然数 X，またはその 2 進表現 w が与えられたとき，それがチューリング機械に対応するかどうかは，そこから m，n，ℓ，k，δ が読み取れるかどうかを調べればよい．とくに，そのような判定は，$\{0,1\}$ を入力アルファベットとするチューリング機械を用いて行なうことができる．そこで，チューリング機械の記述の集合（入力は含まない）を L_{desc} で表わすことにする．

命題 2.4　チューリング機械の記述言語 $L_{\mathrm{desc}} \subseteq \{0,1\}^*$ を受理するチューリ

ング機械 M_{desc} が存在する．

さらに，L_{desc} に属さない文字列を，いかなる入力も拒否する（したがって空集合 $\emptyset$ を受理する）1 作業用テープチューリング機械の記述であると便宜上仮定すれば，$\{0,1\}^*$ からチューリング機械全体の集合への全射関数が定まる．$\mathbf{N}$ から Σ^* への全単射が文字列順序によって与えられているので，それを利用して $\mathbf{N}$ からチューリング機械全体の集合への全射関数を構成できる．この $\{0,1\}^*$ からチューリング機械への全射対応（一対一ではない）を，**チューリング機械の数え上げ**（enumeration of Turing machines）とよぶ．

命題 2.5　$\{0,1\}^*$ から，また $\mathbf{N}$ から，チューリング機械全体の集合への全射関数が存在する．

今後，「i 番目のチューリング機械」という言い方で，自然数 i に対応するチューリング機械を指すことにする．

2.1.3.2　チューリング機械の時点表示

次に，チューリング機械の**時点表示**（configuration または instantaneous description；ID）の概念を導入する．これは，チューリング機械のある時点における状況を的確に表わすものである．チューリング機械の行なう動作は，テープの読み書き，状態の遷移，およびヘッドの移動だけなので，チューリング機械の状況は，それぞれのヘッドがどこにあるか，それぞれのテープの内容が何であるか，そして制御部の状態が何であるか，によって一意に決まる．作業用テープは無限の長さをもつが，有限時間内には有限の番地までにしかヘッドは到達できないので，まだヘッドが訪れていない領域は省いてしまい，各作業用テープの内容を有限の長さの文字列として表わすことができる．

いま，k 作業用テープチューリング機械 $M = (Q, \Sigma, \Gamma, \delta, q_0, q_{\mathrm{acc}}, q_{\mathrm{rej}})$ が状態 q にあり，入力テープの左端からヘッドの位置の直前までに文字列 y が，ヘッドの位置に文字 a が，残りの部分に文字列 z が書かれているとする．さらに，1 から k までの各 i に対して，第 i 作業用テープの左端からヘッドの位置の直前までに文字列 u_i が，ヘッドの位置に文字 b_i が，残りの部分に文字列 v_i が書かれていたとすると，その時点表示は $\tilde{\Sigma} \cup \tilde{\Gamma}$ に属さない文字 @ を用いて，$k+2$ 個組

$$I = (q, y@az, u_1@b_1v_1, \cdots, u_k@b_kv_k)$$

として表わすことができる．文字列 yaz の最初と最後がそれぞれ $\vdash$ と $\dashv$ であることと，1 から k までのすべての i に対して文字列 $u_ib_iv_i$ の最初の文字が $\vdash$ であることに注意しなければならない．

さて，M の遷移関数 δ は，M の任意の時点表示 I と，それが 1 ステップ進んだ時点での時点表示 J とを結びつける 2 項関係として考えることができる．それを，$I \vdash_M J$ を用いて表わす．時点表示 I と J，および整数 $t \geq 1$ に対し，M の時点表示が I から J に t ステップで変化するとき，これを $I \vdash_M^t J$ で表わし，M は I から J に t ステップで**到達可能**（reachable）であるという．これは，時点表示

$$(\exists I_0, \cdots, I_t)[(I = I_0) \wedge (J = I_t) \wedge (\forall i : 1 \leq i \leq t)[I_{t-1} \vdash_M I_t]]$$

と同値である．また，

$$I \vdash_M^{\leq t} J \equiv (\exists s : 0 \leq s \leq t)[I \vdash_M^s J]$$

と定義する．ただし，$I \vdash_M^0 J$ は $I = J$ と定義する．さらに，$I \vdash_M^* J$ で M の時点表示が I から J に有限の時刻で変化すること，すなわち，

$$(\exists t \geq 0)[I \vdash_M^t J]$$

であることを表わす．

さて，時点表示

$$I = (q, y@az, u_1@b_1v_1, \cdots, u_k@b_kv_k)$$

において，y の最後の文字を α，y の残りの部分を r とし（y が空のときは α と r のどちらも空），また，1 から k までの各 i に対し，u_i の最後の文字を β_i，u_i の残りの部分を g_i（u_i が空のときは β_i と g_i のどちらも空）とする．いま，

$$\delta(q, \alpha, b_1, \cdots, b_k) = (p, b_1', \cdots, b_k', d_0, \cdots, d_k)$$

であるとすると，$I \vdash_M J$ となる時点表示 J は，

$$(p, y'@z', u_1'@v_1', \cdots, u_k'@v_k')$$

という形になる．

ただし，y' と z' に関して次が成り立つ．

- $d_0 = \rightarrow$ かつ $z \neq \epsilon$ ならば，$y' = ya$ かつ $z' = z$ である．
- $d_0 = \leftarrow$ かつ $y \neq \epsilon$ ならば，$y' = r$ かつ $z' = \alpha az$ である．
- それ以外の場合，すなわち
  - ・$d_0 = -$，
  - ・$d_0 = \leftarrow$ かつ $y = \epsilon$（ヘッドが $\vdash$ を指しているにもかかわらず $\leftarrow$ という指示が出たのでヘッドは不動），または，
  - ・$d_0 = \rightarrow$ かつ $z = \epsilon$（ヘッドが $\dashv$ を指しているにもかかわらず $\rightarrow$ という指示が出たのでヘッドは不動）

  ならば，$y' = y$ かつ $z' = az$ である．

また，1 から k までの各 i について，u'_i と v'_i に関して次が成り立つ．

- $d_i = \rightarrow$ かつ $v_i = \epsilon$ ならば，$u'_i = u_i b'_i$ かつ $v'_i = \perp$ である．
- $d_i = \rightarrow$ かつ $v_i \neq \epsilon$ ならば，$u'_i = u_i c'_i$ かつ $v'_i = v_i$ である．
- $d_i = \leftarrow$ かつ $u_i \neq \epsilon$ ならば，$u'_i = g_i$ かつ $v'_i = \beta_i b'_i v_i$ である．
- それ以外の場合，すなわち
  - ・$d_i = -$，または，
  - ・$d_i = \leftarrow$ かつ $u_i = \epsilon$（ヘッドが $\vdash$ を指しているにもかかわらず $\leftarrow$ という指示が出たので書き換えはなされずヘッドは不動）

  ならば，$u'_i = u_i$ かつ $v'_i = b'_i v_i$ である．

時点表示のうちで，特殊な状況に対応するものを次のように定義する．

定義 2.6　1. 計算の開始時における時点表示を**初期時点表示**（initial configuration または initial ID）という．

2. 受理状態における時点表示を**受理時点表示**（accepting configuration または accepting ID）という．
3. 拒否状態における時点表示を**拒否時点表示**（rejecting configuration または rejecting ID）という．

4. 受理時点表示と拒否時点表示を合わせて，**停止時点表示**（halting configuration または halting ID）という．

チューリング機械 M の時点表示 I は，文字列として表わすことができる．それには，状態集合 Q をアルファベットととらえ，ヘッドの位置を表わす @ は $Q \cup \tilde{\Sigma} \cup \tilde{\Gamma}$ の要素でないものとする．$Q \cup \tilde{\Sigma} \cup \tilde{\Gamma}$ の要素でない文字からさらに # を選び，時点表示の $k+2$ 個組の要素を並べて，あいだに # をはさむ．すると，時点表示の文字列表現

$$q\#y@z\#u_1@v_1\#\cdots\#u_k@v_k \tag{2.1}$$

ができあがる．ここで，次の性質が成り立つ．

- $q \in Q$ である．
- Σ の要素 $\gamma_1, \cdots, \gamma_n$ が存在して，$yz = \vdash \gamma_1 \cdots \gamma_n \dashv$ となる．
- 1 から k までの各 i に対して，Γ の要素 $w_{i,1}, \cdots, w_{i,m_i}$ が存在して，$u_i v_i = \vdash w_{i,1} \cdots w_{i,m_i}$ となる．

M の遷移関数 δ は，2 つの時刻の時点表示を結びつける 2 項関係として考えられると先に述べたが，その考えを時点表示の文字列表現にも当てはめることができる．

2.1.3.3　万能チューリング機械

任意の入力 $\mathcal{E}(M, x)$ に対して，M の入力 x に対する動きを模倣するようなチューリング機械を，**万能チューリング機械**（universal Turing machine）という．前項で導入した時点表示の概念を用いて，万能チューリング機械を構成することができる．

万能チューリング機械の構成は何とおりもあるが，ここで構成する万能チューリング機械 M_{univ} は，4 作業用テープをもつチューリング機械である．M_{univ} の第 1 と第 2 作業用テープは時点表示を保存するために，また，第 3 と第 4 作業用テープはその他の計算のために，それぞれ使われる．M_{univ} は q_∞ という特別な状態をもっており，q_∞ に遷移すると M_{univ} はそこで無限ループを実行する．

いま，$\mathcal{E}(M,x)$ を M_{univ} の入力とする．M の作業用テープの個数を k とすると，M の時点表示は，式 2.1 に示したように，

$$q\#y_1@z_2\#u_1@v_1\#\cdots\#u_k@v_k$$

という形式になる．入力文字列 $\mathcal{E}(M,x)$ においては，M を構成する要素を正の自然数に対応させて，その数に対応するだけ 1 を並べてそれらを表わしたが，ここでもその方式をそのまま使用して，q および M のテープの文字を 1 を並べて表わす．ただし，テープ上の文字列の文字と文字のあいだには，区切りとして 0 を 1 つ置き，ヘッドを表わす @ のところは，@ を文字だとみなしてそのまま使用する．すると時点表示は，アルファベット $\{0,1,@,\#\}$ 上の文字列となる．模倣のあいだじゅう，M_{univ} はそのような $\{0,1,@,\#\}$ 上の時点表示の表現を第 1 作業用テープ上に書いておく．

模倣の方針は次のようなものである．

段階 1　第 1 作業用テープ上に，M の入力 x に対する初期時点表示を書く．

段階 2　M の遷移関数に従って，第 1 作業用テープ上の時点表示を変化させる．

段階 3　第 1 作業用テープ上の時点表示の状態が，q_{acc} か q_{rej} のどちらになっているかをチェックする．もし，状態が q_{acc} になっていれば受理し，q_{rej} になっていれば拒否し，どちらにもなっていなければ段階 2 に戻る．

M の入力 x に対する初期時点表示は

$$q_0\#\vdash@\mathcal{E}(x)0\dashv\underbrace{\#\vdash@\bot\cdots\#\vdash@\bot}_{k}$$

であるが，q_0 が 1，$\vdash$ が 1，$\dashv$ と $\bot$ が 11 として表わされることに注意すると，これは

$$1\#1@\mathcal{E}(x)011\underbrace{\#1@11\cdots\#1@11}_{k}$$

となる．段階 1 において，M_{univ} はこれを第 1 作業用テープに書き記さなければならない．そのためには，次のようにすればよい．

段階 1a　1#1@ を書き出す．

段階 1b $\mathcal{E}(x)$ を入力からそのままそっくり持ってきて書き出す.

段階 1c 011 をつけ足す.

段階 1d M の表現の中にある k の値を求め, 単純なループを使って #1@11 を k 回つけ足す.

また, 段階 3 において, M が受理したか拒否したかをチェックするには, 時点表示の書き出しが 11# または 111# になっているかどうかを調べればよい. 11# ならば M は受理状態にあり, 111# ならば M は拒否状態にある.

残るは, 段階 2 における時点表示の書き換えである. これは, 2 つの作業からなる. 1 つは, 現時刻の時点表示に対してどのような遷移が行なわれるのかを求めること, もう 1 つは, 遷移に応じて時点表示を書き換えることである. 第 1 の作業は次のようにして行なう.

段階 3a 第 1 作業用テープの時点表示を読んで, そこに書かれている M の状態と各ヘッドに読み込まれる文字を, $\mathcal{E}(M)$ の δ の表現に現われるような形式で第 3 作業用テープに書き出す.

段階 3b 第 3 作業用テープに書き出した文字列と一致する引数が, 入力文字列 $\mathcal{E}(M,x)$ 内の δ の表現に現われるかどうかを調べる.

段階 3c そのような一致が見られなければ, M_{univ} は q_∞ に遷移して無限ループに入る.

段階 3d 一致するものがあれば, 関数 δ がこの引数に対応させる値を第 3 テープに書き足す.

段階 3e p. 25 で述べたように, 遷移関数は時点表示の状態に関する部分と @ の周辺の文字のみを変化させるので, 第 1 と第 3 作業用テープの内容を比較しながら時点表示をどのように変化させるのかを第 4 作業用テープに計算し, それを基にして次の時点表示を第 2 作業用テープに構成する (詳細は省略).

段階 3f 第 2 テープの内容を第 1 作業用にコピーして, 余計なところを消す.

以上の考察をまとめると, 次の定理が得られる.

定理 2.7 次の性質をもつ 4 作業用テープチューリング機械 M_{univ} が存在す

る．入力 w に対して，

- $w = \mathcal{E}(M, x)$ という形式で，かつ，M が x を受理するならば M_{univ} は受理する．
- $w = \mathcal{E}(M, x)$ という形式で，かつ，M が x を拒否するならば M_{univ} は拒否する．
- どちらでもなければ，M_{univ} は停止しない．

2.2　チューリング機械による計算量クラス

ここで，チューリング機械に基づく計算量クラスを定義する．

2.2.1　時間計算量クラスと領域計算量クラス

計算量（complexity）とは，チューリング機械の計算の複雑さを定義するための概念であり，同時にチューリング機械によって受理される言語の複雑さをも定義する．計算量には，**時間計算量**と**領域計算量**があり，時間計算量はチューリング機械が計算にかける時間に基づくものであり，領域計算量はチューリング機械が計算に使用する作業用テープのマス目の数に基づくものである．

まず，**時間計算量**（time complexity）の概念を定義する．

M を停止性チューリング機械，Σ をその入力アルファベットとする．M の入力文字列 x に対して，入力 x に対して M が停止する時刻を，δ によって与えられる次の時刻の状態が q_{acc} または q_{rej} となる時刻と定め，それを $\mathrm{time}_M(x)$ で表わす．

定義 2.8　$T(n)$ を $\mathbf{N}$ から $\mathbf{N}$ への関数，M をチューリング機械とする．M が，

$$\text{すべての入力 } x \text{ に対して，} \mathrm{time}_M(x) \leq T(|x|) \text{ である}$$

という性質をもつとき，M は $\boldsymbol{T(n)}$ **時間限定**（$T(n)$ time bounded）であるという．

定義 2.9 $T(n)$ を $\mathbf{N}$ から $\mathbf{N}$ への関数とするとき，$T(n)$ 時間限定のチューリング機械によって受理される言語全体のクラスを $\mathrm{TIME}[T(n)]$ で表わす．すなわち，

$$\mathrm{TIME}[T(n)] = \{L(M) \mid M \text{ は } T(n) \text{ 時間限定である}\}$$

である．また，$\mathrm{TIME}[T(n)]$ に属する言語は，$\boldsymbol{T(n)}$ **時間判定可能**（$T(n)$ time decidable）であるという．

定義 2.10 $\mathcal{F}$ を $\mathbf{N}$ から $\mathbf{N}$ への関数の集合とする．$\mathcal{F}$ に属するある関数 $T(n)$ に対して，チューリング機械 M が $T(n)$ 時間限定であるとき，M は $\mathcal{F}$ 時間限定（$\mathcal{F}$ time bounded）であるという．

定義 2.11 $\mathcal{F}$ を $\mathbf{N}$ から $\mathbf{N}$ への関数の集合とするとき，$\mathrm{TIME}[\mathcal{F}]$ は，$\mathcal{F}$ 時間限定であるチューリング機械によって受理される言語全体の集合を表わす．すなわち，

$$\mathrm{TIME}[\mathcal{F}] = \bigcup_{T(n)\in\mathcal{F}} \mathrm{TIME}[T(n)]$$

である．また，$\mathrm{TIME}[\mathcal{F}]$ に属する言語は，$\boldsymbol{\mathcal{F}}$ **時間判定可能**（$\mathcal{F}$ time decidable）であるという．

次に，**領域計算量**（space complexity）の概念を定義する．M を停止性の k 作業用テープチューリング機械とし，Σ を M の入力アルファベットとする．x を Σ^* の任意の要素とする．このとき，入力 x に対して，M の各作業用ヘッドが到達する番地のうちで最大のものを $\mathrm{space}_M(x)$ で表わす．

定義 2.12 $S(n)$ を $\mathbf{N}$ から $\mathbf{N}$ への関数，M をチューリング機械とする．M が，

$$\Sigma^* \text{ の任意の要素 } x \text{ に対して，} \mathrm{space}_M(x) \le S(|x|) \text{ が成り立つ}$$

という性質をもつとき，M は $\boldsymbol{S(n)}$ **領域限定**（$S(n)$ space bounded）であるという．

定義 2.13　$S(n)$ を $\mathbf{N}$ から $\mathbf{N}$ への関数とするとき，$S(n)$ 領域限定のチューリング機械で受理される言語全体のクラスを $\mathrm{SPACE}[S(n)]$ で表わす．すなわち，

$$\mathrm{SPACE}[S(n)] = \{L(M) \mid M \text{ は } S(n) \text{ 領域限定である}\}$$

である．また，$\mathrm{SPACE}[S(n)]$ に属する言語は，$\boldsymbol{S(n)}$ **領域判定可能**（$S(n)$ space decidable）であるという．

定義 2.14　$\mathcal{F}$ を $\mathbf{N}$ から $\mathbf{N}$ への関数の集合とする．$\mathcal{F}$ に属するある関数 $S(n)$ に対して，チューリング機械 M が $S(n)$ 領域限定であるとき，M は $\boldsymbol{\mathcal{F}}$ **領域限定**（$\mathcal{F}$ space bounded）であるという．

定義 2.15　$\mathcal{F}$ を $\mathbf{N}$ から $\mathbf{N}$ への関数の集合とするとき，$\mathcal{F}$ 領域限定であるチューリング機械で受理される言語全体のクラスを $\mathrm{SPACE}[\mathcal{F}]$ で表わす．すなわち，

$$\mathrm{SPACE}[\mathcal{F}] = \bigcup_{S(n)\in\mathcal{F}} \mathrm{SPACE}[S(n)]$$

である．また，$\mathrm{SPACE}[\mathcal{F}]$ に属する言語は，$\boldsymbol{\mathcal{F}}$ **領域判定可能**（$\mathcal{F}$ space decidable）であるという．

$(\forall n \in \mathbf{N})[f(n) \leq g(n)]$ であるとき，$f(n)$ 時間限定であるチューリング機械は明らかに $g(n)$ 時間限定である．同様のことが，領域についてもいえる．したがって，次の命題が成り立つ．

命題 2.16　$(\forall n \in \mathbf{N})[f(n) \leq g(n)]$ ならば，$\mathrm{TIME}[f(n)] \subseteq \mathrm{TIME}[g(n)]$ かつ $\mathrm{SPACE}[f(n)] \subseteq \mathrm{SPACE}[g(n)]$ である．

クラス $\mathcal{C}$ に対し，co$\mathcal{C}$ とは，$\mathcal{C}$ の各言語の補集合から構成されるクラスである（第 1.5 節の項目 8 参照）．$\mathcal{C}$ がその補集合クラスと等しいとき，$\mathcal{C}$ は**補集合のもとで閉じている**という．停止性チューリング機械 M に対して，その q_{acc} と q_{rej} を入れ換えたチューリング機械 M' を考えれば，M' は $L(M)$ の補集合を受理する．したがって，次が成り立つ．

命題 2.17 すべての関数 $f : \mathbf{N} \to \mathbf{N}$ に対して，TIME$[f(n)]$ および SPACE$[f(n)]$ は補集合のもとで閉じている．

ここで，計算量を規定する関数として，どのようなものがふさわしいかを考察する．チューリング機械のヘッドは，各時刻において最大 1 マス移動するので，長さ n の入力のすべての文字を読み切って $\dashv$ に到達するには，少なくとも $n+1$ 時間必要である．入力の一部のみを読んだだけで受理できる言語はきわめて単純であるから（演習問題 2.8 を参照），計算の複雑さを考察するには，いかなるチューリング機械も入力の文字すべてを読まなければならないと仮定してよい．したがって，いかなる時間計算量関数 $T(n)$ に対しても，$(\forall n \in \mathbf{N})[T(n) \geq n+1]$ が成り立つと仮定してよい．また，計算の手間は，入力が長くなるに従って多くはなるが少なくなることはないと考えるのが自然なので，いかなる時間計算量関数 $T(n)$ に対しても，$T(n)$ は単調非減少関数であるとみなしてよい．

一方，時間計算量関数とちがい，領域計算量関数については下限を規定するような特性はない．ただし，計算が開始された時点において作業用ヘッドはどれも 1 番地にあるので，いかなる領域計算量関数 $S(n)$ も $(\forall n \in \mathbf{N})[S(n) \geq 1]$ を満たすと仮定してよい．さらに，時間計算量の場合と同様に，いかなる領域計算量関数 $S(n)$ に対しても，$S(n)$ は単調非減少関数であるとみなしてよい．

上記の考察に基づき，今後，「チューリング機械 M が $T(n)$ 時間限定である」というときには，$(\forall n \geq 0)[T'(n) = \max\{T(n), n+1\}]$ であるような単調非減少関数 $T'(n)$ に対して，M が $T'(n)$ 時間限定であることを意味するものとする．同様に，「チューリング機械 M が $S(n)$ 領域限定である」というときには，$(\forall n \geq 0)[S'(n) = \max\{S(n), 1\}]$ であるような単調非減少関数 $S'(n)$ に対して，M が $S'(n)$ 領域限定であることを意味するものとする．

2.2.2 線形加速定理とテープ圧縮定理

チューリング機械をモデルとする計算量理論においては，状態集合の大きさ，作業用テープの数，および作業用テープのアルファベットの大きさは，計算量に影響しない．したがって，ある特定の言語がある特定の計算量クラスに属するということをチューリング機械の具体的な構成によって証明する際に，必要に応じて状態集合や作業用アルファベットを大きくしてよく，また作業用テープの数を増やしてもよい．この特徴を用いて，計算量クラスの基本性質を証明する．

$\mathcal{C}$ の任意の言語 $L \subseteq \Sigma^*$，および任意の有限集合 $F \subseteq \Sigma^*$ に対して，L と F の対称差 $L \triangle F$ が $\mathcal{C}$ に属するとき，$\mathcal{C}$ は**有限の変更のもとで閉じている** (closed under finite variations) という．

命題 2.18　すべての時間計算量関数 $T(n)$ について，$\mathrm{TIME}[T(n)]$ は有限の変更のもとで閉じている．また，すべての領域計算量関数 $S(n)$ について，$\mathrm{SPACE}[S(n)]$ は有限の変更のもとで閉じている．

証明　$\mathcal{C}$ の任意の言語 $L \subseteq \Sigma^*$ と，任意の有限集合 $F \subseteq \Sigma^*$ に対して，$L' = L \triangle F$ と定める．このとき，$S = F \cap L$ および $T = F \cap \overline{L}$ と定めると，S と T はどちらも有限で，$L' = (L - S) \cup T$ が成り立つ．M を，L を受理するようなチューリング機械とする．このとき，入力 x に対して次のような動作をするチューリング機械 N を考える．

- M の計算を模倣して $x \in L$ かどうかの判定を行なうのと並行して，$x \in S \cup T$ であるかどうかをチェックする．もし，$x \notin S \cup T$ であれば，M の判定に従って x を受理または拒否する．一方，もし $x \in S$ であれば，N は M の判定によらずに x を拒否し，もし $x \in T$ であれば，N は M の判定によらずに x を受理する．

このような動きをする N を構成すれば，それが L' を受理することは明らかである．問題は，計算量を変えることなく，いかにして M の模倣と $x \in S \cup T$ の判定を並行して行なうかである．

いま，F の要素でもっとも長いものの長さを与える定数を H として，M の入力ヘッドがこれまでに到達した最大の番地である J と，入力の最初の J 文字 $u_1 \cdots u_J$ によって定まる，次の 3 つの状況を考える．

(A)　$J \leq H + 1$ かつ $u_J = \dashv$ である．

(B)　$J \geq H+1$ かつ $u_{H+1} \neq \dashv$ である．

(C)　$J \leq H$ かつ $u_1, \cdots, u_J$ のいずれも $\dashv$ でない．

(A) の場合，$x = u_1 \cdots u_{J-1}$ かつ $|x| \leq H$ であるので，受理または拒否の選択は $x \in S$ または $x \in T$ であるかどうかに影響される．(B) の場合，$|x| > H$ であるから，受理または拒否の選択は $x \in S$ または $x \in T$ であるかどうかに影響されない．(C) の場合，$|x| \leq H$ かどうかはわかっておらず，ひき続き J と $u_1 \cdots u_J$ を記憶しておく．これに加えて，入力ヘッドの現在位置を与える変数 K を導入して，N は M の模倣をしながら，(A)，(B)，(C) のいずれの状況にあるのかを，直前の時刻における動きに基づいて，次のように判定する．

- 計算の初期状態では状況は (C) であり，J と K はともに 0 である．
- 状況が (A) または (B) になったら，N はただちにこの状況判断のプログラムを停止する．
- 状況が (C) で，前の時刻においてヘッドが左に動いたなら，J の値を 1 減らす．
- 状況が (C) で，前の時刻においてヘッドが動かなかったのなら，何の変更もしない．
- 状況が (C) で，前の時刻においてヘッドが右に動き，かつ $J < K$ であったのなら，J の値を 1 増やす．
- 状況が (C) で，前の時刻においてヘッドが右に動き，かつ $J = K$ であったのなら，J と K の値をそれぞれ 1 増やしてから，現在入力ヘッドが読み込んでいる文字を u_J として記憶する．変更後の J の値が $H+1$ であるなら，$u_J = \dashv$ であれば状況を (A) に変え，$u_J \neq \dashv$ であれば状況を (B) に変える．

この判定プログラムを実行するにあたり，$0 \leq K \leq J \leq H+1$ がつねに成り立ち，H と $\|\Sigma\|$ がどちらも有限であるので，$u_1 \cdots u_J$ がとりうる値の個数は有限である．状況を更新するには，前の時刻でとられた遷移を覚えておく必要があるが，その個数も有限であるから，有限個の状態を使ってこの判定プログラムを実行できる．

さて，最終的に M の計算が終了したとき，M は $\dashv$ をどこかで読んでいるはずなので，状況は (A) または (B) のどちらかである．(A) である場合には，$u_1 \cdots u_{J-1}$ が状態の一部として記憶されているので，状態遷移のみを使って，u が S に属するかと u が T に属するかを判定でき，それを基に次のように受理または拒否の決定をする．

- もし $u \in S$ であれば，M の決定は無視し，N は x を拒否して停止する．
- もし $u \in T$ であれば，M の決定は無視し，N は x を受理して停止する．
- もし $u \in F$ であれば，M の決定に従う．

N は M よりも多くの状態を必要とするが，計算にかかる時間と領域は M とまったく同じである．したがって，命題が成り立つ．　❑

上記命題により，以下が自明に成り立つ．

系 2.19　$(\forall n \geq 0)[S(n) \leq S'(n)]$ ならば，$\mathrm{TIME}[S(n)] \subseteq \mathrm{TIME}[S'(n)]$ かつ $\mathrm{SPACE}[S(n)] \subseteq \mathrm{SPACE}[S'(n)]$ である．

命題 2.18 の証明では，チューリング機械の状態数は有限であるかぎりいくら大きくてもよいという性質を用いた．こんどは，これに，作業用アルファベットはいくら大きくてもよいという性質を加えて，チューリング計算機の計算量を定数倍，縮小できることを示す．領域計算量に関するそのような結果を**テープ圧縮定理**（tape compression theorem），時間計算量に関するそのような結果を**線形加速定理**（linear speed-up theorem）とよぶ．

定理 2.20　（テープ圧縮定理）　c を $0 < c < 1$ なる定数，$S : \mathbf{N} \to \mathbf{N}$ を $\lim_{n\to\infty} S(n) = \infty$ となる単調非減少関数とする．このとき，$\mathrm{SPACE}[S(n)] = \mathrm{SPACE}[cS(n)]$ が成り立つ．

証明　関数 $S(n)$ が単調非減少で，$\lim_{n\to\infty} S(n) = \infty$ を満たすとする．d を $1/c$ よりも大きな整数とする．$M = (Q, \Sigma, \Gamma, \delta, q_0, q_{\mathrm{acc}}, q_{\mathrm{rej}})$ を $S(n)$ 領域限定 k 作業用テープチューリング機械とし，$L \subseteq \Sigma^*$ を M が受理する言語とする．このとき，$L \in \mathrm{SPACE}[cS(n)]$ を成り立たせるようなチューリング機械 M' を次

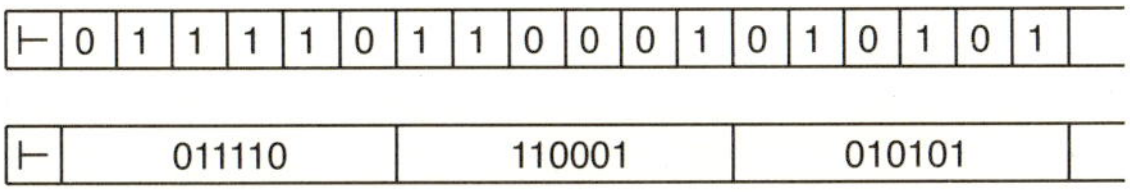

図 2.6　テープの圧縮

上は通常のテープ，下は 6 個のマスをひとまとめにしたもの．

のように構成する．

まず，M' の入力アルファベットは M と同じく Σ である．M' の作業用アルファベット Γ' は，Γ の文字の任意の d 個組みからなるアルファベット，すなわち

$$\underbrace{\Gamma \times \cdots \times \Gamma}_{d}$$

である．この Γ' を用いると，M の作業用テープ上の d 個のマス目に書かれている文字をひとまとめにして表わすことができる．そこで，M の作業用テープを 1 番地から始めて，d マスごとのブロックに区切って Γ' のアルファベットを使ってそれぞれのブロックを表わせば，M の作業用テープの 1 番地から m 番地を M' の作業用テープの $\lceil m/d \rceil$ 個のマス目で表わすことができる（図 2.6 参照）．ただし，M の動きを模倣するには，d 個ずつまとめられているマス目のうちのどのマス目の上にヘッドがあるかを知っている必要がある．そのための状態変数をテープごとに用意し，それを $m_1, \cdots, m_k$ で表わす．$m_1, \cdots, m_k$ のとる値は，1 と d のあいだの整数である．そして，M' の状態集合 Q' を

$$\{(q, m_1, \ldots, m_k) \mid q \in Q \wedge (\forall 1 \le i \le k)[1 \le m_i \le d]\}$$

と定義する．

M の状態遷移関数を δ とすると，M' の状態遷移関数 δ' は次のように定められる．いま，$\alpha = (q, m_1, \cdots, m_k)$，$\beta = (p, n_1, \cdots, n_k)$，$B_i = (b_{i,1}, \cdots, b_{i,d}) \in \Gamma'$，$C_i = (c_{i,1}, \cdots, c_{i,d}) \in \Gamma'$，$r_1, \cdots, r_k \in \{\leftarrow, -, \rightarrow\}$ に対して，

$$\delta'(\alpha, b_0, B_1, \cdots, B_k) = (\beta, C_1, \cdots, C_k, r_1, \cdots, r_k)$$

が成り立つのは以下のときである．

- 1 から k までのすべての i に対して，また，1 から d までのすべての j に

対して，$(j \neq m_i) \Rightarrow (b_{i,j} = c_{i,j})$.

- ある $e_1, \cdots, e_k \in \{\leftarrow, -, \rightarrow\}$ が存在して，
  - $\delta(q, b_0, b_{1,m_1}, \cdots, b_{k,m_k}) = (p, c_{1,m_1}, \cdots, c_{k,m_k}, e_1, \cdots, e_k)$，かつ，
  - 1から k までのすべての i に対して，
    - $(e_i = -) \Rightarrow ((m_i = n_i) \wedge (r_i = -))$,
    - $((e_i = \rightarrow) \wedge (m_i < d)) \Rightarrow ((n_i = m_i + 1) \wedge (r_i = -))$,
    - $((e_i = \rightarrow) \wedge (m_i = d)) \Rightarrow ((n_i = 1) \wedge (r_i = \rightarrow))$,
    - $((e_i = \leftarrow) \wedge (m_i > 1)) \Rightarrow ((n_i = m_i - 1) \wedge (r_i = -))$,
    - $((e_i = \leftarrow) \wedge (m_i = 1)) \Rightarrow ((n_i = d) \wedge (r_i = \leftarrow))$.

入力 x に対して M が第 i 作業用テープ上で s 番地まで到達するとき，M' は第 i 作業用テープにおいて $\lceil s/d \rceil$ 番地まで到達する．この $\lceil s/d \rceil$ はたかだか $(s/d) + 1$ である．したがって，M の領域計算量がたかだか $S(n)$ の場合，M' の領域計算量はたかだか $(S(n)/d) + 1$ である．仮定により $\lim_{n \to \infty} S(n) = \infty$ なので，$(\overset{\infty}{\forall} n \geq 0)[S(n)/d < cS(n)]$ が成り立つ．したがって，系 2.19 によって $L \in \mathrm{TIME}[cS(n)]$ が成り立つ． ❑

定理 2.21 **（線形加速定理）**　定数 $\epsilon > 0$ に対して，$(\forall n \in \mathbf{N})[T(n) \geq (1+\epsilon)n]$ が成り立つとする．このとき，$0 < c < 1$ なるすべての定数 c に対して，$\mathrm{TIME}[T(n)] = \mathrm{TIME}[n + cT(n)]$ が成り立つ．

証明　c を $0 < c < 1$ なる定数とし，$(\forall n \in \mathbf{N})[T(n) \geq (1+\epsilon)n]$ が成り立つと仮定する．$L \subseteq \Sigma^*$ を $\mathrm{TIME}[T(n)]$ に属する言語とし，$M = (Q, \Sigma, \Gamma, \delta, q_0, q_{\mathrm{acc}}, q_{\mathrm{rej}})$ を L を受理する $T(n)$ 時間限定の k 作業用テープチューリング機械とする．また，d を $c > 7/d$ なる正の整数とする．

証明の目標は，L を受理し，$(\forall x \in \Sigma^*)[\mathrm{time}_{M'}(x) \leq |x| + cT(|x|)]$ であるようなチューリング機械 M' を構成することである．テープ圧縮定理の証明と同様に，M' は M の各作業用テープのマス目を d マスごとに1つの文字にまとめて，M の計算を模倣する．さらには，第 $k+1$ 作業用テープに，入力テープの内容を d マスごとに1つの文字にまとめたものを構成して，それを入力テープの代わりとする．n を入力の長さとする．

⊢	a	b	c	a	b	c	c	c	c	b	b	b	a	a	b	b	c	⊣

⊢	(abcabc,◁)	(ccccbbb,*)	(aabbc,▷)	⊥

図 2.7　印つきの入力の圧縮

上は通常の入力テープ，下は 6 個のマスをひとまとめにしたもの．第 3 ブロックは 6 文字には足りず，5 文字だけ入っている．

入力を圧縮するには，状態を使って実現する長さ d の**待ち行列**（priority queue）を用いる．待ち行列の初期値は空である．入力文字列を 1 番地から順に読んでいって，次々と待ち行列に加えていく．第 $k+1$ 作業用テープへの書き込みは，⊣ に出会ったか，待ち行列が一杯になり次の文字が読み込まれた時点で発生する．もし，待ち行列が一杯で，次に読み込まれた文字 α が ⊣ 以外であれば，待ち行列に入っている d 文字をひとまとめにしたものを第 $k+1$ 作業用テープの現在ヘッドがある位置に書き込んで，第 $k+1$ 作業用ヘッドを右に 1 つ進め，待ち行列の最初の d 文字を取り除いて α を加える．もし α が ⊣ であったら，現在の待ち行列の内容を第 $k+1$ 作業用テープの現在ヘッドがある位置に書き込むが，ヘッドは動かさない．同様に，待ち行列が一杯にならないうちに ⊣ に到達したなら，現在の待ち行列の内容を第 $k+1$ 作業用テープの現在ヘッドがある位置に書き込むが，ヘッドは動かさない．

d 個までの文字をまとめるために，作業用テープのアルファベットが直積集合

$$(\Sigma \cup \Sigma^2 \cup \cdots \cup \Sigma^d) \times \{\triangleleft, \triangleright, \diamond, *\}$$

を部分集合として含むようにする．◁，▷，◇，$*$ の記号は，圧縮された入力の最初と最後のブロックに印をつけるのに用いる（図 2.7 参照）．最初のブロックは ◁ で，最後のブロックは ▷ で，またそれ以外のブロックは $*$ で印をつける．ただし，入力の長さが d 以下である場合には，◁ と ▷ が同じブロックに出現しなければならないので，その場合には ◇ を用いる．第 $k+1$ 作業用ヘッドの移動は，待ち行列が一杯になって，さらに次の文字が読み込まれ，それが ⊣ でなかった場合にのみ起こるので，⊣ に出会った時点での第 $k+1$ 作業ヘッドはちょうど最後のブロックの位置にある．よって，圧縮は時刻 $n+1$ に終了する．

さて，入力の圧縮が終わり，⊣ が見つかったら，ただちに第 $k+1$ 作業用ヘッ

ドを最後のブロックから最初のブロックまで戻す．$\dashv$ が見つかった時点には第 $k+1$ 作業用ヘッドはちょうど最後のブロックにあるので，その時刻からヘッドを戻す作業を始める．

最初のブロックは1番地にあるのだが，それを探すにあたり，ヘッドをいったん0番地まで戻してから1番地に移動させると少し余計に時間がかかるので，入力の開始を表わす印である $\triangleleft$ もしくは $\diamond$ を探すことにする．$\dashv$ が読み込まれた時点での第 $k+1$ 作業用テープのヘッドの番地は $\lceil n/d \rceil$ である．そこから1番地に戻るには $\lceil n/d \rceil - 1$ ステップ必要で，これは n/d 以下である．入力を読み込むには $n+1$ ステップかかるが，時刻 $n+1$ にヘッドを戻す作業が始まるので，模倣の準備には全部でたかだか $n + n/d$ ステップかかる．

さて，入力テープを圧縮したあとの模倣は，次のような考察の基で行なわれる．1から $k+1$ の各 i に対して，現在 M' の第 i 作業用ヘッドが第 p_i ブロックにあり，M の第 i 作業用テープの（$i = k+1$ の場合は入力テープの）r_i 番地を指しているとすると，

$$(p_i - 1)d + 1 \le r_i \le p_i d$$

が成り立つ．ここから，M の模倣が d ステップぶん行なわれたとき，M の第 i 作業用ヘッドが到達する範囲を区間 $[s_i, t_i]$ で表わすと

$$(s_i \le r_i \le t_i) \wedge (t_i \le r_i + d - 1)$$

である．この区間は第 p_i ブロックに含まれるか，もしくは，第 p_i ブロックとその一方の隣りのブロックに含まれている．よって，この d ステップのあいだに，M' の第 i 作業用ヘッドは第 $p_i - 1$ ブロックか第 $p_i + 1$ ブロックのどちらか一方を訪れることができるが，それ以外のブロックを訪れることはできない．ヘッドが訪れないブロックに変化は起きないので，1から $k+1$ までのすべての i に対して，第 $p_i - 1$ ブロックと第 $p_i + 1$ ブロックの内容を読み込めば，M が次の d ステップ内に何を行なうのかを完全に把握することができる．

この考察を基に，以下に示すような（たかだか）6ステップの動きを行なって，M の d ステップ間の動きを一気に模倣する．

第0ステップ 1から $k+1$ までの i のそれぞれに対して，現在ヘッドがあるブロックの内容はすでに記憶されているものとする．

第1ステップ 1から$k+1$までのiのそれぞれに対して，ヘッドを右に1ブロック進め，p_i+1番目のブロックの内容を記憶する．

第2，第3ステップ 1から$k+1$までのiのそれぞれに対して，ヘッドを左に2ブロック進め，p_i-1番目のブロックの内容を記憶する．続いて，Mのdステップぶんの動きを計算する．それと同時に，1から$k+1$までのiのそれぞれに対して，p_i-1番目のブロックの内容を書き換える．

第4〜第6ステップ 1から$k+1$までのiのそれぞれに対して，第i番目の作業用テープのヘッドのdステップ後の位置がp'_i番目のブロックであったとする（$p_i-1 \le p'_i \le p_i+1$）．このとき，次を行なう．

1. もし$p'_i=p_i-1$ならば，ヘッドはp_i+1番目のブロックには行かないので，ヘッドを右に1マス進め，p_i番目のブロックを書き換える（第4ステップ）．それから，左に1マス進み（第5ステップ），次のステップは休む．
2. もし$p'_i=p_i+1$ならば，ヘッドを右に1マス進め，p_i番目のブロックを書き換える（第4ステップ）．さらに右に1マス進め，p_i+1番のマス目を書き換える（第5ステップ）．次のステップは休む．
3. もし$p'_i=p_i$ならば，ヘッドを右に1マス進め，p_i番目のブロックを書き換え（第4ステップ），ヘッドを右にさらに1マス進め，p_i+1番目のブロックを書き換え（第5ステップ），ヘッドを左に1マス進める（第6ステップ）．

いずれの場合も，次の模倣に備えるため，ヘッドの最終位置にあるブロックの内容を記憶しておく．

この原則に従わない場合がいくつかある．まず，$1 \le i \le k$なるiに関して第i作業用ヘッドが0番地にあり，$\vdash$を指している場合，第p_i-1ブロックへの移動が省かれる．また，第$k+1$作業用テープにおいて，$\triangleleft$または$\triangleright$の印がついているときはそれぞれ，第$p_{k+1}-1$ブロックへの移動と第$p_{k+1}+1$ブロックへの移動が省かれる．$\diamond$の印がついているときは，どちらにも移動しない．

この方式を使うと，Mのdステップの動きが6ステップで模倣できるので，入力の圧縮後に使われるステップ数は$6\lceil T(n)/d\rceil$である．したがって，全体

では

$$n + (n/d) + 6\lceil T(n)/d \rceil$$

ステップかかる．仮定より，$(\forall n \in \mathbf{N})[T(n) \geq (1+\epsilon)n]$ であるから，

$$\frac{n}{d} + 6\left\lceil \frac{T(n)}{d} \right\rceil \leq \frac{T(n)}{d(1+\epsilon)} + 6\left\lceil \frac{T(n)}{d} \right\rceil < 7T(n)/d$$

が，有限個を除くすべての n に対して成り立つ．定数 d は $c > 7/d$ が成り立つように定めたので，M' の計算時間は，有限個を除くすべての n に対して $n + cT(n)$ 以下である．

以上で定理が証明された．❑

上記の定理から，次の系がただちに得られる．

系 2.22　$T(n) = \omega(n)$ ならば，すべての定数 $c > 0$ に対して $\mathrm{TIME}[T(n)] = \mathrm{TIME}[cT(n)]$ が成り立つ．

2.2.3　構成可能関数

第 2.2.1 項の終わりに，計算量関数としてふさわしい関数についての考察をしたが，そこでわかったことは，時間計算量関数は単調非減少で，$n+1$ 以上である必要があり，領域計算量関数は単調非減少で，1 以上である必要があるということであった．じつは，この条件のみでは，$f(n)$ からその指数関数 $2^{f(n)}$ に計算量を拡大しても，チューリング機械が新たな言語を受理することができないような $f(n)$ を定義できることが知られている．つまり，$f(n) \geq n+1$ なる単調非減少関数 $f(n)$ で，$\mathrm{TIME}[f(n)] = \mathrm{TIME}[2^{f(n)}]$ かつ $\mathrm{SPACE}[f(n)] = \mathrm{SPACE}[2^{f(n)}]$ を満たすものが存在する．これを**ギャップ定理**（gap theorem）という．このような状況を回避するには，計算量関数をさらに限定する必要がある．その限定に使われるのが，**構成可能関数**の概念である．

定義 2.23　すべての自然数 n と長さ n のすべての入力 x に対し，時刻 $f(n)$ で停止するチューリング機械 M が存在するとき，関数 $f(n)$ は**時間構成可能**（time-constructible）であるという．また，そのような M は $f(n)$ を**時間構成**

する（M time-constructs $f(n)$）という．

定義 2.24 すべての自然数 n と長さ n のすべての入力 x に対し，ちょうど $f(n)$ の領域を使って停止するチューリング機械 M が存在するとき，関数 $f(n)$ は**領域構成可能**（space-constructible）であるという．また，そのような M は $f(n)$ を**領域構成する**（M space-constructs $f(n)$）という．

命題 2.25 関数 $f(n)$ が時間構成可能であることと，$\{0\}$ を入力アルファベットとするチューリング機械 M で

$$(\forall n \geq 0)[\mathrm{time}_M(0^n) = f(n)]$$

を満たすものが存在することは同値である．

証明 証明は簡単なので，演習問題とする（演習問題 2.10）． ❑

命題 2.26 関数 $f(n)$ が領域構成可能であることと，$\{0\}$ を入力アルファベットとするチューリング機械 M で

$$(\forall n \geq 0)[\mathrm{space}_M(0^n) = f(n)]$$

を満たすものが存在することは同値である．

証明 証明は簡単なので，演習問題とする（演習問題 2.11）． ❑

関数を時間構成または領域構成するチューリング機械の動きは入力の長さに影響されるが，入力の文字列の内容には影響されない．したがって，その機械を他のあらゆるアルファベット上に移行できる．

構成可能関数の定義においても，計算量関数の定義同様（p.33 における議論を参照），時間の場合には $n+1$，領域の場合には 1 の下限を設ける．すなわち，「$T(n)$ が時間構成可能」というときには，$\max\{T(n), n+1\}$ が定義 2.23 の意味で時間構成可能であり，「$S(n)$ が領域構成可能」というときには，$\max\{S(n), 1\}$ が定義 2.24 の意味で領域構成可能であることをいう．

命題 2.18 において，すべての計算量関数 $f(n)$ について，$\mathrm{TIME}[f(n)]$ と $\mathrm{SPACE}[f(n)]$ が有限の変更のもとで閉じていることを示したが，同様のことが

構成可能関数についてもいえる．

命題 2.27　$(\overset{\infty}{\forall}\, n \geq 0)[f(n) = g(n)]$ ならば，$f(n)$ が時間構成可能であることは $g(n)$ が時間構成可能であることと同値であり，$f(n)$ が領域構成可能であることは $g(n)$ が領域構成可能であることと同値である．

証明　この証明も演習問題とする（演習問題 2.17）．　❑

構成可能性を示すのは一般に面倒な作業であるが，すでに構成可能であることがわかっている関数を組み合わせて，新たな構成関数をつくることができる．

命題 2.28　関数 $f(n)$ と $g(n)$ がそれぞれ時間構成可能ならば，$f(n)g(n)$ および $f(n)+g(n)$ は時間構成可能である．

証明　$f(n)$ と $g(n)$ が時間構成可能であり，それぞれ k 作業用テープチューリング機械 M と ℓ 作業用テープチューリング機械 N によって，それぞれ時間構成されると仮定する．命題 2.25 により，M も N も入力アルファベットは $\{0\}$ であるとしてよい．また，どちらのチューリング機械も停止時には q_{acc} に遷移するものとする．目標は，$f(n)+g(n)$ を時間構成するチューリング機械 U_1 と $f(n)g(n)$ を時間構成するチューリング機械 U_2 を構成することである．

まず，U_1 を構成する．U_1 は $k+\ell+1$ 個の作業用テープをもち，M の q_{acc} と N の q_0 を同一視して，次のようなプログラムを本質的に実行する．

- 第 1 から第 k までの作業用テープを用いて M の動きを模倣し，それが済んだらただちに第 $k+1$ から第 $k+\ell$ までの作業用テープを用いて N の動きを模倣する．

ここで問題になるのは，「ただちに」という部分である．M が q_{acc} に遷移する際に U_1 の入力ヘッドが 0 番地，1 番地，2 番地のいずれかにあれば，次の時刻から N の模倣を実行することができる．あるいは，入力 0^n が回文であることを利用して，M が q_{acc} に遷移した直後に入力テープの左右の概念を交換してしまえば，入力ヘッドの番地は $n-1$，n，$n+1$ のいずれかであってもよい．しかしながら，それ以外の場合，入力ヘッドを 1 番地または n 番地に移動するのに 2 ステップ以上かかり，2 つの模倣のあいだに時間の隔たりができることになる．

この問題を回避するために，M の模倣を行ないながら第 $k+\ell+1$ 作業用テープに入力 0^n のコピーをつくり，おしまいに $\dashv$ をつけ，それがあたかも入力テープであるような格好にしておき．第 $k+\ell+1$ 作業用ヘッドを $\dashv$ の上において M の終了を待つ．M が q_{acc} に遷移することが決まったら，第 $k+\ell+1$ 作業用ヘッドを 1 つ左に移動して最後の 0 の位置にもってくる．N の模倣が始まったら，第 $k+\ell+1$ 作業用テープを，左右がひっくり返った N の入力テープとみなして模倣を行なう．

M を模倣しながら入力をコピーするには，第 $k+\ell+1$ 作業用テープのヘッドを入力テープのヘッドと同じように逐一動かし，入力ヘッドが読み込んだ文字（その文字とは 0 である）を第 $k+\ell+1$ 作業用テープに書き込み，入力ヘッドが $\dashv$ に出会った時点でコピー作業を終了すればよい．以上が，U_1 の動きである．

次に，$f(n)g(n)$ を時間構成する U_2 を構成する．U_2 は $(k+\ell+2)$ 個の作業用テープをもつ．命題 2.27 により，構成可能関数は有限の変更のもとで閉じているので，入力の長さ n は 2 以上と仮定してよい．U_2 はまず最初に第 3 から第 $k+2$ までの作業用テープを使って M をいちど模倣し，第 1 作業用テープに文字列 $0^n \dashv$ を構成し，それと同時に第 2 作業用テープに $0^{f(n)-1}X$ を構成する．$0^n \dashv$ の構成法は U_1 とまったく同じである．$0^{f(n)-1}X$ を構成するには，M の模倣が続くかぎり 0 を書き続ける．ただし，M が停止する時点では（つまり，時刻 $f(n)$ において），0 の代わりに X を書く．

次に，U_2 は第 2 テープのヘッドを左に動かしはじめる．すると，ちょうど $f(n)$ ステップで $\vdash$ に到達する．これを行なうのと並行して，U_2 は第 1 作業用テープを左右がひっくり返った入力とみなし，第 $k+3$ から第 $k+\ell+2$ までの作業用テープを使い，N の最初の 2 ステップを模倣しておく．$n \geq 2$ と仮定しているので，$f(n) \geq 3$ であり，$f(n)$ ステップのあいだに N を 2 ステップ模倣することが可能である．

U_2 はこの後，第 2 作業用テープのヘッドを左から右，右から左へと交互に動かしていき，端点に到達するごとに N を 1 ステップ模倣する．そして，N が停止するのと同時に停止する．

この方式を使えば，$f(n)$ ステップごとに N が 1 ステップ模倣されるので，U_2 は結局，$f(n)g(n)$ ステップで停止する．❑

定理 2.28 と同様の結果が領域構成可能関数についてもいえるが，その証明は演習問題とする（問題 2.13）．命題 2.28 は時間構成可能関数が加法と乗法について閉じていることを示しているが，減法についてはどうだろうか．以下の補題は，もし引き算を行なった結果が引くほうの関数よりも大きければ，減法を行なうこともできることを示す．

補題 2.29　関数 $f_1(n) + f_2(n)$ と $f_2(n)$ がそれぞれ時間構成可能であり，定数 $\epsilon > 0$ に対して $f_1(n) \geq \epsilon f_2(n) + (1+\epsilon)n$ が成り立つならば，$f_1(n)$ は時間構成可能である．

証明　関数 $f_1(n) + f_2(n)$ と $f_2(n)$ がそれぞれ，チューリング機械 M_1 と M_2 により時間構成可能であると仮定する．どちらの機械も入力アルファベットは $\{0\}$ であるとする．また，定数 $\epsilon > 0$ に対して，$f_1(n) \geq \epsilon f_2(n) + (1+\epsilon)n$ が成り立つと仮定する．

証明の目標は，$f_1(n)$ を時間構成するチューリング機械 N を構成することである．線形加速定理（定理 2.21）の証明では，入力の圧縮されたコピーを構成することにより計算を定数倍，速くした．そのアイディアをここでも利用して，M_1 の計算を部分的に早送りして行なう．単純に考えると，M_1 の行なう $f_1(n)+f_2(n)$ ステップのうち，$2f(n)$ ステップを 2 倍の速さで行なうことができれば，$f_2(n)$ ステップ節約となって，全体にかかる時間が $f_1(n)$ となる．ただ，早送りの模倣を行なうには，まず初めに入力をすべて読まなければならないので，もう少し工夫が必要で，実際には次のような 5 段階に分かれたプログラムを実行する．ここで，プログラムの記述に登場する 4 定数 d_1，d_2，d_3，δ_1 はすべて正の整数であり，その値はのちに定める．また，入力の長さ n は，これらの定数の最大値よりも大きいと仮定する．

段階 1　まず，入力の圧縮されたコピーを 3 つ，圧縮率 d_1，d_2，d_3 で構成する．これらを第 1 コピー，第 2 コピー，第 3 コピーとよぶことにする．

入力の $\dashv$ に出会ったら段階 2 に進むのだが，段階 2 の開始時には，どのコピーも最初のブロックに $\triangleleft$ の印がつき，最後のブロックに $\triangleright$ の印がつき，ヘッドが $\triangleright$ の印のついたブロックの上にあるように取り計らう．

段階 2 線形加速定理で用いた 6 ステップを使った模倣方法で，次の 2 つの作業を並行して行なう．

- 第 1 コピーを用いて，d_1 ステップごとの動きを 6 ステップに短縮して，M_1 の模倣を行なう．
- 第 2 コピーを用いて，d_2 ステップごとの動きを 6 ステップに短縮して，M_2 の模倣を行なう．

ただし，段階 2 は，段階 1 の終了と同時に開始される．2 つの模倣のうち M_2 のほうが終了したら，ただちに段階 3 に進む．

段階 3 M_1 の早送り模倣を続けながら，第 3 コピー上のヘッドを $\triangleright$ の印のついたブロックから $\triangleleft$ の印のついたブロックまで動かす．それが済んだら，ただちに段階 4 に進む．

段階 4 M_1 の模倣を通常の速度に戻す．M_1 の模倣が終了したら，ただちに段階 5 に進む．

段階 5 δ_1 ステップをやり過ごしてから受理する．

いま，1 から 5 までの i のそれぞれに対して，段階 i の実行にかかるステップ数を $R_i(n)$ で表わす．明らかに，$R_1(n) = n + 1$ かつ $R_5(n) = \delta_1$ である．目標は，

$$R_1(n) + R_2(n) + R_3(n) + R_4(n) + R_5(n) = f_1(n)$$

が成り立つように定数の値を調整することである．そこで，残りの 3 つの値を分析する．

まず，$R_2(n)$ であるが，圧縮率が d_2 であり，最初の 1 ステップは $R_1(n)$ に含まれているので，$R_2(n) = 6\lceil f_2(n)/d_2 \rceil - 1$ が成り立つ．ここで，

$$\delta_2 = \begin{cases} 0 & (f_2(n) \text{ が } d_2 \text{ で割り切れるとき}) \\ d_2 - (f_2(n) \bmod d_2) & (\text{そうでないとき}) \end{cases}$$

と定める．ただし，$f_2(n) \bmod d_2$ は $f_2(n)$ を d_2 で割った余りである．すると，

$R_2(n) = 6(f_2(n) + \delta_2)/d_2 - 1$ が成り立つ．また，段階 2 において模倣される M_1 のステップ数は

$$S_1(n) = d_1(f_2(n) + \delta_2)/d_2$$

である．

次に，$R_3(n)$ であるが，$R_3(n) = 6\lceil n/d_3 \rceil$ が成り立つ．

$$\delta_3 = \begin{cases} 0 & (n \text{ が } d_3 \text{ で割り切れるとき}) \\ d_3 - (n \bmod d_3) & (\text{そうでないとき}) \end{cases}$$

と定める．すると，$R_3(n) = 6(n + \delta_3)/d_3$ である．また，段階 3 において模倣される M_1 のステップ数は

$$S_2(n) = d_1(n + \delta_3)/d_3$$

である．

最後に，$R_4(n)$ であるが，段階 4 においては，時刻 $S_1(n) + S_2(n) + 1$ からの M_1 の計算を通常の速さで行なうので，

$$R_4(n) = f_1(n) + f_2(n) - d_1(f_2(n) + \delta_2)/d_2 - d_1(n + \delta_3)/d_3$$

が成り立つ．したがって，

$$\begin{aligned} &R_1(n) + \cdots + R_5(n) \\ &= (n+1) + \left(\frac{6(f_2(n) + \delta_2)}{d_2} - 1 \right) + \frac{6(n + \delta_3)}{d_3} \\ &\quad + \left(f_1(n) + f_2(n) - \frac{d_1(f_2(n) + \delta_2)}{d_2} - \frac{d_1(n + \delta_3)}{d_3} \right) + \delta_1 \end{aligned}$$

である．これが $f_1(n)$ と等しくなるのは，3 つの等式

$$\begin{aligned} f_2(n) \left(\frac{6}{d_2} + 1 - \frac{d_1}{d_2} \right) &= 0 \\ n \left(1 + \frac{6}{d_3} - \frac{d_1}{d_3} \right) &= 0 \\ \frac{6\delta_2}{d_2} + \frac{6\delta_3}{d_3} - \frac{d_1\delta_2}{d_2} - \frac{d_1\delta_3}{d_3} + \delta_1 &= 0 \end{aligned}$$

が成り立つときで，またそのときに限る．最初の 2 つの等式から，

$$d_2 = d_3 = d_1 - 6 \tag{2.2}$$

が導きだせる．これを最後の式に代入すると，

$$\delta_1 = \frac{(d_1-6)\delta_2}{d_2} + \frac{(d_1-6)\delta_3}{d_3} = \delta_2 + \delta_3 \tag{2.3}$$

が得られる．模倣が最後の段階に到達するには

$$R_2(n) + R_3(n) \le f_1(n) + f_2(n) \tag{2.4}$$

でなければならない．この条件は

$$d_1\frac{f_2(n)+\delta_2}{d_2} + d_1\frac{n+\delta_3}{d_3} \le f_1(n) + f_2(n)$$

と表わすことができ，式 2.2 および式 2.3 を代入すると，

$$f_1(n) \ge \frac{6}{d_2}f_2(n) + \left(1+\frac{6}{d_2}\right)n + \frac{(d_2+6)(2+\delta_1)}{d_2}$$

と単純化される．仮定より，

$$f_1(n) \ge \epsilon f_2(n) + (1+\epsilon)n$$

であるから，d_2 を $6/\epsilon$ よりも大きい整数と仮定すると，$\epsilon > 6/d_2$ となり，有限個を除くすべての n について，式 2.4 が成り立つ．

さて，段階 5 では，δ_1 ステップだけ数えなければならない．$\delta_1 = \delta_2 + \delta_3$ が成り立つので，δ_2 と δ_3 を段階 5 に至る前に計算しておけば，ことは足りる．δ_3 を計算するには，入力の圧縮されたコピーをつくる際に入力の長さ n を d_2 で割った余りを，状態を用いて数えればよく，δ_2 を計算するには，M_2 の模倣を行なう際に M_2 の模倣されるステップ数を d_2 で割った余りを，状態を使って数えればよい．したがって，δ_1 ステップだけ数えることが，状態を使って実行できる．

以上で，補題の証明を終了する．❑

補題 2.29 により，時間構成可能であるための必要十分条件が導きだせる．

定理 2.30　関数 $f(n)$ に対して，$(\exists c>0)(\overset{\infty}{\forall}\, n \ge 0)[f(n) \ge (1+c)n]$ が成り立つとする．このとき，$f(n)$ が時間構成可能であるための必要十分条件は，次の 2 つの条件を満たすチューリング機械 M が存在することである．

$$(\overset{\infty}{\forall}\, x)[\mathrm{space}_M(x) = f(|x|)] \tag{2.5}$$

$$(\exists d>0)(\overset{\infty}{\forall}\, x)[\mathrm{time}_M(x) \le df(|x|)] \tag{2.6}$$

証明　関数 $f(n)$ に対して，$(\exists c > 0)(\overset{\infty}{\forall}\ n \geq 0)[f(n) \geq (1+c)n]$ が成り立つとする．

まず，式 2.5 および 2.6 の条件を満たす M および d が存在したと仮定する．M は作業用アルファベットには $\perp$ と同じ役割をする文字 $\perp'$ があって，M は $\perp$ を書き込む代わりに $\perp'$ を書き込むものとする．こうすることによって，M のヘッドがまだ到達していない領域にある空白と，ヘッドがすでに到達している領域にある空白とを区別することができる．

チューリング機械 S を，M を模倣し，それが済んだら，それぞれの作業用ヘッドを $\vdash$ からもっとも離れたところにある $\perp$ 以外の文字へ移動して停止するものとする．また，チューリング機械 T を，S を模倣し，それが済んだらすべての作業用ヘッドをただちに $\vdash$ に向かって動かし，すべての作業用ヘッドが $\vdash$ に到達したら停止するものとする．

そこで，$g(n) = \mathrm{time}_S(0^n)$，$h(n) = \mathrm{time}_T(0^n)$ と定義する．すると，$g(n)$ と $h(n)$ はどちらも時間構成可能関数である．仮定より，$(\overset{\infty}{\forall}\ n \geq 0)[\mathrm{space}_M(0^n) = f(n)]$ であるから，$(\overset{\infty}{\forall}\ n \geq 0)[h(n) = f(n) + g(n)]$ が成り立つ．また仮定より，$(\overset{\infty}{\forall}\ n \geq 0)[\mathrm{time}_M(0^n) \leq df(n)]$ であるから，$h(n) \leq mf(n)$ となるような正の定数 $m \geq 1$ が存在する．いま，ϵ を，

$$0 < \epsilon \leq \frac{c}{2m(1+c)}$$

なる定数とする．$(\overset{\infty}{\forall}\ n \geq 0)[f(n) \geq (1+c)n]$ であるから，ほとんどすべての n に対し，

$$\begin{aligned} f(n) &= \frac{c}{2(1+c)}f(n) + \frac{2+c}{2(1+c)}f(n) \\ &\geq \frac{c}{2m(1+c)}h(n) + \left(1 + \frac{c}{2}\right)n \\ &\geq \epsilon h(n) + (1+\epsilon)n \end{aligned}$$

が成り立つ．そこで，補題 2.29 を $f_1 = f$，$f_2 = g$ として用いると，$f(n)$ が時間構成可能であることが得られる．

次に，$f(n)$ が時間構成可能であると仮定する．$f(n)$ を時間構成するチューリング機械を 1 つ選び，それを U とする．k を U の作業用テープの本数とし，いま，M を，次のように動作する $k+1$ 作業用テープチューリング機械とする．

- U の模倣を第 1 から第 k 作業用テープを用いて実行しつつ，各時刻においてUがまだ停止状態に遷移しないのであれば，第 $k+1$ 作業用ヘッドを右に 1 マス動かす．

すると，すべての x に対して，

$$\mathrm{time}_U(x) = \mathrm{space}_U(x) = \mathrm{time}_M(x)$$

が成り立ち，よって，式 2.5 および 2.6 が成り立つ．

以上で，定理の証明を終了する． ❑

上記定理を用いると，さまざまな関数について時間構成可能性を示すことができる．p.17 で示したチューリング機械 M_e は，長さ n の入力に対し，n の 2 進表現を作業用テープの上に構成した．作業用テープの i 番地がアクセスされるのは，入力の 2^i 番目の文字ごとであるので，M_e が 2 進表現作成に費やす時間は

$$O\left(\lceil n\rceil + \left\lceil\frac{n}{2}\right\rceil + \left\lceil\frac{n}{4}\right\rceil + \cdots\right)$$

であり，これは $O(n)$ に属する．したがって，M_e の計算時間は $O(n)$ となる．

一方，M_e とちょうど逆の場合で，カウンターの値を入力としてもらったら，そのコピーをつくり，入力の値を 1 ずつ値が 0 になるまで減らしていき，1 減るごとに別の作業用テープ上でヘッドを右に 1 マス動かすという動作を行なうチューリング機械 M_d を考えると，M_d は $m \in \mathbf{N}$ の 2 進表現から，長さ m の文字列を構成し，$O(m)$ の時間を消費する．したがって，$f(m)$ の 2 進表現が m の 2 進表現から $O(f(m))$ 時間で構成できれば，長さ $f(m)$ の文字列が長さ m の文字列から $O(f(m))$ 時間で構成できる．この性質を使うと，$n\sqrt{n}$，$n\log n$，n^n といった関数が時間構成可能であることが容易に示せる．

また，M_e に使う領域は $\lceil\log(n+1)\rceil$ である．したがって，$\lceil\log(n+1)\rceil$ は領域構成可能である．これに少し変更を加えてやると，$\lceil\log n\rceil$ や $\lfloor\log(n+1)\rfloor$ も領域構成可能であることを示すことができる (演習問題 2.16 参照)．

テープ圧縮定理（定理 2.20）により，次の定理が成り立つ．

定理 2.31 関数 $S(n)$ が領域構成可能であるための必要十分条件は，すべての

入力 x に対して，第 1 作業用テープのヘッドを $S(|x|)$ 番地に移動して停止する $O(S)$ 領域限定のチューリング機械が存在することである．

2.3　非決定性チューリング機械による言語の受理

ここで，非決定性チューリング機械のモデルを導入する．

2.3.1　非決定性チューリング機械

ここで，**非決定性チューリング機械**（nondeterministic Turing machine）の概念を導入する．非決定性チューリング機械の遷移関数は非決定的で，1 つの引数に対して遷移関数がとりうる値が複数あってもよい．複数ある場合には，それらのうちの 1 つが非決定的に選ばれる．選択肢が 1 つもない場合，非決定性チューリング機械はただちに入力を拒否して停止する．数学的にみると，k 作業用テープをもつ非決定性チューリング機械 $N = (Q, \Sigma, \Gamma, \delta, q_0, q_{\mathrm{acc}}, q_{\mathrm{rej}})$ の遷移関数 δ の値域は，$2^{Q \times \Gamma^k \times D^k}$，すなわち，$Q \times \Gamma^k \times D^k$ のベキ集合である．ただし，$D = \{\leftarrow, -, \rightarrow\}$ である．非決定性チューリング機械ととくに区別したいとき，これまで議論してきたチューリング機械を，**決定性チューリング機械**（deterministic Turing machine）とよぶ．

非決定性チューリング機械が行なう計算は，各時刻において生じる非決定的な選択によって非決定的に定まる．したがって，その計算が最終的に停止するのか，停止するのであれば，それは受理するのか拒否するのかは，同一の入力に対しても一様でない．つまり，ある道筋で起こったことが，他の道筋でも起こるとはかぎらない．そのことを考慮して，非決定性チューリング機械を用いて言語を定義するときには，少なくとも 1 つの道筋で受理するかどうかを条件とする．

定義 2.32　M を非決定性チューリング機械とする．入力 x に対して M が，ある非決定的な選択によって受理状態 q_{acc} に到達するとき，M は入力 x を**非決定的に受理する**（M nondeterministically accepts x）という．

定義 2.33 非決定性チューリング機械 M が任意の入力 x に対して，M が途中どのような選択肢を選んでも，有限時間で q_{acc} または q_{rej} に到達するという性質をもつとき，M は**停止性**であるという．

定義 2.34 M を停止性非決定性チューリング機械，L を M の入力アルファベット上の言語とする．すべての入力 x に対して，$x \in L$ のとき，またそのときに限り，M が x を非決定的に受理するとき，M は L を**非決定的に受理する**（M nondeterministically accepts L）という．

非決定性チューリング機械においても，決定性チューリング機械と同様に，**時点表示**（configuration または ID）の概念を用いる．M を非決定性チューリング機械，R と S をその時点表示とする．時点表示 R において与えられる遷移の選択肢のひとつをもって，M の時点表示が S に 1 ステップで遷移可能であるとき，これを $R \vdash_M S$ で表わす．また，任意の整数 $t \geq 1$ に対して，M の時点表示が R から S にちょうど t ステップで遷移可能であるとき，これを $R \vdash_M^t S$ で表わす．これは，

$$(\exists R_0, \cdots, R_t)[(R = R_0) \wedge (S = R_t) \wedge (\forall i : 1 \leq i \leq t)[R_{t-1} \vdash_M R_t]]$$

と同値である．同様に，

$$R \vdash_M^{\leq t} S \equiv (\exists i : 0 \leq i \leq t)[R \vdash_M^i R]$$

と定義する．ただし，$R \vdash_M^0 S$ は $R = S$ と定義する．また，

$$R \vdash_M^* S \equiv (\exists t \geq 0)[R \vdash_M^* S]$$

と定義する．これは，M は時点表示 R から時点表示 S に有限ステップで移ることができることを表わす．$R \vdash_M^* S$ であるとき，M は時点表示 R から時点表示 S に**到達可能**（reachable）であるという．

停止性の非決定性チューリング機械 M の入力 x に対する計算のようすは，**計算木**（computation tree）としてとらえることができる．計算木は，頂点にラベルのついた木 $\tau[M, x]$ であり，その構造は以下のように定義される．

- $\tau[M, x]$ の各頂点のラベルは，M の入力 x に対する時点表示である．
- $\tau[M, x]$ の**根**（root）のラベルは，M の入力 x に対する初期時点表示で

ある．

- u を $\tau[M,x]$ の葉でない**頂点**（vertex）とし，R をそのラベルとする．R から 1 ステップで到達できる M の時点表示がちょうど k 個あり，それらが $S_1, \cdots, S_k$ であるとすると，u は k 個の子を持ち，それらは，$S_1, \cdots, S_k$ で別々にラベルづけされている．
- $\tau[M,x]$ の**葉**（leaf）はすべて停止時点表示でラベルづけされている．

異なる 2 つの時点表示から同一の時点表示に 1 ステップで到達可能な場合があるので，$\tau[M,x]$ において異なる頂点が同一のラベルをもつ可能性がある．また，非決定性チューリング機械 M が入力 x に対して必ずしも停止しない場合，$\tau[M,x]$ は無限個の頂点をもつ．

さて，$\tau[M,x]$ における根から葉までの直線的な（つまり，つねに親から子へ進む）小路は，M の入力 x に対する計算の開始から停止に至るまでの道筋を表わしている．これを**計算小路**（computation path）とよぶ．このとき，次が自明に成り立つ．

命題 2.35　M を非決定性チューリング機械，x を M の入力とするとき，次の条件は同値である．

1. M が x を非決定的に受理する．
2. M が x を受理する計算小路をもつ．
3. 計算木 $\tau[M,x]$ が受理時点表示でラベルづけされた頂点（もちろん，そのような頂点は葉である）をもつ．

ここで，非決定性チューリング機械のプログラムの例を示す．自然数 $n \geq 1$ が 1 と n 以外に約数をもたないとき，n は**素数**（prime number）であるという．反対に，n が 1 と n 以外の約数をもつとき，n は**合成数**（composite number）であるという．入力 n に対して，n が素数であるか合成数であるかを判定する問題を，**素数判定問題**（primality testing problem）という．

ここで，素数全体の集合 L_{prime} および合成数全体の集合 L_{comp} を定義する．どちらも，自然数を 2 進文字列で表わす．

定義 2.36 $L_{\mathrm{prime}} = \{n \mid n$ は 2 進文字列で素数を表わす$\}$，および，$L_{\mathrm{comp}} = \{n \mid n$ は 2 進文字列で合成数を表わす$\}$ と定める．

このとき，L_{comp} を受理する非決定性チューリング機械 N_{comp} を以下に構成する．N_{comp} のプログラムは次の 3 つの性質に基づいている．

- 正の自然数を表わす 2 進文字列の最初の文字は 1 である．
- 合成数はすべて長さが 3 以上である．
- 自然数 n が合成数であり，その長さが k であるとき，その自明でない約数はすべて，長さが 2 と $k-1$ のあいだである．

N_{comp} は，入力 w に対して次のように動作する．

段階 1 w が 1 で始まらなければ拒否する．

段階 2 $|w| \leq 2$ であれば拒否する．

段階 3 第 1 作業用テープ上に，1 で始まり，長さが 2 以上 $|w|-1$ 以下であるような 2 進文字列を非決定的に構成する．

段階 4 段階 3 で構成した 2 進数が w の表わす数を割り切るかどうかを判定する．割り切れば受理し，割り切らなければ拒否する．

このプログラムの段階 3 における動作を以下に述べる．この作業には入力テープと第 1 作業用テープのみが必要なので，それ以外のテープに関する動きは省略する．段階 4 での判定をどのように実行するかは演習問題とする（演習問題 2.20）．

段階 3 で用いる状態は，p_0，p_1，p_2，p_3 の 4 つである．段階 2 のはじめでは，状態は p_0 であり，入力ヘッドも第 1 作業用ヘッドも 1 番地にあるものとする．段階 2 において，この 2 つのヘッドはつねに同じ番地にある．

（状態 p_0） 作業用テープに 1 を書いて，入力ヘッドと第 1 作業用ヘッドを右に 1 つ進めて，状態 p_1 に遷移する．

- $\delta(p_0, 1, \perp) = \{(p_1, 1, \rightarrow, \rightarrow)\}$

（状態 p_1） 第 2 ビットを非決定的に選び，入力ヘッドと第 1 作業用ヘッド

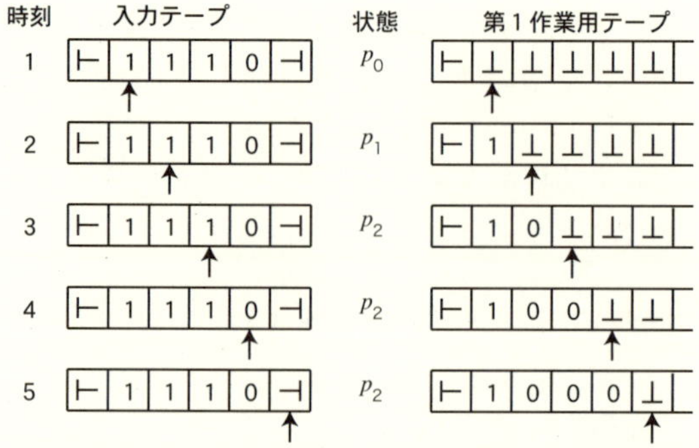

図 2.8　N_{comp} の入力 1110 における計算例

矢印はヘッドの位置を表わす．生成された文字列が長すぎるので拒否する．

を右に 1 つ進めて，状態 p_2 に遷移する．

- $\delta(p_1, 0/1, \perp) = \{(p_2, 0, \rightarrow, \rightarrow), (p_2, 1, \rightarrow, \rightarrow)\}$
  ただし，0/1 は 0 または 1 を表わす．

(状態 p_2)　もし，入力テープ上の文字が ⊣ ならば，非決定的に生成された文字列の長さがすでに $|w|$ であるので，生成に失敗したものとみなして拒否する．もし，入力テープ上の文字が ⊣ でなければ，もっとビットを加えるかどうかを非決定的に選択する．加えることにしたならば，0 か 1 かを非決定的に選択してつけ加え，入力ヘッドと第 1 作業用ヘッドを右に 1 つ進める．加えないことにしたならば，両方のヘッドを左に 1 つ進めて，状態 p_3 に遷移する．

- $\delta(p_2, \dashv, \perp) = (q_{\mathrm{rej}}, \perp, -, -)$
- $\delta(p_2, 0/1, \perp) = \{(p_2, 0, \rightarrow, \rightarrow), (p_2, 1, \rightarrow, \rightarrow), (p_3, \perp, \leftarrow, \leftarrow)\}$

(状態 p_3)　⊢ が見つかるまで，各ヘッドを左に動かす．両方の ⊢ が見つかったら，1 番地にヘッドを移動して，割り算のための初期状態（仮に r_0 としておこう）に遷移する．

- $\delta(p_3, 0/1, 0) = (0, \leftarrow, \leftarrow)$

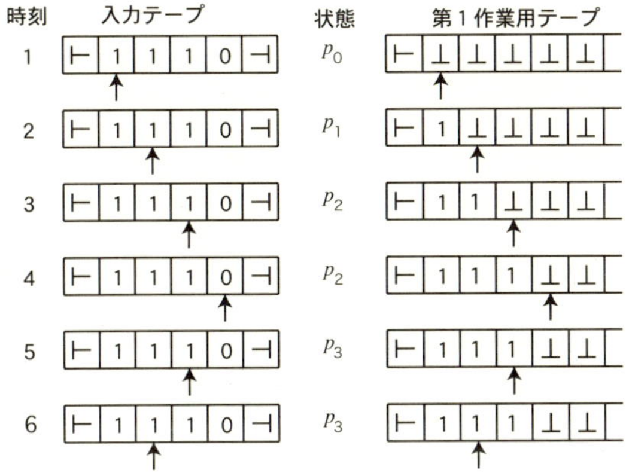

図 2.9 N_{comp} の入力 1110 における計算例

矢印はヘッドの位置を表わす．N_{comp} は 111 を第 1 作業用テープ上に生成する．

- $\delta(p_3, 0/1, 1) = (1, \leftarrow, \leftarrow)$
- $\delta(p_3, \vdash, \vdash) = (r_0, \vdash, \rightarrow, \rightarrow)$

図 2.8 および 2.9 に，この段階における動作の例を示す．

2.3.2 非決定性チューリング機械による言語クラス

まず，**非決定性時間計算量**（nondeterministic time complexity）の概念を定義する．M を停止性の非決定性チューリング機械，Σ をその入力アルファベットとする．このとき，Σ^* の任意の要素 x に対して，M の入力 x における計算小路で最大のものの長さを $\mathrm{time}_M(x)$ で表わす．この $\mathrm{time}_M(x)$ は，M の入力 x に対する計算木 $\tau[M, x]$ の高さと同じである．また，R_0 を入力 x に対する M の初期時点表示とすると，$\mathrm{time}_M(x)$ は，$R_0 \vdash_M^t S$ となるような時点表示 S が存在する整数 t の最大値である．

定義 2.37 $T(n)$ を $\mathbf{N}$ から $\mathbf{N}$ への関数とする．非決定性チューリング機械 M が，

$$\text{すべての入力 } x \text{ に対して，} \mathrm{time}_M(x) \leq T(|x|) \text{ である}$$

という性質をもつとき，M は $\boldsymbol{T(n)}$ **時間限定**（$T(n)$ time bounded）であるという．

定義 2.38　$T(n)$ を $\mathbf{N}$ から $\mathbf{N}$ への関数とするとき，$T(n)$ 時間限定の非決定性チューリング機械で受理される言語全体のクラスを $\mathrm{NTIME}[T(n)]$ で表わす．また，$\mathrm{NTIME}[T(n)]$ に属する言語は，**非決定的** $\boldsymbol{T(n)}$ **時間判定可能**（nondeterministically $T(n)$ time decidable）であるという．

定義 2.39　$\mathcal{F}$ を $\mathbf{N}$ から $\mathbf{N}$ への関数の集合とする．M を非決定性チューリング機械とする．$\mathcal{F}$ に属する関数 $T(n)$ に対して，M が $T(n)$ 時間限定であるとき，M は $\boldsymbol{\mathcal{F}}$ **時間限定**（$\mathcal{F}$ time bounded）であるという．

定義 2.40　$\mathcal{F}$ を $\mathbf{N}$ から $\mathbf{N}$ への関数の集合とするとき，$\mathcal{F}$ 時間限定の非決定性チューリング機械によって受理される言語全体の集合を $\mathrm{NTIME}[\mathcal{F}]$ で表わす．すなわち，

$$\mathrm{NTIME}[\mathcal{F}] = \bigcup_{T(n)\in\mathcal{F}} \mathrm{NTIME}[T(n)]$$

である．また，$\mathrm{NTIME}[\mathcal{F}]$ に属する言語は，**非決定的** $\boldsymbol{\mathcal{F}}$ **時間判定可能**（nondeterministically $\mathcal{F}$ time decidable）であるという．

次に，**非決定性領域計算量**（nondeterministic space complexity）の概念を定義する．M を停止性の非決定性チューリング機械とし，Σ を入力アルファベットとする．このとき，Σ^* の任意の要素 x に対して，入力 x に対して M の各作業用ヘッドが到達する番地のうちで最大のものを $\mathrm{space}_M(x)$ で表わす．

定義 2.41　$S(n)$ を $\mathbf{N}$ から $\mathbf{N}$ への関数，M を非決定性チューリング機械とする．Σ^* の任意の要素 x に対して，$\mathrm{space}_M(x) \leq S(|x|)$ が成り立つとき，M は $\boldsymbol{S(n)}$ **領域限定**（$S(n)$ space bounded）であるという．

定義 2.42　$S(n)$ を $\mathbf{N}$ から $\mathbf{N}$ への関数とするとき，$S(n)$ 領域限定の非決定性チューリング機械で受理される言語全体のクラスを $\mathrm{NSPACE}[S(n)]$ で表わす．また，$\mathrm{NSPACE}[S(n)]$ に属する言語は，**非決定的** $\boldsymbol{S(n)}$ **領域判定可能**

(nondeterministically $S(n)$ space decidable）であるという．

定義 2.43 $\mathcal{F}$ を $\mathbf{N}$ から $\mathbf{N}$ への関数の集合とする．M を非決定性チューリング機械とする．$\mathcal{F}$ に属するある関数 $S(n)$ に対して，M が $S(n)$ 領域限定であるとき，チューリング機械 M が **$\mathcal{F}$ 領域限定**（$\mathcal{F}$ space bounded）であるという．

定義 2.44 $\mathcal{F}$ を $\mathbf{N}$ から $\mathbf{N}$ への関数の集合とするとき，$\mathcal{F}$ 領域限定であるチューリング機械で受理される言語全体の集合を $\mathrm{NSPACE}[\mathcal{F}]$ で表わす．すなわち，

$$\mathrm{NSPACE}[\mathcal{F}] = \bigcup_{S(n)\in\mathcal{F}} \mathrm{NSPACE}[S(n)]$$

である．また，$\mathrm{NSPACE}[\mathcal{F}]$ に属する言語は，**非決定的 $\mathcal{F}$ 領域判定可能**（nondeterministically $\mathcal{F}$ space decidable）であるという．

$(\forall n \in \mathbf{N})[f(n) \leq g(n)]$ であるとき，$f(n)$ 時間限定である非決定性チューリング機械は，すでに $g(n)$ 時間限定である．同様のことが領域についてもいえる．したがって，次が成り立つ．

命題 2.45 $(\forall n \in \mathbf{N})[f(n) \leq g(n)]$ であるならば，

$$\mathrm{NTIME}[f(n)] \subseteq \mathrm{NTIME}[g(n)]$$
$$\mathrm{NSPACE}[f(n)] \subseteq \mathrm{NSPACE}[g(n)]$$

が成り立つ．

2.3.3 非決定性チューリング機械の正規化

k 作業用テープ非決定性チューリング機械 $N = (q_0, \Sigma, \Gamma, \delta, q_0, q_{\mathrm{acc}}, q_{\mathrm{rej}})$ の遷移関数 δ は，各引数 x に対して有限個の遷移を対応させる．対応する遷移の数はたかだか

$$\|Q\| \cdot \|\Sigma\| \cdot \|\Gamma\|^k$$

である．この上限をいま H_N で表わすことにする．N に固有の定数であるこ

とを除くと H_N の値に制限はないが，N を定数倍，遅くしてもよいなら，それを 2 まで小さくすることができる．つまり，次の条件を満たす非決定性チューリング機械 M を構成することができる．

- $L(M) = L(N)$
- $H_M = 2$
- $(\forall x \in \Sigma^*)[\mathrm{space}_M(x) = \mathrm{space}_N(x)]$
- $(\forall x \in \Sigma^*)[\mathrm{time}_M(x) \leq c(\mathrm{time}_N(x))]$ なる定数 $c > 0$ が存在する

M の状態集合は $Q \times \{1, \cdots, H_N - 1\}$ であり，N の各状態 q に M の状態 $(q, 1)$ が対応するものと考える．δ の引数 $x = (q, a, b_1, \cdots, b_k)$ に対して $\delta(x) = \{y_1, \cdots, y_h\}$ が成り立つとき，この引数に対する M の遷移関数の値を次のように定義する．1 から h までの各 i に対して，y_i に現われる，状態に関する部分を p_i，それ以外（文字とヘッドの方向）の部分を v_i とし，また，u を $b_1, \cdots, b_k$ の後ろに $-$ を k 個並べた組とする．このとき，$(q, 1)$ での遷移を次のように定める．

- $h = 1$ の場合，$((q, 1), u) = \{((p_1, 1), v_1)\}$
- $h = 2$ の場合，$((q, 1), u) = \{((p_1, 1), v_1), ((p_2, 1), v_2)\}$
- $h \geq 3$ の場合，$((q, h-1), u) = \{((p_{h-1}, 1), v_{h-1}), ((p_h, 1), v_h)\}$，また，1 から $h - 2$ までの各 j に対して $((q, j), u) = \{((p_j, 1), v_j), ((q, j+1), u)\}$

図 2.10 は，分岐の変換のようすを表わす．さらに，対応させる遷移が 1 つだけあるような引数に対して，遷移が 2 つあって，その 2 つの値が偶然にも等しいという見方をすることにする．すると，N はつねにちょうど 2 つの選択肢をもつように変形できたことになる．このように，つねにちょうど 2 つの選択肢をもつという条件を満たす非決定性チューリング機械を，**正規化された非決定性チューリング機械**（regularized nondeterministic Turing machine）とよぶ．

正規化された非決定性チューリング機械の計算木は，葉でない頂点がいずれも分岐を 2 つもつ**完全 2 分木**（complete binary tree）であることに注意する．

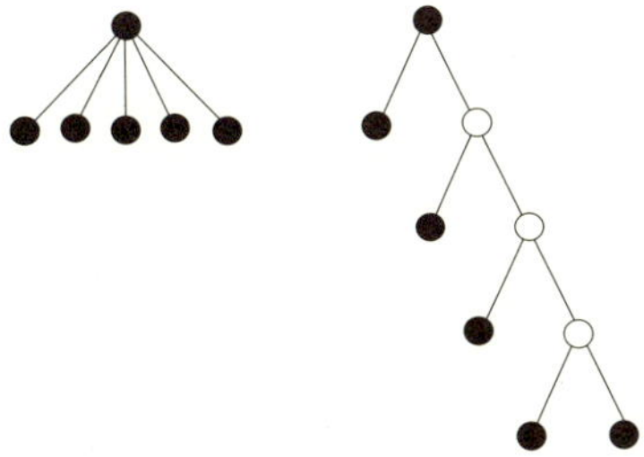

図 2.10　非決定性チューリング機械の分岐の正規化
左の 5 つに分かれる分岐が，右側の 4 連続の分岐に変換されている．白丸は中間の分岐を表わす．

2.4　演習問題およびノート

演習問題

問題 2.1　ペアリング関数 $\langle\ \rangle_2$ が全単射であることを示せ．

問題 2.2　任意の $k \geq 3$ に対して，ペアリング関数の k 次元への拡張 $\langle\ \rangle_k$ が全単射であることを証明せよ．

問題 2.3　$f(n) \notin O(g(n))$ と $g(n) \notin O(f(n))$ となるような単調非減少関数の組 $(f(n), g(n))$ が存在することを示せ．

問題 2.4　言語 $\{0^n1^n2^n \mid n \geq 1\}$ を受理するチューリング機械を構成せよ．

問題 2.5　チューリング機械 M と M' が同値であれば，その受理する言語が同値であることを証明せよ．

問題 2.6　M を停止性のチューリング機械，$L = L(M)$ とする．また，A を**有限オートマトン**によって受理される言語とする．このとき，$L \cap A$ を受理し，すべての入力 x に対して $\mathrm{time}_N(x) = \mathrm{time}_M(x)$ を成り立たせるようなチューリング機械 N が存在することを証明せよ．ただし，有限オートマトンは，作業用テープを使用せず，時刻 $n+1$ で停止するチューリング機械と考えてよい．

問題 2.7　上記の問題を $L \cup A$ について解け．

問題 2.8　$d > 0$ を定数とする．チューリング機械 M が，長さ d 以上のすべての入力 x に対して x を読み切らずに停止するという性質をもつと仮定する．このとき，有限集合 $R \subseteq \Sigma^*$ と $S \subseteq \Sigma^*$ が存在し，

$$L(M) = R \cup \{uv \mid u \in S \wedge v \in \Sigma^*\}$$

と書けることを証明せよ．ただし，Σ は M のアルファベットである．

問題 2.9　定理 2.21 の証明において，状態をうまく利用すれば，M の d ステップの模倣がたったの 4 ステップでできることを示せ．

問題 2.10　命題 2.25 （$f(n)$ が時間構成可能であるとき，またそのときに限り，$\{0\}$ を入力アルファベットとするチューリング機械 M で，$(\forall n \geq 0)[\mathrm{time}_M(0^n) = f(n)]$ となるものが存在すること）を証明せよ．

問題 2.11　命題 2.26 （$f(n)$ が領域構成可能であるとき，またそのときに限り，$\{0\}$ を入力アルファベットとするチューリング機械 M で，$(\forall n \geq 0)[\mathrm{space}_M(0^n) = f(n)]$ となるものが存在すること）を証明せよ．

問題 2.12　関数 $f(n)$ が時間構成可能ならば，$f(n)$ は領域構成可能であることを示せ．

問題 2.13　関数 $f(n)$ と $g(n)$ がそれぞれ領域構成可能ならば，$f(n)g(n)$ および $f(n)+g(n)$ は領域構成可能であることを示せ．

問題 2.14　任意の整数 $d \geq 2$ に対して，d^n が時間構成可能であることを示せ．

問題 2.15　任意の有理数 $d > 1$ に対して，$\lfloor n^d \rfloor$ が時間構成可能であることを示せ．

問題 2.16　$\lceil \log n \rceil$ と $\lfloor \log(n+1) \rfloor$ がそれぞれ領域構成可能であることを示せ．

問題 2.17 命題 2.27 を証明せよ.

問題 2.18 定理 2.31 を証明せよ.

問題 2.19 L_{palin} を受理する $O(\log n)$ 領域限定チューリング機械 M を構成せよ.

問題 2.20 入力テープに自然数 n の 2 進表現 w が，第 1 作業用テープに自然数 d の 2 進表現 u が与えられたとき，d が n を割り切るかどうかを判定する方法を示せ. ただし，作業用テープはもう 1 つあるものとする.

問題 2.21 $\{\mathcal{E}(M) \mid M$ は決定性チューリング機械である$\}$ が $\mathrm{TIME}[n^2]$ に属することを示せ.

ノート

チューリング機械は Turing によって提唱された [43]. 計算量理論の概念は Hartmanis と Stearns によって提唱された [10]. 有限オートマトン理論に関しては Hopcroft と Ullman の教科書 [13] を参照されたい. 線形加速定理およびテープ圧縮定理はそれぞれ，Hartmanis と Stearns および Hartmanis，Lewis と Stearns による（[10] および [39]）. 本書で紹介した時間構成可能関数に関する結果は小林によるものである [19]. ギャップ定理は Borodin の結果である [5].

第3章

基本的包含関係と階層構造

3.1 模倣による包含関係

ここでは，チューリング機械の模倣を用いて導かれる計算量クラス間の基本的な包含関係を示す.

3.1.1 時間から領域，領域から時間へ

命題 2.16 において，$\mathrm{TIME}[T(n)] \subseteq \mathrm{SPACE}[T(n)]$ を示した．これは，定義から自明に成り立つ結果である．こんどは，同様の結果が NTIME についても成り立つことを証明する.

定理 3.1 $(\forall x \in \mathbf{N})[T(n) \geq n+1]$ なる任意の関数（時間構成可能であるとは限らない）$T(n)$ に対して，$\mathrm{NTIME}[T(n)] \leq \mathrm{SPACE}[T(n)]$ が成り立つ.

証明 $T(n)$ を $(\forall x \in \mathbf{N})[T(n) \geq n+1]$ なる任意の関数とする．$N = (Q, \Sigma, \Gamma, \delta, q_0, q_{\mathrm{acc}}, q_{\mathrm{rej}})$ を，$T(n)$ 時間限定の k 作業用テープ非決定性チューリング機械とする．すなわち，任意の $x \in \Sigma^*$ に対して，

$$\mathrm{time}_M(x) \leq T(|x|)$$

である．N が（非決定的に）受理する言語，すなわち，$L(N)$ を A で表わす．N を正規化した非決定性チューリング機械を M とする（第 2.3.3 項参照）．すると，M は A を（非決定的に）受理し，また，ある定数 C のもとで，

$$(\forall x \in \Sigma^*)[\mathrm{time}_M(x) \leq C\mathrm{time}_N(x)]$$

が成り立つ.

いま，x を Σ^* の任意の文字列とする．x が A に属するかどうかを判定するには，M の入力 x に対する計算木 $\tau[M, x]$ を探索して，そこに受理時点表示が含まれているかどうかを調べればよい．$\tau[M, x]$ の探索には，幅優先探索や深さ優先探索といった標準的なグラフの探索法を用いることが考えられるが，これらの方法では，頂点から頂点へ移るたびに，現在の頂点をスタックに入れる必要が生じる．頂点は時点表示であるから，1 つの頂点を表現するのに $O(\mathrm{time}_M(x))$ の領域が必要になる．探索の深さは M の計算時間程度に大きくなりうるので，領域計算量が全体で $\Theta(\mathrm{time}_M(x)^2)$ になってしまい，目標である $\mathrm{time}_M(x)$ をはるかに越えてしまう.

この問題を避けるため，時間は余計にかかるかもしれないが逆戻りをしないで，$\tau[M, x]$ の根から始まる小路を長さの短いものから順にすべて生成して，そのいずれかによって受理時点表示にたどり着くことができるかどうかを調べることにする.

M が正規化されているので，$\tau[M, x]$ は 2 分木であり，$\tau[M, x]$ の根から始まる小路は 2 進文字列として表わすことができる．いま，$w = w_1 \cdots w_h$ を 2 進文字列とするとき，w を用いた探索を次のようにして実行する.

- 探索の始点は $\tau[M, x]$ の根，つまり M の入力 x に対する初期時点表示である.
- 現在いる頂点 u が $\tau[M, x]$ の深さ d の頂点であるとする.
  - もし u が子を持ち，かつ，$d \leq h-1$ であるならば，$w_{d+1} = 0$ ならば左の子へ，$w_{d+1} = 1$ ならば右の子へ移動する.
  - もし u が子を持たないか，あるいは，$d = h$ であるならば，探索をそこで終了する.

この探索を w を用いて実行したときに，探索が終了する頂点を $\pi(w)$ で表わす.

$\tau[N, x]$ の高さを H とすると，次が成り立つ.

- $|w| = H$ ならば，$\pi(w)$ は葉である.

- $\tau[N,x]$ のどの葉 u に対しても，$\pi(w)=u$ となる長さ H の 2 進文字列 w が存在する．
- $h<H$ ならば，長さ h の 2 進文字列 w で，$\pi(w)$ が葉でないものが存在する．

したがって，h の値を $1,2,3$ と徐々に増やしながら，長さ h のすべての 2 進文字列 w を用いて探索を行ない，

1. $\pi(w)$ が受理時点表示であるものが見つかるか
2. $\pi(w)$ が停止時点表示でないものが見つかるか
3. $\pi(w)$ がすべて拒否時点表示であるか

を調べる．第 1 のケースでは $x\in A$ であることがわかり，第 2 のケースでは $h<H$ であること，すなわち h の値を 1 増やす必要があることがわかり，第 3 のケースでは $x\notin A$ であることがわかる．

上記の w の生成を行なうには，前章で用いた 2 進カウンターのアイディアを用いる．

- カウンター w の初期値は文字列 0 である．
- カウンターの値を 1 増やすには，左端から w の文字を順に見ていって，最初の 0 を探してそれを 1 に変える．ただし，途中で出会う 1 はすべて 0 に変える．0 に出会うことなく $\perp$ に到達したら，その $\perp$ を 0 に変えて終了．

$\perp$ を 0 に変えるという現象は，2 進文字列の長さ，すなわち上記の h の値が 1 増えたときにちょうど起こる．そのことに注意して，次のアルゴリズムを実行する．

段階 1　カウンター w を 1 に初期設定する．また，変数 f の値を 1 に設定する．

段階 2　w を用いて $\tau[M,x]$ を探索する．すなわち，入力 x に対する M の動きを $|w|$ ステップ模倣する．ただし，1 から $|w|$ までの自然数 i に対して，第 i ステップにおいては，$w_i=0$ であればその時点で起こりうる 2 つの遷移のうちの 1 つめを，$w_i=1$ であれば 2 つめを選択する．

段階 3　$\pi(w)$ が受理時点表示であったなら受理する．また，$\pi(w)$ が停止時

点表示でなかったら，f の値を 0 に設定する．

段階 4 カウンター w の値を 1 増やす．それによって h の値が 1 増えた場合，$f = 1$ であるならば拒否し，$f = 0$ であるならば f の値を 1 に設定しなおして段階 2 に戻る．

先の考察によって，このアルゴリズムは正しく $x \in A$ かどうかの判定をする．このアルゴリズムが使用する領域は $\mathrm{time}_M(x) + 1$ 以下であり，したがって仮定から，$CT(|x|) + 1$ 以下である．よって，$A \in \mathrm{SPACE}[CT(n) + 1]$ が成り立つ．したがって，テープ圧縮定理によって $L \in \mathrm{SPACE}[T(n)]$ が成り立つ． ❑

定理 3.1 は，非決定性時間計算量クラス $\mathrm{NTIME}[T(n)]$ が同じ関数を領域計算量としてもつ決定性のクラス $\mathrm{SPACE}[T(n)]$ に含まれることを示すが，その逆についてはどうであろうか．すなわち，非決定性の領域計算量クラス $\mathrm{NSPACE}[S(n)]$ を含むような決定性クラスの時間計算量はどれくらいであろうか．

この問題を考えるにあたって，先の計算木の概念を発展させた**時点表示グラフ**（configuration graph または ID graph）が有用である．簡単にいうと，時点表示グラフとは，計算木において，それぞれの辺を現時点から次の時点へ向かって方向づけして，さらに同一の時点表示でラベルづけされた頂点を 1 つにまとめたものである．

もう少し詳しく述べると，時点表示グラフは次のよう定義される．$M = (Q, \Sigma, \Gamma, \delta, q_0, q_{\mathrm{acc}}, q_{\mathrm{rej}})$ を $S(n)$ 領域限定の k 作業用テープ非決定性チューリング機械とする．x を M に対する長さ n の入力とする．そのとき，M の時点表示は，集合

$$V = Q \times \{0, \cdots, n+1\} \times \{0, \cdots, S(n)\}^k \times (\Gamma^{S(n)})^k$$

の要素である．V の任意の要素 r と s に対し，

$$(r, s) \in E \iff r \vdash_M s$$

と有向辺の集合 E を定義する．このグラフ (V, E) が，M の入力 x に対する**時点表示グラフ**である．

いま，A を M が（非決定的に）受理する言語とする．v_0 を入力 x に対する

M の初期時点表示，すなわち

$$v_0 = (q_0, \underbrace{1, \cdots, 1}_{k+1}, \underbrace{\perp^{S(n)}, \cdots, \perp^{S(n)}}_{k})$$

とする．また，V_{acc} を入力 x に対する受理時点表示の集合，すなわち

$$V_{acc} = \{q_{\mathrm{acc}}\} \times \{0, \cdots, n+1\} \times \{0, \cdots, S(n)\}^k \times (\Gamma^{S(n)})^k$$

とする．すると，M が x を受理することと，v_0 から V_{acc} の頂点のいずれかへ到達可能であることが同値である．したがって，$x \in A$ かどうかの問題は，M の時点表示グラフにおける**到達可能性問題**（reachability problem）に置き換えることができる．

この考えに基づいて，次の定理を証明する．

定理 3.2　$S(n) \in \Omega(\log n)$ であるとき，

$$\mathrm{NSPACE}[S(n)] \subseteq \bigcup_{c>0} \mathrm{TIME}[c^{S(n)}]$$

が成り立つ．

証明　$S(n)$ を $\Omega(\log n)$ に属する関数とする．$M = (Q, \Sigma, \Gamma, \delta, q_0, q_{\mathrm{acc}}, q_{\mathrm{rej}})$ を $S(n)$ 領域限定の k 作業用テープ非決定性チューリング機械とし，L を M が（非決定的に）受理する言語とする．ここで，M は正規化されているものとしてかまわない．また，M の作業用アルファベットに ⊔ という文字を導入して，遷移関数 δ に次の変更を行なう．

- まず，δ の行なう任意の遷移 $\delta(q, a_0, \cdots, a_k) = (p, b_1, \cdots, b_k, d_1, \cdots, d_k)$ に対して，その右辺に ⊥ が登場するならば，それをすべて ⊔ で置き換える．
- 次に，δ の行なう任意の遷移 $\delta(q, a_0, \cdots, a_k) = (p, b_1, \cdots, b_k, d_1, \cdots, d_k)$ に対して，その左辺に ⊥ が登場するならば，その ⊥ のうち少なくとも 1 つを ⊔ で置き換えたものを δ に加える．

このチューリング機械を M' とする．M' は M と同じ言語を認識し（M は停止性であるとは限らない），M が停止する場合，$\mathrm{time}_M(x) = \mathrm{time}_{M'}(x)$，かつ，$\mathrm{space}_M(x) = \mathrm{space}_{M'}(x)$ が成り立つ．ちがいは，M' の作業用テープに

$\perp$ が現われるのは作業用ヘッドがまだ到達していない領域に限定されていて，作業ヘッドがすでに到達していて本来 $\perp$ があるべき箇所には $\sqcup$ が代わりに書かれている，ということである．

M' の長さ n の入力 x に対する時点表示グラフを $G=(V,E)$ とすると，

$$V = Q \times \{0, \cdots, n+1\} \times \{0, \cdots, S(n)\}^k \times (\Gamma^{S(n)})^k$$

であるから，

$$\|V\| = \|Q\|(n+2)(S(n)+1)^k \|\Gamma\|^{kS(n)}$$

である．$S(n) \in \Omega(\log n)$ であるから，$(n+2) \le a^{S(n)}$ となるような定数 $a>0$ が存在する．したがって，$\|V\| \le b^{S(n)}$ となるような定数 b が存在する．

M' の入力 x に対する初期時点表示

$$(q_0, \underbrace{1, \cdots, 1}_{k+1}, \underbrace{\perp^{S(n)}, \cdots, \perp^{S(n)}}_{k})$$

を v_0，また，V の受理時点表示全体の集合を A で表わす．先の考察から，$x \in L$ であるとき，またそのときに限り，v_0 から A の頂点のどれかへ到達できる．A の頂点とそれ以外との頂点のちがいは，時点表示として見たときの状態である．つまり，A の頂点のほうは状態が q_{acc} であるが，そうでない頂点のほうは状態が q_{acc} でない．v_0 から到達可能な頂点全体の集合を R で表わすことにすると，もし R を計算することができればその中に，状態が q_{acc} であるものが含まれているかどうかを調べることによって，$x \in L$ であるか否かの判定ができる．

R を求めるには，深さ優先探索を用い，集合 T をスタックとして使用する．

段階 1　$R=\emptyset$ と設定する．$T=\{v_0\}$ と設定する．

段階 2　T が空でないかぎり，段階 2a から 2d までを実行する．

　段階 2a　T の最後の要素 u を取り除き，R に加える．

　段階 2b　u から 1 ステップで到達可能な時点表示 s および s' を求める．

　段階 2c　$s \notin R \cup T$ であれば，s を T に加える．

　段階 2d　$s' \notin R \cup T$ であれば，s' を T に加える．

段階 3　R に受理時点表示が含まれていれば受理し，そうでなければ拒否する．

このプログラムは，3 作業用テープ決定性チューリング機械を用いると簡単に実行できる．たとえば，第 1 作業用テープに R を記録し，第 2 作業用テープに T を記録し，第 3 作業用テープでそれ以外の作業を行なえばよい．R と T は，その要素を並べることによって表現することにし（要素間には何か特別な文字をはさむ），R や T に要素を加えるときはリストの最後に新しい要素をつけ足すことにする．また，T から要素を取り出すときは，いちばん最後の要素を取り出すことにする．

このプログラムを実行したときの R の最終値は $\|A\|$ である（演習問題 3.2 参照）．したがって段階 3 において，$x \in L$ かどうかの判定が正しく行なわれる．

次に，このプログラムの実行時間を分析しよう．

R の要素数は単調非減少であり，その最終値を p とすると，$p \leq b^{S(n)}$ である．T に加えられた時点表示は，最終的に R に移動し，どの時点表示も T にはたかだか 1 回しか加えられないので，T に要素が加えられる回数は，初期状態で T に入っている v_0 も勘定に入れると，ちょうど p 回である．したがって，段階 2 のくり返しはたかだか p 回実行される．

M は正規化されているので，どの時点表示についても次のステップで起こりうる時点表示はたかだか 2 つである．したがって，時点表示の生成はたかだか $2p$ 回行なわれる．同様に，T から取り出した要素 u に対してもたかだか 2 つの時点表示が生成され，それらが $R \cup T$ の要素のそれぞれと比較されるから，時点表示の比較が行なわれる回数はたかだか $2p^2$ である．したがって，T に対する出し入れが $2p$ 回，R に対する挿入が p 回，時点表示の比較がたかだか $2p^2$ 回，時点表示の生成がたかだか $2p$ 回行なわれる．さらに，ステップ 3 では p 個の時点表示がチェックされる．したがって，全体でたかだか $6p + 2p^2 \in O(p^2)$ 回の，時点表示に関する操作が行なわれる．

時点表示を表わすのに，式 2.1 のような形式

$$q\#y@z\#u_1@v_1\#\cdots\#u_k@v_k$$

を用いることにする．ここで，q は状態であり，yz が入力文字列，$u_1v_1, \cdots, u_kv_k$ がそれぞれ第 1 から第 k までの作業用テープの内容，入力ヘッドの位置は $|y|$，そして，$|u_1|, \cdots, |u_k|$ がそれぞれ第 1 から第 k までの作業用ヘッドの位置であ

る．このような時点表示の記述の長さを ℓ とすると，q, $\#$, @ はそれぞれ文字として取り扱われるので，$\ell = n + kS(n) + (2k+3)$ が成り立つ．つまり，$\ell \in O(n + S(n))$ である．このような表現を用いた場合，2 つのテープに書かれている時点表示を比較したり，M の 1 ステップを模倣するのに必要な時間は，$O(\ell)$ である．

以上をまとめると，プログラム全体にかかる時間は $O(p^2\ell)$ となる．仮定から，$p \le b^{S(n)}$ $\ell \in O(S(n)+n)$，$S(n) = \Omega(\log n)$ であるから，$p^2\ell \in O(c^{S(n)})$ となるような定数 c が存在する．したがって，このプログラムの実行時間は $O(c^{S(n)})$ である．

以上で定理が証明された． ❑

3.2 時間階層定理と領域階層定理

第 3.1 節では，時間計算量クラスと領域計算量クラスとのあいだの一般的な包含関係を示したが，ここでは，時間計算量クラスどうしまたは領域計算量クラスどうしのあいだに真の包含関係を証明する問題について考える．

3.2.1 階層定理の証明のアイディア

階層定理の証明にとりかかる前に，その証明のアイディアを説明しよう．いま，$T_1(n)$ 時間限定であるチューリング機械を網羅する列，$D_1, D_2, \cdots$ が与えられていると仮定し，

$$L = \{0^i \mid 0^i \notin L(D_i)\}$$

と定義する．このとき，

(P) $T_2(n)$ 時間限定のチューリング機械 M で $L = L(M)$ なるものが存在する．

という条件が成り立つなら，$L \in \mathcal{C}_2 - \mathcal{C}_1$ であることを次のようにして証明できる．

まず，$L \in \mathcal{C}_2$ であることは，条件から成り立つ．$L \notin \mathcal{C}_1$ を証明するには背理法を用いる．$L \in \mathcal{C}_1$ と仮定すると，$L = L(D_j)$ となるような j が存在する．

すると，すべての $i \geq 1$ に対して，

$$0^i \in L \iff 0^i \in L(D_j)$$

が成り立つ．とくに，$i = j$ のときには，

$$0^j \in L \iff 0^j \in L(D_j) \tag{3.1}$$

が成り立つ．定義から，すべての $i \geq 1$ に対して，

$$0^i \in L \iff 0^i \notin L(D_i)$$

と定義されているので，$i = j$ のときには，

$$0^j \in L \iff 0^j \notin L(D_j) \tag{3.2}$$

が成り立つ．式 3.1 および 3.2 を合わせると，

$$0^j \in L(D_j) \iff 0^j \notin L(D_j)$$

となり，矛盾が生じる．したがって，$L \notin \mathcal{C}_1$ でなければならない．

この背理法の証明のように，可算無限個の要素をもつ集合 A の要素の列が与えられたとき，そのいずれともどこかしら異なるようなものを用いて，A に属さないものが存在するということを証明する手法を，カントールの**対角線論法** (diagonalization) という．

さて，上記の対角線論法を用いる際に問題となるのは，条件 P を満たすチューリング機械の列 $D_1, D_2, \cdots$ が存在するかどうかわからないということである．そこで，$D_1, D_2, \cdots$ をただ単に，あらゆるチューリング機械の列と定め，条件 P を次の Q に変えてみる．

(Q)　任意の 2 進文字列 w に対して，w がチューリング機械の正しい表現になっているかどうかを判定し，その場合には，w の表わすチューリング機械が，入力 w そのものを $T_1(|w|)$ 時間で受理するかどうかを判定できる $T_2(n)$ 時間限定のチューリング機械 U が存在する．

条件 Q が満たされる場合，

$$L' = \{w \mid w = \mathcal{E}(M) \text{ となるチューリング機械 } M \text{ が存在し，}$$
$$M \text{ は入力 } w \text{ を } T_1(|w|) \text{ 時間で拒否する }\}$$

と定める．すると，条件 Q によって，$L' \in \mathrm{TIME}[T_2(n)]$ が成り立つ．また，$L' \in \mathrm{TIME}[T_1(n)]$ と仮定すると，$L' = L(D_j)$ となる $T_1(n)$ 時間限定チューリング機械 D_j が存在する．そこで，$w = \mathcal{E}(D_j)$ とすれば，L の場合のように矛盾を導くことができる（演習問題 3.3 参照）．したがって，$L \in \mathcal{C}_2 - \mathcal{C}_1$ を示すことができる．

しかしながら，条件 Q を仮定するのにも問題がある．L' を受理するチューリング機械は，任意のチューリング機械を入力として扱わなければならない．M そのものが入力 w として与えられている場合，M を模倣するには $|w|$ に比例した手間が 1 ステップごとにかかるので，たとえ M が $T_1(n)$ 時間限定であったとしても，$T_2(|w|)$ 時間以内に M の $T_1(|w|)$ ステップの動きを模倣できないかもしれない．

そこで，L' の形式をさらに変形して，あらゆるチューリング機械 M に対して M の模倣をする機械が可算無限回，現われるようにする．そのためには，まず Q の条件をさらに変形して条件 R をつくる．

(R)　次の条件を，ほとんどすべての 2 進文字列 w に対して満たす正の定数 α と $T_2(n)$ 時間限定のチューリング機械 U が存在する．

- w が $0^t\mathcal{E}(M)$ という形式であり，$t \geq \alpha|\mathcal{E}(M)|$ であれば，U は M が w を $T_1(|w|)$ 時間で受理するかどうかを正しく判定する．

このとき，L'' を

$$L'' = \{w \mid w = 0^t\mathcal{E}(M) \text{ であり，}$$
$$U \text{ は } M \text{ が } w \text{ を受理するかどうかの判定に成功し，}$$
$$\text{判定の結果は } M \text{ が } w \text{ を拒否するというものであった}\}$$

と定める．

すると，条件 R が満たされる場合には，$L'' \in \mathcal{C}_2 - \mathcal{C}_1$ を，背理法を用いて証明することができる（演習問題 3.2 参照）．

残るは，どのような $T_1(n)$ と $T_2(n)$ の組に対して，条件 R が成り立つか（もう少し正確にいえば，成り立つことを証明できるか）であり，それは，いかに効率のよい万能チューリング機械を構成できるかという問題に帰着する．

一方，領域計算量のクラス SPACE$[S_1(n)]$ と SPACE$[S_2(n)]$ を分離する場合には，次のような条件を考える．

(S)　次の条件を，ほとんどすべての 2 進文字列 w に対して満足するような正の定数 α と $S_2(n)$ 領域限定のチューリング機械 U が存在する．

- w が $0^t\mathcal{E}(M)$ という形式であり，$t \geq \alpha|\mathcal{E}(M)|$ であれば，U は M が w を $S_1(|w|)$ 領域で受理するかどうかを正しく判定する．

上記のアイディアを用いて，3 つの階層定理を証明する．

3.2.2　作業用テープを 1 つにまとめた模倣

テープ圧縮定理（定理 2.20）および線形加速定理（定理 2.21）の証明では，作業用テープの複数のマス目をひとまとめにして表わすことができるように，作業用テープのアルファベットを拡大した．そのアイディアを発展させて，すべての作業用テープの同番地のところをひとまとめにすることを考える．この方式を用いると，領域計算量を保持したまま，たった 1 つの作業用テープで模倣が行なえる．

命題 3.3　$M = (Q, \Sigma, \Gamma.\delta, q_0, q_{\mathrm{acc}}, q_{\mathrm{rej}})$ を k 作業用テープチューリング機械，A を M が受理する言語とする．このとき，次を満たす 1 作業用テープチューリング機械 M' が存在する．

- $A = L(M')$
- $(\forall x \in \Sigma^*)[\mathrm{space}_M(x) = \mathrm{space}_{M'}(x)]$
- $(\forall x \in \Sigma^*)[\mathrm{time}_{M'}(x) \leq 2\mathrm{time}_M(x)(\mathrm{time}_M(x) + k)]$

証明　$M = (Q, \Sigma, \Gamma, \delta, q_0, q_{\mathrm{acc}}, q_{\mathrm{rej}})$ を k 作業用テープチューリング機械とし，$A = L(M)$ とする．M の k 個のマス目に書かれている文字と，それらのマス目にヘッドがあるかどうかの情報を 1 つにまとめたアルファベット Γ' を $(\Gamma \times \{\perp, \surd\})^k$ と定義する．記号 $\surd$ はヘッドがそのマス目にあることを，$\perp$ はヘッドがそのマス目にないことを表わす（図 3.1 参照）．Γ' を使って，M の k 個のテープの同番地のところをひとくくりにすることができる．たとえば，図

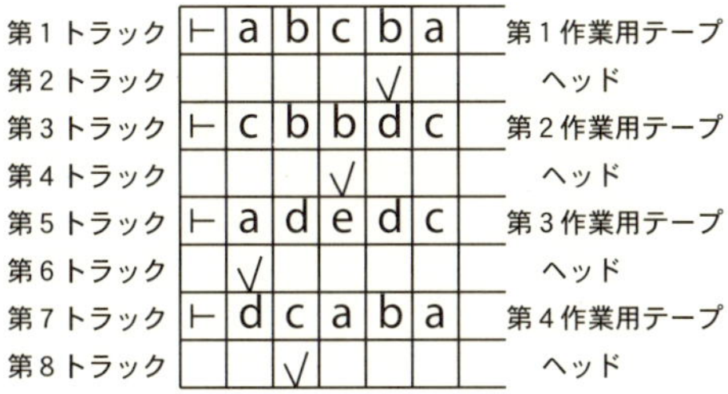

図 3.1　4 本の作業用テープを 1 本のテープにまとめたもの

偶数番目のトラック上の ⊥ は省略してある.

3.1 の 1 番地の文字は,

$$(\mathrm{a}, \perp, \mathrm{c}, \perp, \mathrm{a}, \surd, \mathrm{d}, \perp)$$

であるから, M の 4 つの作業用テープの 1 番地のマスには文字 a, c, a, d が順に書かれていて, 第 3 作業用ヘッドがこの番地にあり, 残りのヘッドはどこか別の番地にあるということがわかる.

また, M' の作業用テープにおいて左端を示す文字 $\vdash'$ を, $(\vdash, \perp)$ を k 個並べたものと便宜上定める. これは, Γ' の要素ではない. 左端を示す文字の書き換えは許されていないので, M' は $\vdash'$ を書き換えることはできない. したがって, 他の番地のように, $\surd$ を使ってヘッドの存在を文字として表わすことができない. そこで, M の作業用ヘッドのどれかが $\vdash$ の上にある場合は, $\surd$ の印をつける代わりに, M' 自身の状態を使ってそれを記憶することにする. M' は, 先に述べた Γ' の記号の解釈に基づいて, M を 1 ステップずつ模倣する. その際, M' の入力ヘッドの番地は M の入力ヘッドと同じであり, M の制御部の状態は M' 自身の状態の一部として記憶される. M の 1 ステップの模倣は次のようにして行なわれる.

初期化　模倣の開始時には, 作業用ヘッドは 1 番地にある.

探索　M' は作業用ヘッドを右に動かして, M の作業用ヘッドのそれぞれが読み込む文字が何であるかを調べる.

変更　M' は作業用ヘッドを徐々に左に動かしながら, M の遷移に応じて, M のそれぞれの作業用ヘッドがある番地を含むブロックと, 必要があればその隣り（右または左のどちらか）のテープの内容を書き換える．書き換えが終了したとき，作業用テープの内容は，M の次のステップにおける k 個の作業用テープの内容と一致する．

終了　M' は作業用ヘッドを $\vdash'$ まで戻してから，1 番地に移動する．

このプログラムの「探索」と「変更」の部分をどのようにして実行するかを，以下に説明する．

まず，「探索」の作業は以下のとおりである．

段階 1　次の準備をする．

段階 1a　変数 q に現在の M の状態が記憶されているものとする．

段階 1b　$\vdash$ を指している M のヘッドの番号全体の集合を変数 R に設定する．

段階 1c　変数 z_0 の値を入力ヘッドの指している文字に設定する．

段階 1d　1 以上 k 以下の i に対して，$i \in R$ であれば変数 z_i を $\vdash$ に設定し，$i \notin R$ であれば変数 z_i を ? に設定する．ただし，? は $\tilde{\Gamma}$ に含まれない文字である．

段階 2　もし，すべての i に対して $z_i \neq ?$ が成り立つならば，「変更」の段階に進む．

段階 3　現在，作業用ヘッドが指している文字が $(a_1, b_1, a_2, b_2, \cdots, a_k, b_k)$ であるとする．$(b_i = \surd) \wedge (z_i = ?)$ が成り立つような i があれば，そのようなすべての i に対して，$z_i = a_i$ と設定する．

段階 4　作業用ヘッドを右隣りに動かして段階 2 に戻る．

そして，「変更」の部分は以下のようにして行なう．

段階 5　　**段階 5a**　$\delta(q, z_0, z_1, \cdots, z_k)$ の値 $(q', y_1, \cdots, y_k, d_0, \cdots, d_k)$ を求める．

段階 5b　テープの書き換えがまだ済んでいない M の作業用テープの番号全体の集合を変数 T で表わすことにし，その初期値を $\{1, \cdots, k\}$ に設定する．

段階 5c　次の時点において，ヘッドが 0 番地にあるような M のヘッド

の番号全体を R' で表わし，その初期値を $\{i \mid (i \in R) \wedge (d_i = -)\}$ に設定する．

段階 6 M' の作業用ヘッドが指している文字 $(a_1, b_1, a_2, b_2, \cdots, a_k, b_k)$ を変数 X に代入する．条件

$$((X = \vdash') \wedge (i \in R)) \vee ((X \neq \vdash') \wedge (b_i = \surd) \wedge (i \in T))$$

を満たすようなすべての i $(1 \leq i \leq k)$ に対して次を実行する．

段階 6a X の a_i に対応する部分を y_i に書き換える．

段階 6b $d_i = \rightarrow$ ならば，X の b_i に対応する部分を $\surd$ から $\perp$ に書き換えたのち右隣りに移って，第 i 作業用ヘッドに対応する印を $\perp$ から $\surd$ に書き換えて戻ってくる．

段階 6c $d_i = \leftarrow$ ならば，X の b_i に対応する部分を $\surd$ から $\perp$ に書き換えたのち左隣りに移って，第 i 作業用ヘッドに対応する印を $\perp$ から $\surd$ に書き換えて戻ってくる．ただし，もし左隣りが $\vdash'$ であったら書き換えをしないで，i を R' に加える．

段階 6d i を T から取り除く．

段階 7 $X \neq \vdash'$ ならば，X を作業用テープの現在の番地に書き込み，作業用ヘッドを左隣りに動かしてから段階 6 に戻る．$X = \vdash'$ であれば段階 8 に進む．

段階 8 次のステップのための準備を以下のようにする．

段階 8a 入力ヘッドを d_0 に指定されたとおりに動かす．

段階 8b q を q' で置き換える．

段階 8c R を R' で置き換える．

段階 8d 作業用ヘッドを右隣りに移動する．

この手法を用いて M の計算全体を模倣すると，M' の作業用ヘッドが到達する番地の最大値は，M の作業用ヘッドのそれと同じである．したがって，

$$(\forall x \in \Sigma^*)[\mathrm{space}_M(x) = \mathrm{space}_{M'}(x)]$$

が成り立つ．また，時刻 t において，M の k 個の作業用ヘッドのうちでもっとも遠くにあるものの番地を F_t とすると，時刻 t の模倣に要する時間は，M の

作業用テープのそれぞれに対して書き換えにたかだか 2 ステップ余計にかかるので，たかだか

$$(F_t - 1) + (F_t + 2k) + 1 = 2F_t + 2k$$

である．すると，すべての t に対して，$F_t \le \mathrm{time}_M(x)$ が成り立つので，

$$(\forall x \in \Sigma^*)[\mathrm{time}_{M'}(x) \le 2(\mathrm{time}_M(x) + k)\mathrm{time}_M(x)]$$

が得られる．

以上で証明を終了する．❏

命題 3.3 に基づいて，入力 $\mathcal{E}(M,x)$ に対して，M の入力 x に対する動きを効率よく模倣する万能チューリング機械を以下に構成する．

補題 3.4　次の条件をすべての入力 $\mathcal{E}(M,x)$ に対して満足する 4 作業用テープ万能チューリング機械 U が存在する．

- M が停止性であるとき，入力 x に対する M の動きを，U は時間 $O(|\mathcal{E}(M)|^2(\mathrm{time}_M(x))^2)$ かつ領域 $O(|\mathcal{E}(M)|^2\mathrm{space}_M(x))$ で模倣する．

証明　命題 3.3 における模倣では，複数の作業用テープの同じ番地にあるマス目をひとまとめにして 1 つの作業用テープに書き記し，その記述の上を 1 往復することによって 1 ステップの動きを模倣した．この方針を万能チューリング機械 U の構成に採用する．ただし，先の場合とちがい，模倣されるチューリング機械とその入力は U の入力文字列として与えられるので，模倣されるチューリング機械のアルファベットの大きさ，状態数，あるいは作業用テープの本数に制限はなく，模倣で使われる変数の多くをテープ上に記録する必要があり，また番地ごとにまとめた作業用テープの内容も複数のマス目を使用しなければならない．

いま，$w = \mathcal{E}(M,x)$ を，U に与えられた入力文字列とする．$\mathcal{E}(M,x)$ は $\mathcal{E}(M)$ と $\mathcal{E}(x)$ をあいだに 000 を入れてつなげてできる 2 進文字列である．この $\mathcal{E}(M)$ の最初の部分は $1^m01^n01^\ell01^k$ という形をしており，m が M の状態集合の大きさ，n が M の作業用アルファベットの大きさ，ℓ が $\vdash$ も含めた M の作業用アルファベットの大きさ，k が M の作業用テープの本数である．そこで，U

の第1作業用テープのマス目を，1番地から始めて $\ell+1$ 個ずつのブロックに区切る．それぞれのブロックにおいて，最初の ℓ マスは M の作業用テープの1文字を表わすのに使用し，最後の1マスは，ヘッドの有無を表わす $\surd$（ヘッドがそのマス目にある）または $\perp$（ヘッドがそのマス目にない）文字が入る．最初の ℓ マスは $1^t0^{\ell-t}$ という形式をしており，1^t は $\mathcal{E}(M)$ における M の作業用アルファベットの文字の表現に従う．M の作業用テープの本数は k であるので，このようなブロックを k 個つなげたもの，合計 $k(\ell+1)$ マスが，M の1つの番地にある k 個の文字をヘッドの有無も含めて表わしたものになる．k の大きさに制限がないので，この表現は M の作業用テープの，1番地からではなく0番地から始める．

U の残りの3つの作業用テープは，模倣を効率よく行なう目的で次のように使用する．第2作業用テープには，M の遷移関数の表現を書き写す．第3作業用テープには，頻繁に使用する m，n，ℓ，k，$k(\ell+1)$ などの値を1の羅列として構成しておく．入力テープの $\mathcal{E}(x)$ の部分は，M の入力テープとして使用する．第4作業用テープは，遷移関数の計算に用いる．

これらの作業用テープをどのように使用するかをもう少し説明すると，まず第4作業用テープには，M の状態 q が1の羅列として（$\mathcal{E}(M)$ の記述にのっとって）書いてあるものとする．これに，M の入力ヘッドが指している文字をその後ろにつけ足す．さらにその後ろに，M の作業用ヘッドが指している文字を書き取るための $k(\ell+1)$ 個のマス目を用意する．そうしてから，第1作業用テープを左から右へと走査し，$\surd$ に出会うたびに，そこにある文字を第4作業用テープにコピーする．ヘッドが指している文字がすべてのテープに対して見つかったならば，その引数に対応する M の遷移関数の値を求める．それは，第4作業用テープに書かれている内容を，第2作業用テープにコピーしておいた遷移関数の表現と順番に比較して，一致するものを探すことによって実行できる．あとは，その遷移関数の値に応じて第1作業用ヘッドの内容を書き換えればよい（詳細は省略）．

この模倣に必要な計算の量を考える．M が停止性であるとき，U が使用する領域はたかだか $\max\{|\mathcal{E}(M)|, k(\ell+1)(\mathrm{space}_M(x)+1)\}$ である．k と $\ell+1$ はともに $|\mathcal{E}(M)|$ 以下であるから，これは $O(|\mathcal{E}(M)|^2\mathrm{space}_M(x))$ に属する関数

で押さえられる．

次に，M の1ステップの動きを模倣するのに必要な時間を評価する．まず，第1作業用テープの往復には，$2k(\ell+1)(\mathrm{space}_M(x)+1)$ ステップかかる．遷移関数の引数とその値を書き留めるのに必要な第4作業用テープ上の領域は，$|\mathcal{E}(M)|$ 以下である．引数を求めるあいだに，U のヘッドはその上を $k+2$ 回往復する．その後，M の遷移を求めるには，その上をたかだか $|\mathcal{E}(M)|$ 回往復する必要がある．したがって，M の遷移を決定するには $O(|\mathcal{E}(M)|^2)$ ステップが余計に必要である．続く第1作業用テープの書き換えには，合計 $O(|\mathcal{E}(M)|^2\mathrm{space}_M(x))$ ステップかかる．したがって，模倣全体にかかる時間は $O(|\mathcal{E}(M)|^2(\mathrm{space}_M(x))^2)$ である．

以上で証明を終了する．❑

3.2.3　領域階層定理

補題3.4を利用して，いよいよ領域計算量クラスを分離する**領域階層定理**（space hierarchy theorem）を証明する．

定理 3.5　（領域階層定理）　関数 $S'(n)$ が領域構成可能であり，$S'(n)\in\Omega(\log n)$　かつ　$S'(n)\in\omega(S(n))$ であれば，$\mathrm{SPACE}[S(n)]\subset\mathrm{SPACE}[S'(n)]$ が成り立つ．

証明　U を，補題3.4において構成した4作業用テープ万能チューリング機械とする．

$S'(n)\in\Omega(\log n)$　かつ　$S'(n)\in\omega(S(n))$ であり，$S'(n)$ が領域構成可能であると仮定する．V を $S'(n)$ を領域構成するチューリング機械，r を V の作業用テープの個数とする．$r\le 4$ の場合は，ヘッドがまったく動かない作業用テープを V につけ足して $r\ge 5$ とする．Γ を V の作業用アルファベットとする．Γ の任意の要素 a に対して，新しい文字 $\hat{a}$ を導入し，$\widehat{\Gamma}=\{\hat{a}\mid a\in\Gamma\}$ と定める．

U_1 を，入力 w に対して次のように動作する $r+1$ 作業用テープチューリング機械とする．

段階1　V の入力 w に対するプログラムを，第1から第 r までの作業用テープを用いて実行する．$\widehat{\Gamma}$ を Γ とともに併用して，第1から第 r の作業用テープにおいてヘッドが到達したもっとも遠くにあるマス目に，次の要領で目印をつけておく．

- 模倣の開始時，ヘッドは1番地にあり，そこには $\perp$ が書かれているので，それをまず $\hat{\perp}$ に変えておく．
- 現在，ヘッドがある番地に書かれている文字が $\hat{a} \in \widehat{\Gamma}$ であり，V が a を b に変えるなら，次を行なう．
  - ・ヘッドが右に動くのであれば，$\hat{a}$ を b に変える．そして，右にヘッドが移動した際，そこにある文字に ^ の印をつける．
  - ・ヘッドが動かないのであれば，$\hat{a}$ を $\hat{b}$ に変える．
  - ・ヘッドが左に動くのであれば，$\hat{a}$ を $\hat{b}$ に変えてからヘッドを左に動かす．

V が停止したら段階2に進む．

段階2　すべての作業用ヘッドを1番地に戻すと同時に右に動かし，^ の目印を全部の作業用テープに見つける．その際，途中で出会った目印は消しておき，すべての目印が見つかったら（その番地は $S'(|w|)$ である），すべての作業用テープのその番地に目印をつけて，すべての作業用ヘッドを1番地に戻す．

段階3　w が $0^t\mathcal{E}(M)$ という形式であるかどうかを調べる．この判定を行なっている最中に，いずれかの作業用ヘッドが目印の先に行こうとしたら，ただちに拒否する．また，判定は終了したが，w が $0^t\mathcal{E}(M)$ という形式でないことが判明したなら拒否する．

段階4　第1から第4作業用テープを使って，U の入力 $\mathcal{E}(M, w)$ に対するプログラムを実行する．実行途中，いずれかの作業用ヘッドが目印の先に行こうとしたら，ただちに拒否する．

段階5　M が w を受理したならば拒否し，M が w を拒否したならば受理する．

このプログラムのままだと，M が無限ループに陥ると U_1 は停止しない可能性があるので，定理 3.2 の方法を用いて以下のように，U_1 が必ず停止するように仕向ける．

定理 3.2 によれば，チューリング機械 U_1 が停止性で，$S'(n)$ 領域限定であれば，$L(U_1) \in \mathrm{TIME}[c^{S'(n)}]$ となる整数 $c > 0$ が存在する．そこで，そのような c を 1 つ選び，U_1 が入力 w に対して動作するステップをかぞえる．もしそれが $c^{S'(|w|)}$ よりも大きくなるようなら，U_1 は入力 w に対して停止しないので，w を拒否すればよい．ステップ数をかぞえるには，大きさ c のアルファベット $\Xi = \{\xi_1, \cdots, \xi_c\}$ を用いて，U_1 の第 5 作業用テープに長さ $S'(|w|)$ の Ξ 上の文字列を書き，それを c 進法のカウンターとして扱えばよい．カウンターの初期値は $\xi_1 \cdots \xi_1$ であり，M の 1 時刻の動きが模倣されるたびに，カウンターの値を 1 増やす．この値が再び $\xi_1 \cdots \xi_1$ になれば，M がちょうど $c^{S'(|w|)}$ ステップ動作したことになる．

U_1 にこのような改良をほどこしたものを U_2 とする．U_2 は停止性で，$S'(n)$ 領域限定である．したがって，$A = L(U_2)$ と定めると，$A \in \mathrm{SPACE}[S'(n)]$ が成り立つ．

一方，$A \notin \mathrm{SPACE}[S(n)]$ であることは，背理法を用いて以下のように証明できる．いま，A を受理する $S(n)$ 領域限定チューリング機械が存在すると仮定する．そのようなチューリング機械を 1 つ選び，それを M とする．入力 w を $0^t\mathcal{E}(M)$ という形式の文字列に限った場合に，U_2 が必要とする領域を $Z(w)$ とする．補題 3.4 によって，$Z(w) \in O(|\mathcal{E}(M)|^2 \mathrm{space}_M(w))$ である．$|\mathcal{E}(M)|$ は M に固有であるから，M に固有のある定数 d に対し，$Z(w) \le dS(|w|)$ である．仮定から，$S'(n) \in \omega(S(n))$ であるので，ほとんどすべての i に対して，$dS(i) < S'(i)$ が成り立つ．よって，ほとんどすべての t に対して，

$$dS(|0^t\mathcal{E}(M)|) \le S'(|0^t\mathcal{E}(M)|)$$

が成り立つ．つまり，ほとんどすべての t に対して，

$$0^t\mathcal{E}(M) \in L(M) \iff 0^t\mathcal{E}(M) \notin L(M)$$

が成り立ち，これは明らかに矛盾である．したがって，このような M は存在せず，$A \notin \mathrm{SPACE}[S(n)]$ でなければならない．

以上で定理の証明を終了する. ❑

3.2.4 時間階層定理

こんどは, 時間計算量クラスを分離する**時間階層定理** (time hierarchy theorem) を 2 種類, 証明する. その第 1 は, 領域階層定理と同じ 1 本のテープを用いた模倣に基づくものであり, その第 2 は, 2 本のテープを用いた模倣に基づくものである.

3.2.4.1 第 1 時間階層定理

第 1 時間階層定理は, 次のようなものである.

定理 3.6 (第 1 時間階層定理) $T'(n)$ が時間構成可能で, $T'(n) \in \omega(T(n)^2)$ を満たすとき, $\mathrm{TIME}[T(n)] \subset \mathrm{TIME}[T'(n)]$ が成り立つ.

証明 $T'(n)$ が時間構成可能で, $T'(n) \in \omega(T(n)^2)$ を満たすとする. 時間計算量クラスを考えているので, $T(n) \geq n+1$ としてよく, $T'(n) \in \omega((n+1)^2)$ であり, ほとんどすべての n に対して $T'(n) \geq n^2 + 2n + 1$ が成り立つ. そこで, $T''(n) = T'(n) - 2n - 2$ と定義する. $f_1(n) = T''(n)$, $f_2(n) = 2n + 2$ と定めると, $T'(n) \geq n^2 + 2n + 1$ であるから, ほとんどすべての n に対して

$$f_1(n) \geq \epsilon f_2(n) + (1+\epsilon)n$$

が成り立つような定数 $\epsilon > 0$ が存在する. したがって, 補題 2.29 により, $T''(n)$ は時間構成可能である. そこで, V を $T''(n)$ を時間構成するチューリング機械とし, 入力 w に対して次のようなプログラムを行なうチューリング機械 U_1 を考える.

段階 1 w を第 1 作業用テープにコピーし, 第 1 作業用テープのヘッドを 1 番地にもってくる.

段階 2 V の入力 w に対するプログラムを, たったいまつくった w のコピーを入力として用いて実行するのと並行して, 次を実行する.

段階 2a w が $0^t\mathcal{E}(M)$ という形式になっているかどうかをチェックする. もし, そのような形になっていなければ, ただちに拒否する.

段階 2b　M の入力 w に対する動きを，補題 3.4 の万能チューリング機械を用いて模倣する．

段階 2c　M が w を受理すれば拒否し，拒否すれば受理する．

ただし，段階 2c を終了する前に V が終了してしまった場合は，すぐに拒否する．

入力 w のコピーを構成するのに $2|w|+2$ ステップかかるので，このチューリング機械は明らかに $T'(n)$ 時間限定である．そこで，$A = L(U_1)$ と定めれば，$A \in \mathrm{TIME}[T'(n)]$ が成り立つ．

一方，$A \notin \mathrm{TIME}[T(n)]$ であることは，背理法を使って証明できる．いま，A を受理する $T(n)$ 時間限定のチューリング機械が存在したと仮定する．そのような M を 1 つ選ぶ．$w = 0^t\mathcal{E}(M)$ であるとき，M の入力 w に対する動きを模倣するには $O(|\mathcal{E}(M)|^2(\mathrm{time}_M(w))^2)$ 時間かかるが，$\mathrm{time}_M(w) \le T(|w|)$ かつ $T'(n) \in \omega(T(n)^2)$ であり，$|\mathcal{E}(M)|$ は M に固有の定数なので，ほとんどすべての t に対して M の入力 $0^t\mathcal{E}(M)$ に対する動きは，$T'(|w|)$ 時間以内に行なうことができる．したがって，ほとんどすべての t に対して，

$$0^t\mathcal{E}(M) \in L(M) \iff 0^t\mathcal{E}(M) \notin L(M)$$

が成り立ち，これは矛盾である．したがって，そのような M は存在せず，$A \notin \mathrm{TIME}[T(n)]$ が成り立つ．

以上で定理が証明された．　❑

3.2.4.2　移行補題（パディング法）

上述の第 1 時間階層定理を用いると，$\mathrm{TIME}[n^2] \subset \mathrm{TIME}[n^5]$ のように，大きいほうの時間領域関数が小さいほうの 2 乗よりも大きい場合に，2 つのクラスが異なることを証明できる（演習問題 3.6）．しかしながら，$\mathrm{TIME}[n^2]$ と $\mathrm{TIME}[n^4]$ を比べる場合のように，2 つの関数の開きが 2 乗以下である場合には，第 1 時間階層定理を直接用いてクラスを分離することはできない．さいわいなことに，次に示す**移行補題**（translational lemma）（**パディング法**（padding method）ともよばれる）を用いると，そのようなケースの多くについて分離が可能になる．

補題 3.7 (移行補題) $T_1(n)$, $T_2(n)$, $f(n)$ を次の条件を満たす関数とする.

1. $(\forall n \in \mathbf{N})[T_2(n) \in (1+\epsilon)n]$ となる定数 $\epsilon > 0$ が存在する.
2. $f(n)$ が時間構成可能である.
3. $\mathrm{TIME}[T_1(n)] = \mathrm{TIME}[T_2(n)]$ である.

このとき, $\mathrm{TIME}[T_1(f(n))] = \mathrm{TIME}[T_2(f(n))]$ が成り立つ.

証明 $T_1(n)$, $T_2(n)$, $f(n)$ を補題の仮定の条件を満たす関数とする. A を $\mathrm{TIME}[T_2(f(n))]$ に属する Σ 上の任意の言語とする. Σ に含まれない文字 # を選んで, $\Gamma = \Sigma \cup \{\#\}$ と定める. そして, アルファベット Γ 上の言語 B を

$$B = \{x\#^{f(|x|)-|x|} \mid x \in A\}$$

と定義する. すなわち, B は A の任意の要素 x の後ろに # をつけ足して, 長さがちょうど $f(|x|)$ になるように膨らましたものである. 関数 $f(n)$ は時間構成可能であるから, $(\forall n \in \mathbf{N})[f(n) \geq n+1]$ が成り立つ. したがって, A のどの要素 x に対しても, x で始まる B の要素には少なくとも 1 つ # がついている.

さて, A と B は # の部分を削り取ればまったく同じなので, 一方を判定するアルゴリズムを使って, もう一方を判定することができる. つまり, こういうことである.

(I) Γ 上の文字列 w が B に属するかどうかを判定するには, w が $x\#^{f(|x|)-|x|}$ のような形式であることを最初に確認してから, x が A に属するかどうかの判定をすればよい.

(II) Σ 上の文字列 x が A に属するかどうかを判定するには, $x\#^{f(|x|)-|x|}$ なる w を構成して, w が B に属するかどうかの判定をすればよい.

仮定から, $A \in \mathrm{TIME}[T_2(f(n))]$ であるから, A を受理する $T_2(f(n))$ 時間限定チューリング機械が存在する. それを M とする. このとき, (I) の手法を用いて, B のアルゴリズムを構成する.

演習問題 3.7 で示すように, 性質 2 によって, Γ 上の文字列 w が $x\#^{f(|x|)-|x|}$ という形式であるかどうかは, $O(|w|)$ 時間で判定可能である. そのような形式である場合, $x \in A$ かどうかの判定をしなければならないが,

$|w| = f(|x|)$ であり，$A \in \mathrm{TIME}[T_2(f(n))]$ であるから，その判定にかかる時間は $T_2(f(|x|)) = T_2(|w|)$ である．2 つを合わせると，B の判定にかかる時間は，ある定数 $c > 0$ に対して $c|w| + T_2(|w|)$ である．性質 1 により，$T_2(n) \geq (1+\epsilon)n$ であるから，$cn + T_2(n) \in O(T_2(n))$ であり，線形加速定理により，$B \in \mathrm{TIME}[T_2(n)]$ が成り立つ．すると，性質 3 により，$\mathrm{TIME}[T_1(n)] = \mathrm{TIME}[T_2(n)]$ であるから，$B \in \mathrm{TIME}[T_1(n)]$ が成り立つ．

いま，N を，B を受理する $T_1(n)$ 時間限定チューリング機械とする．すると，N に手法 (II) を適用して，A のアルゴリズムを構成することができる．性質 2 により，$f(n)$ は時間構成可能なので，入力 x に $\#$ をつけ足した文字列 w を構成するには，$f(|x|)$ 時間かかる．w が B に属するかどうかの判定を行なうのに N を用いると，N は $T_1(n)$ 時間限定であり，w の長さが $f(|x|)$ であるから，判定には $T_1(f(|x|))$ 時間かかる．したがって，この A のアルゴリズムの計算時間は $O(f(n)+T_1(f(n)))$ である．$T_1(n)$ は時間計算量関数であるから，$T_1(n) \geq n+1$ がすべての n に対して成り立つので，$f(n) + T_1(f(n)) \in O(T_1(f(n)))$ である．よって，$A \in \mathrm{TIME}[T_1(f(n))]$ が成り立つ．

A は $\mathrm{TIME}[T_2(f(n))]$ の任意の言語であったので，$\mathrm{TIME}[T_1(f(n))] = \mathrm{TIME}[T_2(f(n))]$ が成り立つ．

以上で補題が証明された． ❑

系 3.8　$d > c \geq 1$ なるすべての定数 c と d に対して，$\mathrm{TIME}[n^c] \subset \mathrm{TIME}[n^d]$ が成り立つ．

証明　$d > c \geq 1$ かつ $\mathrm{TIME}[n^c] = \mathrm{TIME}[n^d]$ と仮定する．e を $1 < e \leq d/c$ なる有理数とすると，$f(n) = \lfloor n^e \rfloor$ は時間構成可能である（演習問題 2.14）．すると，移行補題により，$\mathrm{TIME}[(\lfloor n^e \rfloor)^c] = \mathrm{TIME}[(\lfloor n^e \rfloor)^d]$ が成り立つ．$(\lfloor n^e \rfloor)^c \leq (n^e)^c = n^d$ であるから，$\mathrm{TIME}[(\lfloor n^e \rfloor)^d] = \mathrm{TIME}[n^c]$ が成り立つ．$1 < e' < e$ なる定数 e' を選ぶと，$(\forall^\infty n)[\lfloor n^e \rfloor > n^{e'}]$ が成り立つので，

$$\mathrm{TIME}[n^{de'}] = \mathrm{TIME}[n^c]$$

が成り立つ．この関係に，$f(n)$ を用いて移行補題をあてはめると，

$$\mathrm{TIME}[n^{d(e')^2}] = \mathrm{TIME}[n^c]$$

が得られる．これをくり返せば，任意の整数 $k \geq 1$ に対して，

$$\mathrm{TIME}[n^{d(e')^k}] = \mathrm{TIME}[n^c]$$

が得られる．そこで，$p = \lceil 2c \rceil + 1$ とし，$d(e')^k \geq p$ であるような k を選ぶと，$\mathrm{TIME}[n^p] = \mathrm{TIME}[n^c]$ が成り立つ．n^p は時間構成可能なので，時間階層定理に矛盾する．ゆえに，$\mathrm{TIME}[n^c] \subset \mathrm{TIME}[n^d]$ が成り立つ． ❑

3.2.4.3 第 2 時間階層定理

領域階層定理と第 1 時間階層定理で用いた模倣のアイディアは，すべての作業用テープの同番地のマス目を 1 つにまとめるというものであった．この方法だと，1 ステップを模倣するたびに作業用テープの上をヘッドが 1 往復しなければならず，模倣にかかる時間が元の計算時間の 2 乗になってしまう．次に証明する第 2 階層定理では，ヘッドを動かす代わりにマス目を動かすという，まったくちがったアイディアを用いることによって，模倣にかかる時間を，元の時間にその対数を掛けたもの程度に短縮する．

定理 3.9 （第 2 時間階層定理） $T'(n)$ が時間構成可能で，かつ，$T'(n) \in \omega(T(n)\log(T(n)))$ ならば，$\mathrm{TIME}[T(n)] \subset \mathrm{TIME}[T'(n)]$ が成り立つ．

証明 先の時間階層定理（定理 3.9）と同様，対角線論法を用いる．前回の模倣では，すべての作業用テープを番地ごとに 1 つにまとめたが，今回の模倣では，ヘッドを動かす代わりにテープを仮想的に動かし，ある特定の番地につねにヘッドがあるようにするというものである．

このアイディアは，図 3.2 のように，上下 2 つのトラックに分かれた両方向無限のテープを想定することによって実現する．これまで採用してきたチューリング機械のモデルにおいては，負の番地が存在しない**片方向無限の作業用テープ**（one-way infinite work tape）を使用してきた，図 3.2 に示したようなテープは，**両方向無限**の作業用テープ（two-way infinite work tape）であり，それを片方向無限の作業用テープで実現するには，0 番地のところでテープを折り返せばよい．図 3.2 のテープにはトラックが 2 つあるので，それを片方向無限のテープで置き換えると，トラックの数は 4 になる（図 3.3 参照）．

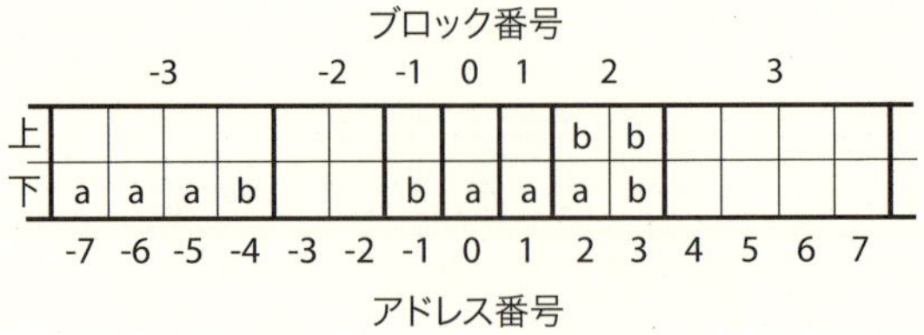

図 3.2　ブロックを用いた模倣のようす

第 -2 と第 3 ブロックは完全に空であり，第 -3，第 -1，第 0，第 1 ブロックは半分だけふさがっている．

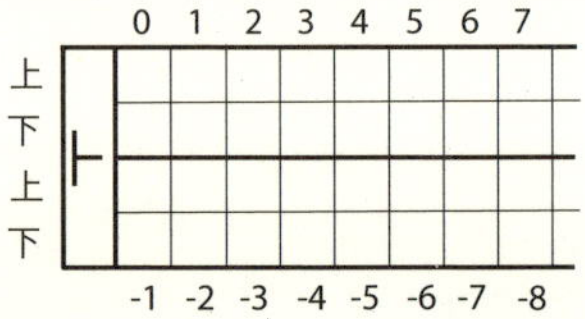

図 3.3　半分に折り返された 2 トラックの両方向無限の作業用テープ

この 2 つのトラックからなる両方向無限の作業用テープを，

$$\cdots,\ B_{-3},\ B_{-2},\ B_{-1},\ B_0,\ B_1,\ B_2,\ B_3,\ \cdots$$

という**ブロック**に分割する．任意の整数 i に対して，ブロック B_i の上部トラックを H_i で，下部トラックを L_i で表わす．H_i を**上ブロック**，L_i を**下ブロック**とよぶ．これらのブロックは，両方向無限の作業用テープの上に，次のように配置される．

- ブロック B_0 は 0 番地にある．
- 1 以上の任意の整数 i に対して，B_i の番地は 2^{i-1} から $2^i - 1$ までである．
- -1 以下の任意の整数 i に対して，B_i の番地は $-2^{|i|-1}$ から $-2^{|i|} - 1$ までである．

したがって，任意の正の整数 i に対して，B_i と B_{-i} はどちらも，上下あわせて 2^i 個のマス目をもつ．また，任意の整数 i に対して，H_i のマス目に書かれている文字を左から右へ読むことによって生成される文字列を $w(H_i)$ で表わし，L_i のマス目に書かれている文字を左から右へ読むことによって生成される文字列を $w(L_i)$ で表わす．

M を任意の決定性チューリング機械とする．簡単のため，M の作業用テープは 1 つであると仮定する．定理 3.2 の証明のときのように，M の作業用アルファベットに $\sqcup$ という文字を導入して遷移関数 δ に変更を加え，M の作業用テープに $\perp$ が現われるのは作業用ヘッドがまだ到達していない領域に限定し，作業用ヘッドがすでに到達していて本来 $\perp$ が書かれているべき箇所には $\sqcup$ が代わりに書かれているようにする．

いま，M の作業用テープのアルファベットに含まれず，$\vdash$ でもない文字を 1 つ選び，それを $\#$ とする．$\#$ はブロック内の空いているところを表わす．

N の行なう模倣は，次の 5 つの前提が M の 1 時刻の模倣が終わった時点において成り立つことである．

1. 文字列

   $$\cdots w(H_{-2})w(L_{-2})w(H_{-1})w(L_{-1})w(L_0)w(L_1)w(H_1)w(L_2)w(H_2)\cdots$$

   から $\#$ をすべて取り除いたものが，M のテープに書かれている文字列と本質的に一致する．
2. M の作業用ヘッドの位置は L_0 のところである．
3. N の作業用ヘッドは 0 番地，すなわち B_0 のマス目にある．
4. N の入力ヘッドは M' の入力ヘッドと同じ番地にある．
5. 0 以外のすべての i に対して，ブロック B_i は次のいずれかの状態にある．

   - $\perp$ で埋め尽くされている．
   - $\#$ で埋め尽くされている．
   - L_i には $\perp$ も $\#$ も現われず，H_i は $\#$ で埋め尽くされている．
   - $\perp$ も $\#$ も現われない．

第 2 の前提により，作業用ヘッドの位置が L_0 のところにあるので，M の遷移を模倣するには L_0 を書き換えて，ヘッドの動きに応じて文字を移動させればよい．ただ，第 5 の前提が満たされなければならないので，文字の移動はブロック単位で行なう．文字 $\perp$ は基本的に $\#$ と同様にブロック内の空いているところを表わしているものとするが，L_0 に移動してくる文字を探している場合には，空き場所ではなく実際の文字として取り扱う．簡単にするため，ブロック B_i が第 1 または第 2 のどちらかの状態にあるとき B_i は「完全に空である」といい，第 3 の状態にあるとき B_i は「半分空である」といい，第 4 の状態にあるとき B_i は「満杯である」ということにする．

いま，N が M の時刻 $t-1$ までの動きを，上記 5 つの前提が保たれるように模倣し終わったものとする．すると，前提 3〜5 により M が時刻 t に行なう動作は，現在ヘッドがある位置の入力テープと作業用テープを読むことによってただちに決定することができ，作業用テープに対する書き込みもただちに行なうことができる．もし，時刻 t において M の作業用ヘッドの位置が不動であるならば，N の作業用テープをこれ以上変更する必要はなく，入力ヘッドを M の動きに応じて動かし，M' の状態を記憶して，時刻 $t+1$ の模倣に移行することができる．

一方，M の作業用ヘッドが移動するならば，N の作業用テープはさらなる変更を要する．いま，M の作業用ヘッドは右に 1 つ動くものと仮定すると，現在 L_0 に書かれている文字を左に排出し，右方向から次の文字を L_0 の位置に取り込む必要がある．L_0 の内容を排出する作業は，次のようにして行なう．

段階 1　H_{-i} が満杯でない整数 $i \geq 1$ で最小のものを求め，それを ℓ とする．

段階 2　$B_{-\ell}$ が $\perp$ で埋め尽くされている場合は，$H_{-\ell}$ を $\#$ で埋め尽くす．そうでなければ，$L_{-\ell}$ の内容をまるごと $H_{-\ell}$ に移動する（つまり，B_ℓ の範囲にあるすべての番地 i に対して，下のトラックの文字を上のトラックに書き写す）．

段階 3　$\ell \geq 2$ であれば，$j = \ell-1, \cdots, 1$ に対して，文字列 $w(H_{-j})w(L_{-j})$ を $L_{-(j+1)}$ に書き込んでから，H_{-j} のマス目のすべてに $\#$ を書き込む（ここで肝要なのは，文字列 $w(H_{-j})w(L_{-j})$ の長さは $2^{|j|}$ であり，$L_{-(j+1)}$ のマス目の数と一致することである）．

段階 4　L_0 の内容を L_{-1} に移動する．

一方，L_0 に文字を取り込む動作は，次のようにして行なう．

段階 1　B_i に $\#$ 以外の文字が書かれている整数 $i \geq 1$ で最小のものを求め，

それを k とする．

段階 2 B_k がすべて $\perp$ であるなら，B_k 以降はすべて $\perp$ であるので，1 以上 $k-1$ 以下のすべての j に対して B_j をすべて $\perp$ で埋め尽くし，H_0 を $\#$ に，L_0 を $\perp$ に書き換えて終了する．

段階 3 B_k が $\perp$ でない文字を含むならば，文字列 $w(L_k)$ を $L_0L_1\cdots L_{k-1}$ に書き込んで，H_k の文字列を L_k に移動してから，H_k を $\#$ で埋め尽くす（ここで肝要なのは，文字列 $w(L_k)$ の長さは $2^{|k-1|}$ であり，$L_0\cdots L_{k-1}$ のマス目の数と一致することである）．

M のヘッドが左に移動する場合の動作は，右に移動する場合と左右対称なので省略する．

このような動作によって，上記 5 条件がつねに満たされるので，M の作業用テープでの動きが正しく模倣されることは容易にわかる．

そこで，排出と取り込みの作業が行なわれる頻度と，それらにかかる時間を調べる．まず，L_0 を排出する作業が終わった直後の状態を考えると，次が成り立つ．

- $L_{-\ell+1},\cdots,L_0$ は空でない．
- $H_{-\ell+1},\cdots,H_0$ はすべて空である．

したがって，次に $B_{-\ell}$ に変化が起きるのは，次のいずれかが発生したときである．

- $L_{-\ell+1},\cdots,L_0$ の内容がすべて 0 番地の右側に排出されたとき．
- $H_{-\ell+1},\cdots,H_{-1}$ のすべてが満杯になっていて，M の作業用ヘッドが右に動いたとき．

どちらの場合も，次に $B_{-\ell}$ に変化が起きるまでに，M の作業用ヘッドは少なくとも

$$1+\sum_{j=1}^{\ell-1}2^{j-1}=2^{\ell-1}$$

マス移動しなければならない．よって，次の変化は少なくとも $2^{\ell-1}$ ステップ

後である．また，この作業に必要なステップ数は $O(2^{\ell})$ である．

一方，L_0 に文字を取り込む作業に関しては，作業終了直後に次が成り立つ．

- $L_0, \cdots, L_{k-1}$ には # が含まれない．
- $H_0, \cdots, H_{k-1}$ はすべて # で埋まっている．

したがって，次に B_k に変化が起きるのは，次のいずれかが発生したときである．

- $L_0, \cdots, L_{k-1}$ がすべて L_0 の左側に排出され，M の作業用ヘッドが右に動いたとき．
- $H_1, \cdots, H_{k-1}$ がすべて満杯になり，M の作業用ヘッドが左に動いたとき．

どちらの場合も，次に B_k に変化が起きるまでに，M の作業用ヘッドは少なくとも

$$1 + \sum_{j=1}^{k-1} 2^{j-1} = 2^{k-1}$$

マス移動しなければならない．したがって，次に B_k に変化が起きるのは，少なくとも 2^{k-1} ステップ後である．また，先と同様，この作業に必要なステップ数は $O(2^i)$ である．

同様の議論が，M のヘッドが時刻 t において左に動くときにも当てはまるので，M の時刻 t の模倣を行なう際，変化を受けるもっとも遠くにあるブロックの番号を p_t とすると，次が成り立つ．

- $p_t = i$ である間隔は，少なくとも $2^{|i|-1}$ 以上である．
- ある定数 c が存在して，時刻 t の模倣に必要な時間は $c2^{p_t}$ 以下である．

いま，M が $T(n)$ ステップのあいだ動作すると仮定する．上記の考察により，$\lceil \log T(n) \rceil$ よりも大きいすべての i について，B_i および B_{-i} は不変であるので，この模倣にかかる時間は全体で

$$2 \sum_{i=0}^{\lceil \log T(n) \rceil} (c2^i) \left\lceil \frac{T(n)}{2^{i-1}} \right\rceil < 2c \sum_{i=0}^{\lceil \log T(n) \rceil} 4T(n) < 16cT(n) \log T(n)$$

である（$n = 0$ の場合を除く）．

これまで，M の作業用テープは 1 本であると仮定してきたが，M の作業用テープの本数が $k \geq 2$ である場合，作業用ヘッドの位置がつねに L_0 であるという点を利用すると，k 倍の時間がかかるだけである．

また，これまで M を固定して考えていたが，領域階層定理や第 1 時間階層定理の証明のときのように，M は入力として与えられるので，M の表現に応じた個数の 0 と 1 で M の作業用テープの文字を表わすことにする．すると，模倣にかかる時間の総計は $O(|\mathcal{E}(M)|^2 T(n) \log T(n))$ である．

以上で定理が証明された． ❑

この第 2 時間階層定理を用いると，任意の有理数の組 (p,q) で $p \geq 1$，$q \geq 0$ を満たすものに対し，$\mathrm{TIME}[n^p(\log n)^q] \subset \mathrm{TIME}[n^p(\log n)^{q+2}]$ が成り立つことが証明できる（演習問題 3.8 参照）．第 1 時間階層定理からでは，この結果は導きだすことができない．

また，第 2 時間階層定理に移行補題を組み合わせると，$\mathrm{TIME}[n2^n] \supset \mathrm{TIME}[2^n]$ という結果を導きだすことができる（演習問題 3.9 参照）．$n = \log(2^n)$ であるから，これは，どちらの時間階層定理からも直接には証明できない．

3.3 非決定性領域クラスの階層構造

次に，非決定性領域クラスにおける分離定理を示す．

3.3.1 サヴィッチの定理

定理 3.2 において，$\mathrm{NSPACE}[S(n)] \subseteq \cup_{c>0}\mathrm{TIME}[c^{S(n)}]$ であることを，$S(n)$ 領域限定非決定性チューリング機械の時点表示グラフの深さ優先探索が，ある定数 c に関して $c^{S(n)}$ 時間で行なえることを基にして証明した．このアルゴリズムは，領域計算量関数 $S(n)$ が構成可能でなくても適用できるという特徴をもっているが，$S(n)$ が領域構成可能な場合，ちがう手法を使って到達可能性の判定を行なうことができる．次に証明する**サヴィッチの定理**（Savitch's theorem）では，小路の中間地点を再帰的に求めることにより，到達可能性を判定する．

定理 3.10　**（サヴィッチの定理）**　$S(n)$ が $\Omega(\log n)$ に属し，領域構成可能であるならば，$\mathrm{NSPACE}[S(n)] \subseteq \mathrm{SPACE}[S(n)^2]$ が成り立つ．

証明　$S(n)$ を $\Omega(\log n)$ に属する領域構成可能関数とする．また，$N = (Q, \Sigma, \Gamma, \delta, q_0, q_{\mathrm{acc}}, q_{\mathrm{rej}})$ を，L を受理する $S(n)$ 領域限定 k 作業用テープ非決定性チューリング機械とする．演習問題 3.11 により，どの入力に対しても N はたかだか 1 つの受理時点表示をもつと仮定してよい．

x を N に与えられた任意の入力，n をその長さとする．また，$G = (V, E)$ を N の入力 x に対する時点表示グラフとする．このとき，

$$\|V\| = \|Q\|(n+2)(S(n)+1)^k\|\Gamma\|^{kS(n)}$$

が成り立つ．$D = \lceil \log \|V\| \rceil$ とし，V の 2 頂点 u と v，および，D 以下の非負の整数 d に対して，述語 $P(d, u, v)$ を $u \vdash_M^{\leq 2^d} v$，すなわち，

$$(\exists t \leq 2^d)[u \vdash_M^t v]$$

と定義する．つまり，$P(d, u, v)$ は，M が時点表示 u から v にたかだか 2^d ステップで到達可能であることを表わす．V の任意の 2 頂点 u と v に対して，

$$P(0, u, v) \iff ((u = v) \vee (u \vdash_M v))$$

が成り立つから，$P(0, u, v) = 1$ が成り立つかどうかは，M の遷移関数を u にほどこしたときに v に変わるかどうかを調べることによって容易に判定できる．また，1 以上の任意の整数 d と，V の任意の 2 頂点の組 (u, v) に対して，u から v にたかだか 2^d ステップで到達しうるとき，またそのときに限り，V の頂点 w で，u から w にたかだか 2^{d-1} ステップで到達可能で，かつ，w から v にたかだか 2^{d-1} ステップで到達可能なものが存在する．したがって，

$$P(d, u, v) \iff (\exists w \in V)[P(d-1, u, w) \wedge P(d-1, w, v)]$$

である．さらに，u_0 を M の入力 x に対する初期時点表示，v_0 を M の入力 x に対する受理時点表示（仮定から，そのようなものはただ 1 つ存在する）とすれば，

$$x \in L \iff P(D, u_0, v_0)$$

である．そこで，次のプログラム Savitch で述語 P の値を計算する．入力

(d, u, v) に対し，SAVITCH は次のように動作する．

段階 1 $d > 0$ ならば，V のすべての頂点 w に対して次を実行する．

段階 1a $r = \text{SAVITCH}(d-1, u, w)$ を計算する．

段階 1b $s = \text{SAVITCH}(d-1, w, v)$ を計算する．

段階 1c もし $r = s = 1$ ならば 1 を返す．そうでなければ，次の w に移る．

どの w に対しても，$r = 0$ または $s = 0$ であれば 0 を返す．

段階 2 $d = 0$ ならば，$u = v$ であるか $u \vdash_M v$ であるとき 1 を返し，そうでないとき 0 を返す．

前述の議論により，このアルゴリズム SAVITCH は $P(d, u, v)$ を正しく判定する．

V の要素のそれぞれは，その構成因子を並べ書きすることで表わすことができる．1 つの要素を表わすのに必要な領域は

$$\lceil \log \|Q\| \rceil + \lceil \log(n+2) \rceil + k\lceil \log(S(n)+1) \rceil + kS(n)$$

であり，これは $O(S(n))$ に属する．$\text{SAVITCH}(d, u, v)$ の再帰の深さは d であり，d の初期値は D であり，$D \in O(S(n))$ であるから，SAVITCH の領域計算量は $O(S(n)^2)$ となる．ゆえに，$L \in \text{SPACE}[S(n)^2]$ が成り立つ． ❑

サヴィッチの定理を使うと，次の階層定理を示すことができる（証明は省略する）．

定理 3.11 $S(n) \in \Omega(\log n)$，$S'(n) \in \omega(S(n)^2)$，かつ，$S'(n)$ が領域構成可能のとき，$\text{NSPACE}[S(n)] \subset \text{SPACE}[S'(n)]$ が成り立つ．

$\text{SPACE}[S'(n)] \subseteq \text{NSPACE}[S'(n)]$ であるから，次の系がただちに得られる．

系 3.12 $S(n) \in \Omega(\log n)$，$S'(n) \in \omega(S(n)^2)$，かつ，$S'(n)$ が領域構成可能のとき，$\text{NSPACE}[S(n)] \subset \text{NSPACE}[S'(n)]$ が成り立つ．

系 3.12 を用いると，$\text{NSPACE}[n^2] \subset \text{NSPACE}[n^5]$ のように，大きいほうの領域関数が小さいほうの領域関数の 2 乗よりも速く増加する場合に，2 つの非

決定性領域クラスを分離することができる．2 つの関数のあいだの差が 2 乗以下の場合には，時間階層のときと同様にして，次に示す移行補題を使って 2 つのクラスを分離する（証明は演習問題 3.10 とする）．

補題 3.13　（移行補題）　$S_2(n)$ と $f(n)$ がともに $\omega(n)$ に属する関数で，$f(n)$ が領域構成可能であるとき，$\mathrm{NSPACE}[S_1(n)] = \mathrm{NSPACE}[S_2(n)]$ であれば，$\mathrm{NSPACE}[S_1(f(n))] = \mathrm{NSPACE}[S_2(f(n))]$ が成り立つ．

3.3.2　非決定性領域補集合の定理

定理 3.11 の結果は，次に証明する非決定性領域クラスが補集合について閉じているという**非決定性領域補集合の定理**（nondeterministic space complementation theorem）を用いると大幅に改良でき，決定性の場合とまったく同様に，$S'(n)$ が $S(n)$ よりも速く増加すれば，$\mathrm{NSPACE}[S(n)] \subset \mathrm{NSPACE}[S'(n)]$ という結果を導きだせる．

定理 3.14　（非決定性領域補集合の定理）　$S(n) \in \Omega(\log n)$ が領域構成可能であれば，$\mathrm{NSPACE}[S(n)]$ は補集合のもとで閉じている．

証明　$S(n)$ を $\Omega(\log n)$ に属する領域構成可能な関数とする．N を $S(n)$ 領域限定の非決定性チューリング機械，A を N が（非決定的に）受理する言語とする．演習問題 3.11 により，どの入力に対しても N はたかだか 1 つの受理時点表示をもつと仮定してよい．

いま，長さ n の入力 x が N に受理されるかどうかを判定したいとする．サヴィッチの定理の証明で行なったように，N が入力 x に対して取りうる時点表示全体の集合を V とすると，V の要素のそれぞれは長さ $O(S(n))$ の文字列で表わすことができる．また，$D = \|V\|$ とすると，n によらない整数 $c > 0$ に対して $D \leq c^{S(n)}$ が成り立つ．u_0 を入力 x に対する初期時点表示とし，v_0 を入力 x に対して起こりうる N のただ 1 つの受理時点表示とする．

任意の自然数 i に対して，u_0 からたかだか i ステップで到達しうる V の要素全体の集合を W_i で表わし，$r_i = \|W_i\|$ と定める．明らかに，$W_0 = \{u_0\}$ かつ

$r_0 = 1$ であり，

$$x \in L \iff v_0 \in W_D$$

である．また，任意の自然数 $i \geq 1$ と V の任意の要素 z に対して，

$$z \notin W_i \iff (\forall y \in W_{i-1})[y \not\vdash_N z] \tag{3.3}$$

が成り立つ．

ここで，任意の自然数 i と V の任意の要素 z からなる入力 (i, z) に対して，次の動作を行なうアルゴリズム Reach を考える．

- u_0 から N の動きを非決定的に i ステップ実行することを試みる．そして，z に到達してしまえば 1 を返し，そうでなければ 0 を返す．

このとき，次が成り立つ．

- Reach(i, z) の返す値は 0 または 1 であり，その値は非決定的に定まる．
- $z \in W_i$ であれば，Reach(i, z) には 1 を返すような計算小路がある．
- $z \notin W_i$ であれば，Reach(i, z) は，その非決定性の選択にかかわらず 0 である．

任意の自然数 i と任意の $y \in V$ に対して，Reach(i, y) が $y \in W_i$ かどうかを非決定的に正しく判定することに注意して，正の整数 i，$z \in V$，および自然数 m からなる入力 (i, z, m) に対して，次の動作を行なうアルゴリズム Unreach を考える．

段階 1　変数 $count$ の値を 0 に設定する．

段階 2　$y_1, \cdots, y_h$ を V の要素を並べたものとする．1 から h までの p に対して，次を実行する．

段階 2a　Reach$(i-1, y_p)$ を呼び出す．

段階 2b　1 が返ってきたら $count$ の値を 1 増やし，$y_p \vdash_N z$ かどうかを決定的に判定し，$y_p \vdash_N z$ ならば 0 を返す．

段階 3　$count = m$ ならば 1 を返し，そうでなければ 0 を返す．

$\textsc{Unreach}(i, z, m)$ の返す値は明らかに 0 または 1 であり，その値は非決定的に定まる．$\textsc{Unreach}(i, z, m)$ が 1 を返すのは，$\textsc{Reach}(i-1, y_p)$ が 1 を返すような p がちょうど m 個あり，そのようなどの p に対しても $y \vdash_N z$ が成り立たないときである．したがって，$\textsc{Unreach}(i, z, r_{i-1})$ が (非決定的に) 1 を返すならば，式 3.3 の右辺が成り立つので，$z \notin W_i$ である．一方，$\textsc{Unreach}(i-1, z, r_{i-1})$ の計算小路の少なくとも 1 つにおいて，$y_p \in W_{i-1}$ となるすべての p に対して $\textsc{Reach}(i-1, y_p)$ が 1 を返す．$z \notin W_i$ であれば，その y のどれに対しても $y \vdash_N z$ が成り立たないので，その計算小路においてに $\textsc{Unreach}$ は 1 を返す．よって，次が成り立つ．

$$z \notin W_i \iff \textsc{Unreach}(i, z, r_{i-1}) \text{ は 1 を返す計算小路をもつ}$$

このアルゴリズム $\textsc{Reach}$ と $\textsc{Unreach}$ を用いて，r_i の値を $r_0, r_1, r_2, \cdots$ と順々に非決定的に計算していき，最終的に r_{D-1} の値を基にして $v_0 \notin W_D$ かどうかを判定することができる．そのアルゴリズムを $\textsc{ReachCount}$ で表わす．$\textsc{ReachCount}$ は次のように動作する．

段階 1　$r_0 = 1$ と設定する．

段階 2　$i = 1, \cdots, D-1$ について次を実行する．

段階 2a　r_i の値を 0 に設定する．

段階 2b　V に属するすべての時点表示 z に対して，次を実行する．

段階 2b-i　$\textsc{Reach}(i, z)$ を実行する．そして，$\textsc{Reach}$ が返してきた値を a とする．

段階 2b-ii　$\textsc{Unreach}(i, z, r_{i-1})$ を実行する．そして，$\textsc{Unreach}$ が返してきた値を b とする．

段階 2b-iii　$a = b = 0$ ならば拒否する．

段階 2b-iv　$a = 1$ ならば r_i の値を 1 増やす．

段階 3　$\textsc{Unreach}(D, v_0, r_{D-1})$ を実行する．1 が返ってくれば受理し，そうでなければ拒否する．

先の議論から，$z \notin W_i$ ならば，$\textsc{Unreach}(i, z, r_{i-1})$ は，ある計算小路において 1 を返すことがわかっている．したがって，r_{i-1} が正しく求まっていれば，段階 2b において，あらゆる z に対して $a=1$ または $b=1$ となるような計算小路が存在する（$a=b=1$ となることはありえない）．そのような計算小路においては，すべての z に対して $z \in W_i$ かどうかが判明するので，r_i の値が正しく求まる．そのような計算小路がすべての i について選択されれば，段階 3 に到着して，$v_0 \notin W_D$ かどうかが非決定的に正しく求まる．したがって，このアルゴリズムは $x \notin L$ かどうかを正しく非決定的に判定する．

このアルゴリズムを実行するのに必要な領域を調べよう．$S(n)$ は領域構成可能なので，V の要素を順々に生成することは，$S(n)$ の領域を使ってできる．Reach の実行は N の模倣を基にしていて，i の値は D 以下と考えてよいので，それに必要な領域は $O(S(n))$ である．Unreach においては，i，m，$count$ の値はすべて D 以下なので，Unreach に必要な領域はやはり $O(S(n))$ である．ReachCount を実行するに際して，2 つ以上手前の r は捨ててしまってかまわないので，その領域計算量はやはり $O(S(n))$ である．

ゆえに，$\overline{L} \in \mathrm{NSPACE}[S(n)]$ が成り立ち，L は $\mathrm{NSPACE}[S(n)]$ の任意の言語であったので，これは $\mathrm{NSPACE}[S(n)]$ が補集合に関して閉じていることを意味する．

以上で定理が証明された． ❑

さて，上述の非決定性領域補集合の定理を使って，非決定性領域クラスの強い形での分離が可能になる．

定理 3.15 $S'(n)$ が $\omega(\log n)$ に属し，領域構成可能で，$S(n) = o(S'(n))$ であれば，$\mathrm{NSPACE}[S(n)] \subset \mathrm{NSPACE}[S'(n)]$ が成り立つ．

証明 証明の方針は定理 3.5 のものと似ている．ただし，定理 3.14 においては，$S(n)$ が領域構成可能であることを仮定していたが，その仮定がここでは取り除かれている．それに対応するためには，$S(n)$ のとりうる値を，与えられた $S'(n)$ という制限のもとですべて試せばよい．

入力 w に対して，次のように動作するチューリング機械 U を考える．

段階 1 $S'(|w|)$ を領域構成するチューリング機械を用いて，U のすべての作業用テープの 1 番地から $S'(|w|)$ 番地までの領域に印をつける．

以下を実行するにあたって，もし $S'(|w|)$ 番地よりも先にある領域が，どこかの作業用テープで使われそうになったら，ただちに拒否する．

段階 2　w が $0^t\mathcal{E}(N)$ という形式をしているかどうかを判定する．そのような形式になっていなければ，ただちに拒否する．

段階 3　$\ell = 1, 2, \cdots, S'(i)$ について，$w \notin L(N)$ かの判定を次のように実行する．

段階 3a　N の入力 w に対する時点表示のそれぞれを表わすのに ℓ 個の 0 または 1 が必要であり，かつ，$D = 2^\ell$ だとして，定理 3.14 におけるアルゴリズムを実行する．

段階 3b　もし，N が w を受理しないことが（非決定的に）判明したら，w を受理して停止する．

段階 4　段階 3 において受理も拒否もしなければ，拒否する．

この U のアルゴリズムは，$S'(|w|)$ だけの領域を使うように制限されているので，$L(U) \in \mathrm{NSPACE}[S'(n)]$ である．いま，N が $S(n)$ 領域限定で，停止性であるとする．長さ n の入力が N に与えられたときに，定理 3.14 におけるアルゴリズムを N の時点表示を 0 と 1 のみで表わして実行するのに必要な領域は $O(|\mathcal{E}(N)|^2 S(n))$ である．すると，十分大きな t に対して $S'(|w|)$ の領域さえあれば模倣が実行できる．したがって，十分大きな t に対して，

$$0^t\mathcal{E}(N) \notin L(N) \iff 0^t\mathcal{E}(N) \in L(M)$$

が成り立つ（詳細は読者にゆだねる）．ゆえに，$L(M) \notin \mathrm{NSPACE}[S(n)]$ となり，定理が証明された．　❑

3.4　基本的計算量クラス

ここで，今後この本で扱うおもな計算量クラスを定義する．

定義 3.16　1.　L は対数領域限定の決定性チューリング機械によって受理される言語のクラスである．すなわち，

$$\mathrm{L} = \bigcup_{c>0} \mathrm{SPACE}[c \log n]$$

である．L に属する言語は，**対数領域判定可能**（logarithmic-space decidable）であるという．

2. NL は対数領域限定の非決定性チューリング機械によって受理される言語のクラスである．すなわち，

$$\mathrm{NL} = \bigcup_{c>0} \mathrm{NSPACE}[c \log n]$$

である．NL に属する言語は，**非決定的対数領域判定可能**（nondeterministically logarithmic-space decidable）であるという．

3. P は多項式時間限定の決定性チューリング機械によって受理される言語のクラスである．すなわち，

$$\mathrm{P} = \bigcup_{f:f\ \text{は多項式}} \mathrm{TIME}[f(n)]$$

である．P に属する言語は，**多項式時間判定可能**（polynomial-time decidable）であるという．

4. NP は多項式時間限定の非決定性チューリング機械によって受理される言語のクラスである．すなわち，

$$\mathrm{NP} = \bigcup_{f:f\ \text{は多項式}} \mathrm{NTIME}[f(n)]$$

である．NP に属する言語は，**非決定的多項式時間判定可能**（nondeterministically polynomial-time decidable）であるという．

5. PSPACE は多項式領域限定の決定性チューリング機械によって受理される言語のクラスである．すなわち，

$$\mathrm{PSPACE} = \bigcup_{f:f\ \text{は多項式}} \mathrm{SPACE}[f(n)]$$

である．PSPACE に属する言語は，**多項式領域判定可能**（polynomial-space decidable）であるという．

6. NPSPACE は多項式領域限定の非決定性チューリング機械によって受理される言語のクラスである．すなわち，

$$\text{NPSPACE} = \bigcup_{f:f\ \text{は多項式}} \text{NSPACE}[f(n)]$$

である．NPSPACE に属する言語は，**非決定的多項式領域判定可能**（nondeterministically polynomial-space decidable）であるという．

7. EXPTIME は指数多項式時間限定の決定性チューリング機械によって受理される言語のクラスである．すなわち，

$$\text{EXPTIME} = \bigcup_{f:f\ \text{は多項式}} \text{TIME}[2^{f(n)}]$$

である．EXPTIME に属する言語は，**指数時間判定可能**（exponential-time decidable）であるという．

8. NEXPTIME は指数多項式時間限定の非決定性チューリング機械によって受理される言語のクラスである．すなわち，

$$\text{NEXPTIME} = \bigcup_{f:f\ \text{は多項式}} \text{NTIME}[2^{f(n)}]$$

である．NEXPTIME に属する言語は，**非決定的指数時間判定可能**（nondeterministically exponential-time decidable）であるという．

9. 非決定性のチューリング機械によって定義されるクラス NL，NP，NPSPACE，NEXPTIME のそれぞれに対する補集合クラス $\text{coNL} = \{L \mid \overline{L} \in \text{NL}\}$，$\text{coNP} = \{L \mid \overline{L} \in \text{NP}\}$，$\text{coNPSPACE} = \{L \mid \overline{L} \in \text{NPSPACE}\}$，$\text{coNEXPTIME} = \{L \mid \overline{L} \in \text{NEXPTIME}\}$ を考える．

計算量関数は単調非減少とみなしてよいので（p.33 における議論を参照），上述の定義に使われるどの多項式も負の係数をもたない．いま，正係数ですべての自然数 n に対して，$f(n) \geq n+1$ となる多項式 $f(n)$ が与えられたとする．そのとき，$f(n)$ の次数を d とすると，

$$f(n) \in O(n^d + d) \cap \omega(n^{d-1} + (d-1))$$

が成り立つ．したがって，上記の計算量クラスを定義するのに用いる多項式は，どれも $n^d + d$ という形をしているとみなしてよい．線形加速定理 2.21 あるいはテープ圧縮定理 2.20 によって最高次の係数を取り除くことができるので，次が成り立つ．

命題 3.17 1. $\mathrm{L} = \mathrm{SPACE}[\log n]$

2. $\mathrm{NL} = \mathrm{NSPACE}[\log n]$
3. $\mathrm{P} = \bigcup_{k \in \mathbf{N}^+} \mathrm{TIME}[n^k + k]$
4. $\mathrm{NP} = \bigcup_{k \in \mathbf{N}^+} \mathrm{NTIME}[n^k + k]$
5. $\mathrm{PSPACE} = \bigcup_{k \in \mathbf{N}^+} \mathrm{SPACE}[n^k + k]$
6. $\mathrm{NPSPACE} = \bigcup_{k \in \mathbf{N}^+} \mathrm{NSPACE}[n^k + k]$
7. $\mathrm{EXPTIME} = \bigcup_{k \in \mathbf{N}^+} \mathrm{TIME}[2^{n^k + k}]$
8. $\mathrm{NEXPTIME} = \bigcup_{k \in \mathbf{N}^+} \mathrm{NTIME}[2^{n^k + k}]$

これらのクラスの包含関係はどうなっているのだろうか．まず定義から，次が成り立つ．

命題 3.18 $\mathrm{L} \subseteq \mathrm{NL}$，$\mathrm{P} \subseteq \mathrm{NP}$，$\mathrm{PSPACE} \subseteq \mathrm{NPSPACE}$，$\mathrm{EXPTIME} \subseteq \mathrm{NEXPTIME}$ である．

定理 3.1 と 3.2 から，次が成り立つ．

命題 3.19 $\mathrm{NP} \cup \mathrm{coNP} \subseteq \mathrm{PSPACE}$ かつ $\mathrm{NL} \cup \mathrm{coNL} \subseteq \mathrm{P}$ である．

非決定性領域補集合の定理（定理 3.14）により，次が成り立つ．

命題 3.20 $\mathrm{NL} = \mathrm{coNL}$ かつ $\mathrm{NPSPACE} = \mathrm{coNPSPACE}$ である．

サヴィッチの定理（定理 3.10）により，次が成り立つ（演習問題 3.17 参照）．

命題 3.21 $\mathrm{NPSPACE} = \mathrm{PSPACE}$ である．

時間階層定理（定理 3.6）により，次が成り立つ．

命題 3.22 $\mathrm{P} \subset \mathrm{EXPTIME}$ である．

定理 3.5 により，次が成り立つ．

命題 3.23　NL $\subset$ PSPACE である．

これらの結果をまとめると，次のようになる．

定理 3.24　1.　L $\subseteq$ NL $=$ coNL $\subseteq$ P $\subseteq$ NP $\subseteq$ PSPACE $=$ NPSPACE $\subseteq$ EXPTIME $\subseteq$ NEXPTIME

2.　P $\subset$ EXPTIME

3.　NL $\subset$ PSPACE

図 3.4 に，これらの包含関係を示す．

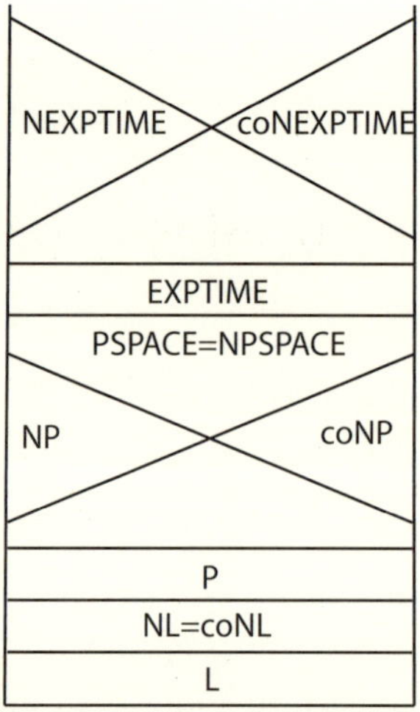

図 3.4　基本計算量クラスのあいだの関係

3.5　演習問題およびノート

演習問題

問題 3.1　p.65 において，計算機の標準的な探索（幅優先探索と深さ優先探索を用いると，現在いる頂点へ至る道筋を時点表示の列として記録する必要があるので，全体で $O(\mathrm{time}_M(x)^2)$ ぐらいの領域が必要になるかもしれないと述べた．しかし，じつは時点表示の代わりに遷移関数の引数と値を記録することによって，領域計算量を $O(\mathrm{time}_M(x))$ に減らすことができる．これを説明せよ．

問題 3.2 定理 3.2 の証明にあるアルゴリズムが，v_0 から到達可能な時点表示をすべて見つけられることを証明せよ．

問題 3.3 p.72 にあるように，L' を

$$\{\mathcal{E}(M) \mid M \text{ は入力 } w \text{ を } T_1(|w|) \text{ 時間で拒否する }\}$$

と定め，p.72 にあるように，条件 Q を仮定すれば，$L' \notin \mathrm{TIME}[T_1(n)]$ が成り立つことを示せ．

問題 3.4 p.73 にあるように，条件 R を仮定すれば，$L'' = \{w \mid w = 1^n0\mathcal{E}(M)$ であり，入力 w に対して U は M が w を拒否することを発見する $\}$ が $\mathrm{TIME}[T_1(n)]$ に属さないことを示せ．

問題 3.5 言語 D を

$$\{\mathcal{E}(M) \mid M \text{ の入力アルファベットは大きさ 2 以上であり，} \\ M \text{ は } \mathcal{E}(M) \text{ を受理する }\}$$

と定義する．このとき，D を認識するチューリング機械が存在することと，D を受理するチューリング機械が存在しないことを証明せよ．

問題 3.6 第 1 時間階層定理を用いて，$\mathrm{TIME}[n^2] \subset \mathrm{TIME}[n^5]$ を証明せよ．

問題 3.7 補題 3.7 の証明で述べたように，時間構成可能関数 $f(n)$，文字 #，および # を含まないアルファベット Σ が与えられたとき，入力 w が $x\#^{f(|x|)-|x|}$，$x \in \Sigma^*$ という形式をしているかどうかを $O(|w|)$ 時間で判定できる．このことを証明せよ．

問題 3.8　$p \geq 1$ かつ $q \geq 0$ であるような任意の有理数の組 (p, q) に対して，$\mathrm{TIME}[n^p(\log n)^q] \subset \mathrm{TIME}[n^p(\log n)^{q+2}]$ が成り立つことを証明せよ．

問題 3.9　$\mathrm{TIME}[n2^n]$ が $\mathrm{TIME}[2^n]$ に真に含まれることを証明せよ．ヒント：$f(n) = 2^n$ と $f(n) = 2^n + n$ の 2 つの関数を用いること．

問題 3.10　補題 3.13 を証明せよ．

問題 3.11　M を停止性の非決定性チューリング機械とするとき，M と同じ言語を受理する停止性の非決定性チューリング機械 N で，すべての入力 x に対して次の性質を満たすものが存在することを示せ．

- $\mathrm{space}_M(x) = \mathrm{space}_N(x)$
- N が受理または拒否するとき，すべてのヘッドは 1 番地にあり，またすべての作業用テープにおいて 0 番地以外のマス目には $\perp$ が書かれている

問題 3.12　非決定性チューリング機械が停止性であり，定数 $\epsilon > 0$ に対して，$(\forall x)\mathrm{time}_M(x) \geq (1+\epsilon)|x|$ を満たすものとする．このとき，M と同じ言語を受理する停止性の非決定性チューリング機械 N で，すべての入力 x に対して次の性質を満たすものが存在することを示せ．

- $\mathrm{space}_M(x) \geq \mathrm{space}_N(x)$
- N が受理または拒否するとき，すべてのヘッドは 1 番地にあり，またすべての作業用テープにおいて 0 番地以外のマス目には $\perp$ が書かれている

問題 3.13　定理 3.11，すなわち，$S(n) \in \Omega(\log n)$，$S'(n) \in \omega(S(n)^2)$，かつ，$S'(n)$ が領域構成可能のとき，$\mathrm{NSPACE}[S(n)] \subset \mathrm{NSPACE}[S'(n)]$ が成り立つことを証明せよ．

問題 3.14　補題 3.13 と定理 3.11 を用いて，$1 \leq c < d$ なる任意の定数 c, d に対して $\mathrm{NSPACE}[n^c] \supset \mathrm{NSPACE}[n^d]$ であることを証明せよ．

問題 3.15　$\mathrm{NTIME}[n^2] \subset \mathrm{SPACE}[n^2 \log n]$ を証明せよ．

問題 3.16 $\mathrm{NSPACE}[n] \subset \mathrm{TIME}[2^n \log n]$ を証明せよ．

問題 3.17 $\mathrm{NPSPACE} = \mathrm{PSPACE}$ を証明せよ．

問題 3.18 $f(n)$，$T_1(n)$，$T_2(n)$ が $\omega(n)$ に属し，$f(n)$ が時間構成可能で，かつ，$\mathrm{NTIME}[T_1(n)] = \mathrm{TIME}[T_2(n)]$ であれば，

$$\mathrm{NTIME}[T_1(f(n))] = \mathrm{TIME}[T_2(f(n))]$$

が成り立つことを示せ．

問題 3.19 演習問題 3.18 の結果を用いて，$\mathrm{NP} = \mathrm{P} \Rightarrow \mathrm{NEXPTIME} = \mathrm{EXPTIME}$ を証明せよ．

問題 3.20 定義から $\mathrm{L} \subseteq \mathrm{NL}$，また，サヴィッチの定理から $\mathrm{NL} \subseteq \mathrm{SPACE}[(\log n)^2]$ がわかっている．この 2 つの包含関係のうち，少なくとも一方が真であることを示せ．

問題 3.21 NL が積のもとで閉じていること，すなわち，任意の $A, B \in \mathrm{NL}$ に対して $A \cap B \in \mathrm{NL}$ であることを証明せよ．

問題 3.22 NL が和のもとで閉じていること，すなわち，任意の $A, B \in \mathrm{NL}$ に対して $A \cup B \in \mathrm{NL}$ であることを証明せよ．

問題 3.23 NP が積のもとで閉じていることを証明せよ．

問題 3.24 NP が和のもとで閉じていることを証明せよ．

問題 3.25 すべての時刻において，どのヘッドも右か左に動かなければならないチューリング機械のモデルを考える．このモデルを用いて，本書で扱っているようなヘッドが動かなくてもよいモデルを模倣したときに，たかだか 1 ステップ余計に動作するだけで済むことを証明せよ．

ノート

サヴィッチの定理は Savitch によって証明された [33]．移行補題は Ruby と

Fischer によって証明された [32]．非決定性領域補集合の定理は Immerman と Szelepscényi によって独立に証明された（[14] および [41]）．第 2 時間階層定理は Hennie と Steans による結果である [12]．なお本書では解説しなかったが，非決定性時間計算量クラスの分離に関してはおおまかに言って，一方が他方よりも速く増加すれば分離可能であることがわかっている．そのような分離に関するもっとも強い結果は，Seiferas，Fischer，Meyer によって証明されている [37].

第4章

NP完全問題

4.1　還元可能性と完全問題

ここでは，多項式時間および対数領域の還元可能性を定義し，完全問題の概念を導入する．

4.1.1　還元可能性

ここで，関数を計算するチューリング機械の概念を導入する．**チューリング変換器**（Turing machine transducer）とは，通常のチューリング機械に**出力テープ**（output tape）をつけ加えたものである．出力テープは書き込み専用であり，書き込まれるのは**出力用アルファベット**（output alphabet）の文字である．出力テープへの書き込みは**出力ヘッド**（output head）を通して行なわれる．出力ヘッドは現在位置のマス目に書き込むことはできるが，マス目の内容を読むことはできない．出力ヘッドは左隣りのマス目へ移動することができず，現在いるマス目に文字を書き込んで右隣りのマス目に移動するか，何も書かずにその場にとどまるか，のどちらかしかできない．これは，いちどヘッドがマス目を離れてしまうと，そのマス目には戻ることができないということを意味する．入力テープや作業用テープと同様，出力テープの0番地のマス目には$\vdash$が書かれている．また，初期状態での出力ヘッドの番地は1である．

Λを出力アルファベットとしてもつチューリング変換器Mを数学的に表現するには，通常のチューリング機械の数学的表現にΛを加えた8個組，

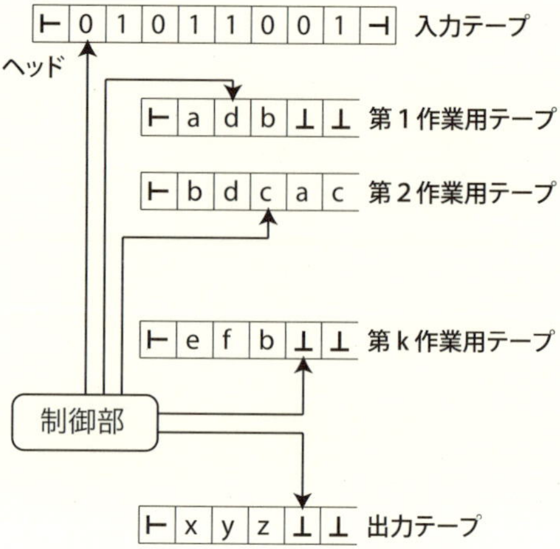

図 4.1　チューリング変換器の例

この時点で受理するとするならば，出力は xyz である．

$M = (Q, \Sigma, \Gamma, \Lambda, \delta, q_0, q_{\mathrm{acc}}, q_{\mathrm{rej}})$ を用いる．M が k 個の作業用テープをもつとすると，その遷移関数 δ は $Q \times \tilde{\Sigma} \times \tilde{\Gamma}^k$ から $Q \times \tilde{\Gamma}^k \times D^{k+1} \times \Lambda'$ への関数である．ここで，Λ' は $\Lambda \cup \{-\}$ である．δ が

$$\delta(p, a, b_1, \cdots, b_k) = (p', b_1', \cdots, b_k', d_0, d_1, \cdots, d_k, e)$$

という対応づけをするとき，右辺の最後の要素 e を除いた部分は，通常のチューリング機械のときと同様に解釈される．最後の e については，それが $-$ であれば出力ヘッドに動きがないことを意味し，$-$ 以外であれば e が出力テープに書き込まれて出力ヘッドが右隣りのマス目に移動することを意味する．

チューリング変換器 M の**出力**（output）は，次のように定める．まず，入力 x に対して M が拒否すれば，出力テープの内容にかかわらず M の出力は不定であるとする．一方，入力 x に対して M が受理すれば，M の停止時刻において出力テープ上の $\vdash$ と現在のヘッドの位置のあいだに書かれている文字列を M の出力と定める．このようにして定義される M の出力を $M(x)$ で表わすと，M はチューリング機械であるとともに，Σ^* から Λ^* への部分関数（partial function）となる．

f を，Σ^* の部分集合 S から Λ^* への関数とし，M を，Σ を入力アルファベットとしてもち，Λ を出力アルファベットとしてもつチューリング変換器で，次の 2 条件を満足するものとする．

- Σ^* の任意の要素 x に対して，$x \notin S$ ならば $M(x)$ は不定である（つまり，M は通常のチューリング機械として S を受理する）．
- Σ^* の任意の要素 x に対して，$x \in S$ ならば $M(x) = f(x)$ である．

このとき，M は f を**計算する**（M computes f）という．

チューリング変換器 M に対し，その計算時間 time_M と計算領域 space_M を，これまでと同様に定義する．計算領域の評価には，作業用テープにおいて使用されるマス目のみを勘定し，出力の長さは考慮しない．このチューリング変換器に関する time_M と space_M の概念を用いて，**関数の計算量**（complexity of function）を以下のように定義する．

定義 4.1 $T(n)$ を $\mathbf{N}$ から $\mathbf{N}$ への関数とする．関数 f が $\boldsymbol{T(n)}$ **時間計算可能**である（$T(n)$ time computable）とは，f を計算する $T(n)$ 時間限定のチューリング機械が存在することをいう．

定義 4.2 $\mathcal{F}$ を $\mathbf{N}$ から $\mathbf{N}$ への関数のクラスとする．関数 f が $\boldsymbol{\mathcal{F}}$ **時間計算可能**である（$\mathcal{F}$ time computable）とは，$\mathcal{F}$ に属するある関数 $T(n)$ に対して f が $T(n)$ 時間計算可能であることをいう．

定義 4.3 $S(n)$ を $\mathbf{N}$ から $\mathbf{N}$ への関数とする．関数 f が $\boldsymbol{S(n)}$ **領域計算可能**である（$S(n)$ space computable）とは，f を計算する $S(n)$ 領域限定のチューリング機械が存在することをいう．

定義 4.4 $\mathcal{F}$ を $\mathbf{N}$ から $\mathbf{N}$ への関数のクラスとする．関数 f が $\boldsymbol{\mathcal{F}}$ **領域計算可能**である（$\mathcal{F}$ space computable）とは，$\mathcal{F}$ に属するある関数 $S(n)$ に対して f が $S(n)$ 領域計算可能であることをいう．

上記の定義において，$\mathcal{F}$ を特定することにより多種の関数計算量クラスを定義することができるが，本書では次の 2 種類 FP と FL のみを考える．

定義 4.5　1. FP は**多項式時間計算可能**（polynomial-time computable）である関数全体の集合である．

2. FL は**対数領域計算可能**（logarithmic-space computable）である関数全体の集合である．

命題 4.6　FP は合成のもとで閉じている．すなわち，$f : X \to Y$ と $g : Y \to Z$ が FP に属する関数であるとき，$h(x) = g(f(x))$ は FP に属する．

証明　関数 f が多項式時間限定 k 作業用テープチューリング機械 M_f によって，また関数 g が多項式時間限定 ℓ 作業用テープチューリング機械 M_g によって計算されると仮定する．いま，M_h を，入力 x に対して次のように動作する $k + \ell + 1$ 作業用テープチューリング変換器とする．

段階 1　入力 x に対する M_f の動きを模倣する．その際，第 1 から第 k までの作業用テープを M_f の作業用テープとして使用し，また第 $k + \ell + 1$ 作業用テープを M_f の出力テープとして使用する．

段階 2　第 $k + \ell + 1$ テープ上の文字列が入力文字列であると仮定して M_g の動きを模倣する．その際，第 $k + 1$ から第 $k + \ell$ までの作業用テープを M_g の作業用テープとして使用し，M_g の出力は出力テープに 1 文字ごとに書き出す．

このとき，M_h が正しく h を計算すること，および，M_h が多項式時間限定であることは明らかである（演習問題 4.1 参照）．したがって，FP は合成のもとで閉じている．❑

命題 4.7　FL は合成のもとで閉じている．すなわち，$f : X \to Y$ と $g : Y \to Z$ が FL に属する関数であるとき，$h(x) = g(f(x))$ は FL に属する．

証明　関数 f が対数領域限定 k 作業用テープチューリング機械 M_f によって，また関数 g が対数領域限定 ℓ 作業用テープチューリング機械 M_g によって計算されるものとする．

このとき，h を計算するチューリング機械 M_h を構成する．先の命題 4.7 の証明のように，$f(x)$ をいったん計算してから $g(f(x))$ を計算しようとすると，

$f(x)$ を書き留めておくのに対数以上の領域が必要になる可能性がある（演習問題 4.2 参照）．そこで，入力ヘッドの位置 A を記憶しながら M_g を模倣して，入力ヘッドが動くたびに M_f を初期状態から模倣して，M_g の入力の A 番目の文字，すなわち，M_f の A 文字目の出力を計算することにする．

具体的には，M_h は次に述べるような $(k+\ell+2)$ 作業用テープチューリング変換器である．M_h の作業用テープの k 本は M_f のため，ℓ 本は M_g のため，1 本は M_g の入力ヘッドの位置 A を記憶するため，最後の 1 本が M_f の出力文字数 B をかぞえるためのものである．A と B は，第 2 章（p.17）に登場した M_{exp2} のように，i 番地の位置の文字が 2^{i-1} のビットに対応するような 2 進文字列で表わし，$\perp$ は 0 として取り扱うものとする．また，M_h の出力テープは M_g の出力テープとして取り扱う．さて，M_h は入力 x に対して A の値を 1 に設定したあと，次の作業を行なう．

段階 1　$A=0$ ならば c の値を $\vdash$ に設定して段階 5 に進む．

段階 2　A を B にコピーする．M_f に対応する作業用ヘッドが到達したマス目のすべてに $\perp$ を書く．それから，すべての作業用ヘッドと入力ヘッドを 1 番地に戻す．

段階 3　M_f の模倣を行なう．M_f が 1 文字出力するごとに，その文字を c に記憶して B の値を 1 減らす．$B=0$ になるか M_f が停止したら，段階 4 に進む．

段階 4　$B>0$（$B>0$ の場合は $B=1$ である）ならば，c の値を $\dashv$ に設定する．

段階 5　M_g の入力ヘッドが指している文字が c であるとして，M_g を 1 ステップ模倣する．M_g が入力ヘッドを右に動かすのならば A を 1 増やし，左に動かすのならば A の値を 1 減らす．M_g の入力ヘッドが動かないのならば A の値は変えない．

段階 6　M_g が停止したら受理し，そうでなければ段階 1 に戻る．

このプログラムによって h が正しく計算されることは明らかである．M_f の出力の長さは多項式で限定されているので（演習問題 4.2 参照），A と B ともに $O(\log|x|)$ ビットあれば十分である．したがって，M_h が必要とする領域は

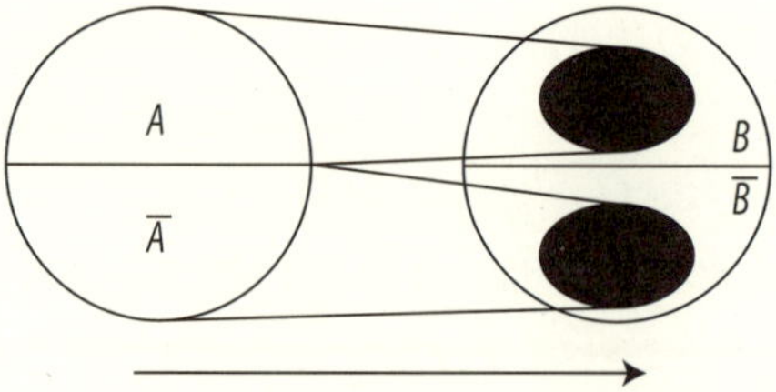

図 4.2　多対一還元のようす
右側の塗りつぶされた部分が還元の像である.

$O(\log n)$ である. ゆえに, h は対数領域計算可能な関数である.

以上で $h \in \mathrm{FL}$ であることが証明された. ❑

定義 4.8　言語 $A \subseteq \Sigma^*$ が言語 $B \subseteq \Lambda^*$ に**多項式時間多対一還元可能** (polynomial-time many-one reducible) であるとは, FP に属する関数 $f : \Sigma^* \to \Lambda^*$ が存在して, すべての $x \in \Sigma^*$ に対して,

$$x \in A \iff f(x) \in B$$

が成り立つことをいう. つまり, f は多項式時間計算可能関数で, A の任意の要素を B の要素に, $\overline{A}$ の任意の要素を $\overline{B}$ の要素に写す.

このような性質をもつ f を, A から B への**多項式時間多対一還元** (polynomial-time many-one reduction) とよぶ. A が B に多項式時間多対一還元可能であることを, 式 $A \leq_{\mathrm{m}}^{p} B$ を用いて表わす.

図 4.2 は, 多対一還元が A と B 要素をどのように結びつけるかを図式化したものである.

定義 4.9　言語 $A \subseteq \Sigma^*$ が言語 $B \subseteq \Lambda^*$ に**対数領域多対一還元可能** (logarithmic-space many-one reducible) であるとは, FL に属する関数 $f : \Sigma^* \to \Lambda^*$ が存在して, すべての $x \in \Sigma^*$ に対して,

$$x \in A \iff f(x) \in B$$

が成り立つことをいう. つまり, f は対数領域計算可能関数で, A の任意の要素を B の要素に, $\overline{A}$ の任意の要素を $\overline{B}$ の要素に写す.

また，このような f を，A から B への**対数領域多対一還元**（logarithmic-space many-one reduction）とよぶ．A が B に対数領域多対一還元可能であることを，式 $A \leq_{\mathrm{m}}^{\log} B$ で表わす．

定義から，次の命題が自明に成り立つ（証明は演習問題 4.3 参照）．

命題 4.10　$A \leq_{\mathrm{m}}^{\log} B$ ならば $A \leq_{\mathrm{m}}^{p} B$ である．

4.1.2　多対一還元可能性の性質

多対一還元可能性は集合間の 2 項関係とみなすことができ，次のような性質をもつ．

命題 4.11　多項式時間多対一還元可能性と対数領域多対一還元可能性は，どちらも反射律と推移律を満たす．

証明　（反射律に関する証明）　$A \subseteq \Sigma^*$ とする．Σ^* 上の**恒等関数** id は，すべての入力 $x \in \Sigma^*$ に対して x を x 自身に写す関数である．明らかに，すべての $x \in \Sigma^*$ に対し，

$$x \in A \iff \mathrm{id}(x) \in A$$

が成り立つ．また，id を計算するには入力を出力テープにコピーするだけでよいから，id は対数領域計算可能であり，したがって，多項式時間計算可能である．よって，$A \leq_{\mathrm{m}}^{\log} A$ および $A \leq_{\mathrm{m}}^{p} A$ が成り立ち，2 つの還元可能性は反射律を満たす．

（推移律に関する証明）　$A \subseteq \Sigma^*$，$B \subseteq \Gamma^*$，$C \subseteq \Lambda^*$ とする．f を A から B への多対一還元，g を B から C への多対一還元とする．このとき，関数 $h : \Sigma^* \to \Lambda^*$ を，

$$\text{すべての } x \in \Sigma^* \text{ に対し，} h(x) = g(f(x))$$

と定義する．仮定から，$(\forall x \in \Sigma^*)[x \in A \iff f(x) \in B]$ かつ $(\forall y \in \Gamma^*)[y \in B \iff g(y) \in C]$ である．したがって，Σ^* に属するすべての x に対して，$x \in A$，$f(x) \in B$，$g(f(x)) \in C$ という 3 条件はたがいに同値である．

$h(x) = g(f(x))$ であるから，

$$(\forall x \in \Sigma^*)[x \in A \iff h(x) \in C]$$

が成り立つ．したがって，h は A から C への多対一還元である．命題 4.6 および命題 4.7 により，f と g がどちらも多項式時間計算可能であれば h も多項式時間計算可能であり，f と g がどちらも対数領域計算可能であれば h も対数領域計算可能である．ゆえに，$\leq_{\mathrm{m}}^{p}$ と $\leq_{\mathrm{m}}^{\log}$ は推移律を満たす． ❑

$\leq_{\mathrm{m}}^{p}$ と $\leq_{\mathrm{m}}^{\log}$ が推移律を満たすという結果は，次のように言い換えることができる．

系 4.12　$\leq_{\mathrm{m}}^{p}$ と $\leq_{\mathrm{m}}^{\log}$ はそれぞれ合成のもとで閉じている．

$\mathcal{C}$ を言語クラス，$\leq_R$ を還元可能性とするとき，$\mathcal{C}$ が**還元可能性 $\leq_R$ のもとで閉じている**（closed under reducibility $\leq_R$）とは，$\mathcal{C}$ の言語に $\leq_R$ 還元可能な言語はすべて $\mathcal{C}$ に属すること，すなわち，$\mathcal{U}$ をあらゆる言語からなる族とするとき，

$$(\forall A \in \mathcal{U})[(\exists B \in \mathcal{C})[A \leq_R B] \Rightarrow A \in \mathcal{C}]$$

が成り立つことをいう．

次の命題は，ほぼ自明である．

命題 4.13　NP，coNP，PSPACE，EXPTIME，NEXPTIME は，$\leq_{\mathrm{m}}^{p}$ のもとで閉じている．

命題 4.6 の証明では，入力ヘッドの位置を記憶しながら，必要に応じて入力ヘッドの位置にある入力の文字を生成した．同じ手法を用いて，次の命題を証明することができる（演習問題 4.4 参照）．

命題 4.14　NL および P は $\leq_{\mathrm{m}}^{\log}$ のもとで閉じている．

ここで，還元可能性を用いて，**完全問題**（complete problem）の概念を導入する．

ある数学的な機構 S に対し，S の任意の要素 x を入力として与えられたと

きに，x がある性質 Q をもつかどうかを決定する問題を**判定問題**（decision problem）という．これは，S の要素を文字列として表現することによって，言語の判定問題として取り扱うことができる．言語クラス $\mathcal{C}$ の完全問題とは，そのクラスの中で本質的に判定がもっともむずかしい判定問題である．

定義 4.15 $\mathcal{C}$ をクラス NP，coNP，PSPACE，EXPTIME，NEXPTIME，coNEXPTIME のいずれかであるとする．言語 A が $\boldsymbol{\mathcal{C}}$ **困難**（$\mathcal{C}$-hard）であるとは，$\mathcal{C}$ のあらゆる言語 L に対して，$L \leq_{\mathrm{m}}^{p} A$ が成り立つことである．

定義 4.16 $\mathcal{C}$ が NL または P であるとする．言語 A が $\boldsymbol{\mathcal{C}}$ **困難**（$\mathcal{C}$-hard）であるとは，$\mathcal{C}$ のあらゆる言語 L に対して，$L \leq_{\mathrm{m}}^{\log} A$ が成り立つことである．

定義 4.17 $\mathcal{C}$ が NL，P，NP，coNP，PSPACE，EXPTIME，NEXPTIME，coNEXPTIME のいずれかであるとする．言語 A が $\boldsymbol{\mathcal{C}}$ **完全**（$\mathcal{C}$-complete）であるとは，$A \in \mathcal{C}$ かつ A が $\mathcal{C}$ 困難であることである．

4.2 SAT と NP 完全問題

前節で完全性の概念を定義したが，完全性の概念のうちでもっとも頻繁に議論されるのが，**NP 完全性**（NP-completeness）の概念である．

NP 完全問題の大きな特徴のひとつは，ある NP 完全問題が多項式時間の解法をもてば，それを使って，あらゆる NP の問題を多項式時間で解くことができる．この性質をもう少し詳しく以下に説明する．いま，ある NP 完全問題 C に対して，それを多項式時間で解くチューリング機械 M が存在したとする．そして，A を NP の任意の判定問題とする．C は NP 完全であるから，A から C への多項式時間多対一還元 f が存在する．そこで，任意の入力 x に対して次のように動作する決定性チューリング機械 N を考える．

段階 1 $y = f(x)$ を求める．

段階 2 M を入力 y に対して実行する．

段階 3 M が受理するなら受理し，M が拒否するなら拒否する．

f は多項式時間多対一還元なので，ある多項式 $p(n)$ に対して，$p(n)$ 時間計算可能である．したがって，y の長さは $p(|x|)$ で押さえられる．そして，M は多項式時間限定であるから，N の段階 2 における計算時間は $|y|$ のある多項式 $q(|x|)$ で押さえられる．したがって，N の計算時間は $p(|x|) + q(p(|x|))$ の定数倍で押さえられる．$q(p(n))$ はやはり多項式であるから，N は多項式時間限定である．よって，A は多項式時間で解くことができる．

ここで，多項式時間の計算は簡単であるという立場をとることにすると，NP 完全問題のいずれかが容易に解ければ NP のあらゆる問題が容易に解ける，という性質が成り立つ．この性質が，NP 完全問題の研究を有益なものとする．

4.2.1　SAT の定義

SAT 問題あるいは**充足可能性問題**（satisfiability problem）は，命題論理式が，その値を真にするような変数への真偽の設定をもつかどうかを判定する問題であり，NP 完全問題の代表格である．

命題論理（propositional logic）とは，論理変数と，論理変数上の関数である，論理の積 $\wedge$，論理の和 $\vee$，論理の否定から構成される，論理式全体からなる集まりである．命題論理式は次のように再帰的に定義される．

1. x を変数とするとき，式 (x) および $(\neg x)$ は命題論理式である．これらはそれぞれ，**正のリテラル**（positive literal），**負のリテラル**（negative literal）とよばれる．
2. φ を命題論理式とするとき，$(\neg\varphi)$ は命題論理式である．
3. 2 以上の自然数 k と k 個の命題論理式 $\varphi_1, \cdots, \varphi_k$ に対して，$(\varphi_1 \wedge \cdots \wedge \varphi_k)$ と $(\varphi_1 \vee \cdots \vee \varphi_k)$ はそれぞれ命題論理式である．

x を変数とするとき，命題論理式中に現われる (x) は単に x と表わしてよく，$(\neg x)$ および $(\neg(x))$ は $\neg x$ と表わしてよい．また，$\neg x$ の代わりに $\overline{x}$ と表わすこともよくある．

命題論理式に対する**真偽設定**（truth assignment）とは，命題論理式に現われる変数のそれぞれに**真**（true）または**偽**（false）の値を与えるものである．ただし，真の代わりに 1 を，偽の代わりに 0 を使うことがよくある．真偽設定 $\mathcal{A}$ と変数 x に対して，$\mathcal{A}(x)$ で $\mathcal{A}$ が x が与える値を表わす．

命題論理式 φ に対して真偽設定 $\mathcal{A}$ が与えられたとき，φ の値は次のようにして一意に定まり，これを $\varphi(\mathcal{A})$ で表わす．$\varphi(\mathcal{A})$ の値は以下のように定まる．

1. 変数 x に対して $\varphi = (x)$ であれば，$\varphi(\mathcal{A}) = \mathcal{A}(x)$ である．
2. $\varphi = (\neg(\psi))$ であるとき，$\varphi(\mathcal{A}) = \neg\psi(\mathcal{A})$ である．
3. $\varphi = (\psi_1 \wedge \psi_2)$ であるとき，$\varphi(\mathcal{A}) = \psi_1(\mathcal{A}) \wedge \psi_2(\mathcal{A})$ である．
4. $\varphi = (\psi_1 \vee \psi_2)$ であるとき，$\varphi(\mathcal{A}) = \psi_1(\mathcal{A}) \vee \psi_2(\mathcal{A})$ である．

命題論理式 φ に対し，その値を 1（すなわち，真）とするような真偽設定が存在するとき，φ は**充足可能**（satisfiable）であるという．φ が充足可能でないとき，φ は**充足不可能**（unsatisfiable）であるという．また，命題論理式を真にする真偽設定を，**充足真偽設定**（satisfying truth assignment または satisfying assignment）という．

さらに，命題論理式に現われる一部の変数に値を設定するものを，**部分真偽設定**（partial truth assignment）という．変数の集合 X に対し，X の変数に対する真偽設定全体の集合を $\mathcal{ASS}(X)$ で表わす．すると，X に対する部分真偽設定は，X の部分集合に対する真偽設定である．$\mathcal{A}$ を命題論理式 φ の部分真偽設定とするとき，$\varphi(\mathcal{A})$ は，$\mathcal{A}$ が定める真偽設定を φ にほどこすことによって生成される命題論理式を表わす．

さて，SAT 問題は次のように定義される．

$$\mathrm{SAT} = \{\varphi \mid \varphi \text{ は命題論理式でかつ充足可能である}\}$$

言語として SAT を取り扱うには，命題論理式を文字列として表現しなければならないが，ここでは次のような表現を使用することにする．まず，式に登場する変数に $x_1, x_2, \cdots$ のように通し番号をふる．そして，変数 x_i を，文字 x の後ろに i の 2 進表現をつけた形で表わす．また，命題論理式に現われるそれ以外の記号，すなわち，両方の括弧，$\neg$，$\vee$，$\wedge$ をそれぞれ文字とみなす．すると，

$$x,\ 0,\ 1,\ (,),\ \wedge\ ,\ \vee\ ,\neg$$

という 8 個の文字からなるアルファベットで，命題論理式をきわめて自然な形で表わすことができる．さらに，それらの 8 個の文字を，3 ビットの 2 進文字列で表わせば，命題論理式を 2 進文字列で表現できる．

この命題論理式の表現方法を用いると，φ の 2 進表現の長さ $|\varphi|$ はどれくら

いになるであろうか．φ に現われる変数の数が n であり，リテラルの総数が ℓ であるとする．どの変数も少なくともいちどは φ に出現すると仮定してよいから，$n \leq \ell$ が成り立つ．また，φ が二重括弧 $(())$ や二重否定 $\neg\neg$ を含まないと仮定してよい（前者は命題論理の再帰的定義から不可能，後者は $\neg(\neg(A))$ のような場合だが，それは簡単に取り除くことができる）．φ に現われる可能性のあるリテラルでもっとも長いものは $\neg x_n$ である．n の 2 進表現はたかだか $\log(n) + 1$ ビットである．大きさ 8 のアルファベットから 2 進アルファベットに移行した際に長さが 3 倍になるので，$\neg x_n$ の長さはたかだか $3(\log(n) + 2)$ である．これらのリテラルを組み合わせるのに，たかだか $\ell - 1$ 個の括弧の対と，$\ell - 1$ 個の $\vee$ または $\wedge$，たかだか $\ell - 1$ 個の $\neg$ が使われる．したがって，$|\varphi|$ はたかだか

$$3\ell(\log(n) + 2) + 12(\ell - 1) = 3\ell(\log(n) + 6) - 12 \leq 18\ell \log(\ell)$$

である．一方，φ の表現がもっとも短くなるのは，それが $(x_1 \vee \cdots \vee x_1)$ という形であるときで，その長さは

$$3(3\ell + 1) \geq 9\ell$$

である．つまり，

$$\varphi \in \Omega(\ell) \cap O(\ell \log(\ell)) \tag{4.1}$$

である．

いま，この 2 進文字列での命題論理式の表現を用いて SAT を次のように定義しなおす．

定義 4.18　SAT $= \{w \mid w$ は充足可能な命題論理式を表わす 2 進文字列である $\}$ と定める．

4.2.2　SAT の NP アルゴリズム

SAT が NP 完全であることを証明するには，SAT が NP に属することと，SAT が NP 困難であることを証明しなければならない．

SAT が NP に属することの証明は簡単である．入力文字列 w に対して，次のような動作をするチューリング機械 M を考える．

段階 1 w が 2 進文字列として命題論理式を表わしているかどうかをチェックする．w の表現が正しくなければ w を拒否する．

φ を w の表わす命題論理式，$x_1, \cdots, x_n$ を φ の変数として，以下を実行する．

段階 2 非決定性の動きを使って，n ビットの 2 進文字列 $b = b_1 \cdots b_n$ を構成し，b から真偽設定 $\mathcal{A}$ を

- 1 以上 n 以下の自然数 i に対して，$\mathcal{A}(x_i) = b_i$

と定める．

段階 3 $\varphi(\mathcal{A})$ を次のようにして評価する．

段階 3a 1 以上 n 以下のすべての i に対して，φ に現われるすべての x_i を b_i の値で置き換え，すべての $\neg x_i$ を $1 - b_i$ の値で置き換える．

段階 3b φ が 0 または 1 に単純化されるまで，次をくり返す．

段階 3b-i φ が (0) を含むなら，それらをすべて 0 に置き換える．

段階 3b-ii φ が (1) を含むなら，それらをすべて 1 に置き換える．

段階 3b-iii φ が $\neg(0)$ を含むなら，それらをすべて 1 で置き換える．

段階 3b-iv φ が $\neg(1)$ を含むなら，それらをすべて 0 で置き換える．

段階 3b-v φ が $(a_1 \vee \cdots \vee a_k)$ という形の式を含み，$a_1, \cdots, a_k$ のいずれかが 1 ならば，$(a_1 \vee \cdots \vee a_k)$ を 1 で置き換える．

段階 3b-vi φ が $(a_1 \vee \cdots \vee a_k)$ という形の式を含み，$a_1, \cdots, a_k$ のすべてが 0 ならば，$(a_1 \vee \cdots \vee a_k)$ を 0 で置き換える．

段階 3b-vii φ が $(a_1 \wedge \cdots \wedge a_k)$ という形の式を含み，$a_1, \cdots, a_k$ のいずれかが 0 ならば，$(a_1 \wedge \cdots \wedge a_k)$ を 0 で置き換える．

段階 3b-viii φ が $(a_1 \wedge \cdots \wedge a_k)$ という形の式を含み，$a_1, \cdots, a_k$ のすべてが 1 ならば，$(a_1 \wedge \cdots \wedge a_k)$ を 1 で置き換える．

段階 4 $\varphi(\mathcal{A})$ の値が真であれば w を受理し，そうでなければ w を拒否する．

このアルゴリズムに要する時間はどれくらいであろうか．段階 1 で行なう判定には，以下に述べるアルゴリズム Check を用いることができる．w を入力文字列とするとき，Check は次のように動作する．

- w に現われる左括弧の数を d，右括弧の数を e とするとき，$d = e$ であり，しかも，1 以上 d 以下のすべての i に対して i 番目の左括弧が i 番目の右括弧よりも先に現われることを確かめる．w がそのような形式でなければ 0 を返す．
- $w = \neg y$ という形式であるなら，CHECK(y) を実行してその値を返す．
- $w = (y)$ という形式で，しかも y がリテラルであれば 1 を返す．
- $w = (y)$ という形式で，しかも y がリテラルでなければ次を実行する．
  - y を左から読んでいき，登場した左括弧と右括弧の数が一致する場所で y を区切る．それによって，y が $w_1 \wedge \cdots \wedge w_k$ という形式，または，$w_1 \vee \cdots \vee w_k$ という形式に書き直せなければ 0 を返す．
  - w_1 から w_k までのそれぞれに対して CHECK を実行し，すべてに対して 1 が返ってくれば 1 を返し，そうでなければ 0 を返す．

CHECK によって w の形式が正しくチェックできることは簡単にわかる．CHECK の実行時間を $T(n)$ で表わすと，$n \geq 2$ のとき $n_1 + \cdots + n_k \leq n - 1$ である正の整数 $n_1, \cdots, n_k$ に対して

$$T(n) \leq \alpha n + T(n_1) + \cdots + T(n_k) + \beta$$

が成り立つ．これを解くと，$T(n) \in O(n^2)$ となる．したがって，段階 1 にかかる時間は $O(|w|^2)$ である．

段階 3 のくり返しにおいて，置き換えの対象を見つけるのには φ の長さに比例した時間がかかり，置き換えが 1 つ行なわれるごとに φ の長さは短くなる．したがって，段階 3 全体を行なうのにかかる時間は $O(|w|^2)$ である．また，段階 2 にかかる時間は $O(n)$ であり，段階 4 にかかる時間は $O(1)$ である．よって，アルゴリズム全体の計算時間は $O(|w|^2)$ である．

一方，このアルゴリズムが，φ が充足可能であるかどうかを非決定的に正しく判定することは自明であるので，SAT $\in$ NP が成り立つ．

命題 4.19　SAT は NP に属する．

4.2.3 SAT の NP 困難性

こんどは，SAT が NP 困難であることを証明するが，これには少々手間がかかる．

$N = (Q, \Sigma, \Gamma, \delta, q_0, q_{\mathrm{acc}}, q_{\mathrm{rej}})$ を任意の多項式時間限定の正規化された非決定性チューリング機械とする．このチューリング機械に対して，命題 3.3 で行なったような，作業用テープをすべて 1 つにまとめた模倣を行なうと，計算時間は元の 2 乗程度にひき延ばされる．そもそも N は多項式時間限定であるから，この作業用テープがただ 1 つであるチューリング機械も多項式時間限定となる．そこで，N には作業用テープがただ 1 つだけあると仮定してよい．そして，多項式 $n^k + k$ を N の計算時間の上限とする．便宜上，q_{acc} または q_{rej} に遷移した場合，N は停止せず，そのままの状態を保ちつづけるものとする．

n を任意の自然数，$x = x_1 \cdots x_n \in \Sigma^n$ を N に与えられた長さ n の入力，T を $n^k + k$ とする．Q の要素を $p_1, \cdots, p_C$ で表わし，$p_1 = q_0$ かつ $p_2 = q_{\mathrm{acc}}$ であるとする．また，Γ の要素を $a_1, \cdots, a_D$ で表わし，$a_1 = \perp$ であるとする．そして，1 以上 T 以下の自然数 i に対して，以下の論理変数を導入する．

- $\mathrm{IPos}(i,j) : 0 \le j \le n+1$．$\mathrm{IPos}(i,j) = 1$ は時刻 i における入力ヘッドの位置が j であることを，$\mathrm{IPos}(i,j) = 0$ はそれが j 以外であることを意味する．
- $\mathrm{WPos}(i,j) : 0 \le j \le T$．$\mathrm{WPos}(i,j) = 1$ は時刻 i における作業用ヘッドの位置が j であることを，$\mathrm{WPos}(i,j) = 0$ はそれが j 以外であることを意味する．
- $\mathrm{Sta}(i,j) : 1 \le j \le C$．$\mathrm{Sta}(i,j) = 1$ は時刻 i における N の状態が p_j であることを，$\mathrm{Sta}(i,j) = 0$ はそれが p_j 以外であることを意味する．
- $\mathrm{WChar}(i,j,k) : 1 \le j \le T$，$1 \le k \le D$．$\mathrm{WChar}(i,j,k) = 1$ は時刻 i における作業用テープの j 番地の内容が a_k であることを，$\mathrm{WChar}(i,j,k) = 0$ はそれが a_k 以外であることを意味する．

これらの変数全体を Ξ で表わす．目標は，これらの変数を組み合わせて，次の性質をもつ命題論理式 φ_x を構成することである．

任意の $\mathcal{A} \in \mathcal{ASS}(\Xi)$ に対して，
$\varphi_x(\mathcal{A}) = 1$ であるとき，またそのときに限り，
$\mathcal{A}$ は N の入力 x に対する受理計算小路を表わす．

まず，これらの変数に対する真偽設定が N の動きを表わすのであれば，すべての i に対して $\mathrm{IPos}(i,j) = 1$ となる j がちょうど 1 つ存在しなければならない．同じことが WPos と Sta についてもいえるので，これらの条件をまとめて命題論理式 $\mathcal{U}$ をつくる．

$$
\begin{aligned}
\mathcal{U} = \bigwedge_{i:1\le i\le T} \Bigl(&(\mathrm{IPos}(i,0) \vee \cdots \vee \mathrm{IPos}(i,n+1)) \\
&\wedge \bigwedge_{j,j':0\le j<j'\le n+1} (\neg\mathrm{IPos}(i,j) \vee \neg\mathrm{IPos}(i,j')) \\
&\wedge (\mathrm{WPos}(i,0) \vee \cdots \vee \mathrm{WPos}(i,T)) \\
&\wedge \bigwedge_{j,j':0\le j<j'\le T} (\neg\mathrm{WPos}(i,j) \vee \neg\mathrm{WPos}(i,j')) \\
&\wedge (\mathrm{Sta}(i,1) \vee \cdots \vee \mathrm{Sta}(i,C)) \\
&\wedge \bigwedge_{j,j':1\le j<j'\le C} (\neg\mathrm{Sta}(i,j) \vee \neg\mathrm{Sta}(i,j')) \Bigr)
\end{aligned}
\tag{4.2}
$$

また，WChar に関しても，Ξ の真偽設定が N の動きを表わすのであれば，すべての i とすべての j に対して，$\mathrm{WChar}(i,j,k) = 1$ となる k がちょうど 1 つ存在しなければならない．そのことは，次の命題論理式 $\mathcal{C}$ で表わすことができる．

$$
\mathcal{C} = \bigwedge_{i:1\le i\le T} \bigwedge_{j:1\le j\le T} \tag{4.3}
$$

$$
\begin{aligned}
\Bigl(&(\mathrm{WChar}(i,j,1) \vee \cdots \vee \mathrm{WChar}(i,j,D)) \\
&\wedge \bigwedge_{k,k':1\le k<k'\le D} (\neg\mathrm{WChar}(i,j,k) \vee \neg\mathrm{WChar}(i,j,k')) \Bigr)
\end{aligned}
\tag{4.4}
$$

この 2 つの式の積をとってできる論理式 $\mathcal{U} \wedge \mathcal{C}$ は次の性質をもつ．

$\mathcal{ASS}(\Xi)$ に属する任意の真偽設定 $\mathcal{A}$ に対して，
$(\mathcal{U} \wedge \mathcal{C})(\mathcal{A}) = 1$ であるとき，またそのときに限り，
時刻 i において $\mathcal{A}$ は N の時点表示を表わす．

そこで，この $\mathcal{U} \wedge \mathcal{C}$ と，時刻 1 の時点表示が初期時点表示であるという条件を表わす論理式と，1 以上 $T-1$ 以下のすべての時刻 i に対して，$\mathcal{A}$ が表わす時刻 i の時点表示から $\mathcal{A}$ が表わす時刻 $i+1$ の時点表示に 1 ステップで到達できる，という条件を表わす論理式との積をとる．

まず，時刻 1 の時点表示が初期時点表示であるという条件を表わす論理式 $\mathcal{I}$ は

$$\begin{aligned}\mathcal{I} = \mathrm{IPos}(1,1) \wedge \mathrm{WPos}(1,1) \wedge \mathrm{Sta}(1,1)\ \wedge \\ (\mathrm{WChar}(1,1,1) \wedge \cdots \wedge \mathrm{WChar}(1,T,1))\end{aligned} \tag{4.5}$$

である．すでに，$\mathcal{U} \wedge \mathcal{C}$ によって，充足真偽設定がすべての時刻において時点表示を表わすように制限されているので，$\mathcal{I} \wedge \mathcal{U} \wedge \mathcal{C}$ の充足真偽設定は $\mathcal{I}$ に登場しない時刻 $i=1$ に関するすべての変数の値を 0 にしなければならない．

N の時刻 i における遷移を表わす命題論理式は 2 つの部分からなる．一方は，時刻 i における作業用ヘッドの番地が j であれば，j 以外のすべての番地 j' と任意の k に対して，$\mathrm{WChar}(i,j',k)$ の値は時刻 i から時刻 $i+1$ に移るあいだに変化しない，というものである．これは，

$$\begin{aligned}\mathcal{P} = &\bigwedge_{i:1\le i\le T-1} \bigwedge_{j:1\le j\le T} \\ &\Bigl(\mathrm{WPos}(i,j) \Rightarrow \\ &\qquad \bigwedge_{\ell:1\le \ell\le T,\ell\ne j} \bigwedge_{k:1\le k\le D} (\mathrm{WChar}(i,j,k) \equiv \mathrm{WChar}(i+1,j,k))\Bigr)\end{aligned}$$

で表わされる．$A \Rightarrow B$ が $(\neg A \vee B)$ と同値であり，$A \equiv B$ が $(A \Rightarrow B) \wedge (B \Rightarrow A)$ と同値であることに注意すると，$\mathcal{P}$ は

$$\begin{aligned}\bigwedge_{i:1\le i\le T-1} \bigwedge_{j:1\le j\le T} \Bigl(\neg\mathrm{WPos}(i,j) \vee \bigwedge_{\ell:1\le \ell\le T,\ell\ne j} \bigwedge_{k:1\le k\le D} \\ ((\neg\mathrm{WChar}(i,j,k) \vee \mathrm{WChar}(i+1,j,k)) \\ \wedge (\mathrm{WChar}(i,j,k) \vee \mathrm{WChar}(i+1,j,k)))\Bigr)\end{aligned} \tag{4.6}$$

となる．

N の遷移を表わす命題論理式のもう一方は，1 以上 $T-1$ 以下の自然数 i と，

0 以上 $n+1$ 以下の自然数 j と，1 以上 D 以下の自然数 k と，0 以上 T 以下の自然数 ℓ と，そして，1 以上 C 以下の自然数 m に対して

($\star$)　時刻 i において，入力ヘッドが j 番地にあり，作業用ヘッドが ℓ 番地にあり，状態が p_m で，作業用テープの ℓ 番地の内容が（$\ell \geq 1$ の場合に限定される）a_k である

という仮定が成り立つとき，どのような遷移が起こりうるかを命題論理式として表わし，それらすべてを掛け合わせたものである．仮定 ($\star$) は論理式

$$\mathrm{IPos}(i,j) \wedge \mathrm{WPos}(i,\ell) \wedge \mathrm{Sta}(i,m) \wedge \mathrm{WChar}(i,\ell,k) \tag{4.7}$$

である．これを記号 $H(i,j,k,\ell,m)$ で表わす．入力テープの j 番地の内容は，論理変数を使わず，x から直接計算できる．したがって，$H(i,j,k,\ell,m)=1$ が成り立つ場合に起こりうる 2 とおりの遷移は，x と δ から計算できる．いま，その 2 つの選択肢が次のようなものであったとする．

選択肢 1　作業用テープの ℓ 番地の内容は a_{k_1} に変化し，時刻 $i+1$ に移るに際して，入力ヘッドは j_1 番地に移動し，作業用ヘッドは ℓ_1 番地にあり，状態は p_{m_1} になる．

選択肢 2　作業用テープの ℓ 番地の内容は a_{k_2} に変化し，時刻 $i+1$ に移るに際して，入力ヘッドは j_2 番地に移動し，作業用ヘッドは ℓ_2 番地に移動し，状態は p_{m_2} になる．

ただし，j_1 と j_2 は $\{j-1, j, j+1\}$ の要素であり，ℓ_1 と ℓ_2 は $\{\ell-1, \ell, \ell+1\}$ の要素である．すると，この 2 つの選択肢は

$$\mathrm{IPos}(i+1,j_1) \wedge \mathrm{WPos}(i+1,\ell_1) \wedge \mathrm{Sta}(i+1,m_1) \wedge \mathrm{WChar}(i+1,\ell,k_1) \tag{4.8}$$

という式 $V_1(i,j,k,\ell,m)$ と，

$$\mathrm{IPos}(i+1,j_2) \wedge \mathrm{WPos}(i+1,\ell_2) \wedge \mathrm{Sta}(i+1,m_2) \wedge \mathrm{WChar}(i+1,\ell,k_2) \tag{4.9}$$

という式 $V_2(i,j,k,\ell,m)$ とで表わされる．ただし，$\ell = 0$ の場合には，$\mathrm{WChar}(i+1,\ell,k_1)$ と $\mathrm{WChar}(i+1,\ell,k_2)$ はこの 2 つの式には登場しない．す

ると，$H(i,j,k,\ell,m)=1$ であるときの時刻 i における遷移は

$$H(i,j,k,\ell,m) \Rightarrow (V_1(i,j,k,\ell,m) \vee V_2(i,j,k,\ell,m))$$

すなわち，

$$\neg H(i,j,k,\ell,m) \vee V_1(i,j,k,\ell,m) \vee V_2(i,j,k,\ell,m) \qquad (4.10)$$

で表わすことができる．これを，式 $M(i,j,k,\ell,m)$ で表わす．この $M(i,j,k,\ell,m)$ を，あらゆる i, j, k, ℓ, m の組に対して構成して，論理積でつなげたものを $\mathcal{T}$ とする．すなわち，

$$\mathcal{T} = \bigwedge_{i:1\le i\le T-1} \bigwedge_{j:0\le j\le n+1} \bigwedge_{k:1\le k\le D} \bigwedge_{\ell:0\le \ell\le T} \bigwedge_{m:1\le m\le C} M(i,j,k,\ell,m)$$

である．

いま，

$$\psi_x = \mathcal{U} \wedge \mathcal{C} \wedge \mathcal{I} \wedge \mathcal{P} \wedge \mathcal{T}$$

と定める．先の議論から，任意の $\mathcal{A} \in \mathcal{ASS}(\Xi)$ に対して $\psi_x(\mathcal{A})=1$ であるとき，またそのときに限り，$\mathcal{A}$ は N の入力 x における停止計算小路を表わす．実際，N の停止計算小路を 1 つ選んで，その小路での変化に対応するように変数への値の対応を選んでやれば，ψ_x を充足でき，ψ_x が充足可能な場合，ψ_x を真にするような真偽の設定を 1 つ選んでやると，N の入力 x に対する停止計算小路ができる．したがって，

- ψ_x の充足真偽設定全体の集合と，N の入力 x に対する停止計算小路全体の集合とは一対一に対応する．

そこで，N が受理することを指定する論理式

$$(\mathrm{Sta}(T,2)) \qquad (4.11)$$

を ψ_x に加えて，$\varphi_x = (\mathrm{Sta}(T,2) \wedge \psi_x)$ と定義する．すると，次が成り立つ．

- φ_x の充足真偽設定全体の集合と，N の入力 x に対する受理計算小路全体の集合とは一対一に対応する．

したがって，

$$x \in L(N) \iff \varphi_x \text{ は充足可能}$$

が成り立つ.

いま, 関数 f を, 任意の入力 x を φ_x の 2 進表現に対応させるものと定める. 関数 f が多項式時間で計算できることは簡単にわかる. よって, f は $L(N)$ から SAT への多項式時間多対一還元である.

以上の議論から, 次が証明された.

定理 4.20　充足可能性問題 SAT は NP 完全である.

命題論理式 φ が**恒等的に真**（tautology）であるとは, φ の変数に対するいかなる真偽設定も φ の値を真にすることをいう. TAUT を, 命題論理式が恒等的に真かどうかを判定する問題と定める. 任意の命題論理式 φ に対して,

φ が充足不可能であることと, $\neg(\varphi)$ が恒等的に真であることは同値である.

すべての言語 L に対して, $L \in \mathrm{NP}$ であることと, $\overline{L} \in \mathrm{coNP}$ であることが同値であるので, 次の系が成り立つ.

系 4.21　TAUT は coNP 完全である.

4.3　SAT の変形とその NP 完全性

ここでは, SAT の種々の変形について, その NP 完全性を示す.

4.3.1　CNFSAT 問題

命題論理において, 複数のリテラルを論理和 $\vee$ でつなげたものを**和句**（disjunctive clause）, 複数のリテラルを論理積 $\wedge$ でつなげたものを**積句**（conjunctive clause）とよぶ. リテラル 1 つからなる式は, 和句でも積句でもある. 和句および積句においてそれに含まれるリテラルの数を, その大きさ（size of clause）とみなす.

命題論理式 φ が**和積標準形**（conjunctive normal form formula または CNF formula）であるとは，φ がある和句 $C_1, \cdots, C_m$ の積，$C_1 \wedge \cdots \wedge C_m$ であることをいう．命題論理式 φ が**積和標準形**（disjunctive normal form formula または DNF formula）であるとは，φ がある積句 $C_1, \cdots, C_m$ の和，$C_1 \vee \cdots \vee C_m$ であることをいう．

たとえば，

$$
\begin{gathered}
(x_1 \vee x_2 \vee x_3) \wedge (x_1 \vee x_2 \vee \neg x_3) \wedge (x_1 \vee \neg x_2 \vee x_3) \wedge (x_1 \vee \neg x_2 \vee \neg x_3) \\
\wedge (x_4 \vee x_5 \vee x_6) \wedge (x_4 \vee x_5 \vee \neg x_6) \wedge (x_4 \vee \neg x_5 \vee x_6) \wedge (x_4 \vee \neg x_5 \vee \neg x_6) \\
\wedge (x_7 \vee x_8 \vee x_9) \wedge (x_7 \vee x_8 \vee \neg x_9) \wedge (x_7 \vee \neg x_8 \vee x_9) \wedge (x_7 \vee \neg x_8 \vee \neg x_9) \\
\wedge (x_1 \vee x_4 \vee x_7)
\end{gathered}
$$

は，13 個の和句からなる和積標準形の命題論理式である．

CNF 充足可能性問題（CNF satisfiability problem）とは，和積標準形の命題論理式が充足可能かどうかを判定する問題である．

定義 4.22 CNFSAT $= \{\varphi \mid \varphi$ は和積標準形の命題論理式でかつ充足可能である $\}$ と定義する．

いかなる命題論理式も，それと同値である標準形論理式に書き換えられることが知られているが，書き換えによって生じる標準形の論理式の長さは，元の長さによる 2 のベキ乗ほどに大きくなりうる（演習問題 4.7 参照）．しかしながら，定理 4.20 の証明に登場する命題論理式 φ_x の場合，分配法則を用いるだけで，次のような方法で簡単に和積標準形に変換できる．

まず，式 4.2，4.3 および 4.5 を見てみると，$\mathcal{U}$，$\mathcal{C}$，$\mathcal{I}$ はすでに和積標準形であるので変形する必要はない．$\mathcal{P}$ に関しては，式 4.6 に分配法則をあてはめて，

$$
\begin{aligned}
&\bigwedge_{i:1 \leq i \leq T-1} \bigwedge_{j:1 \leq j \leq T} \bigwedge_{\ell:1 \leq \ell \leq T, \ell \neq j} \bigwedge_{k:1 \leq k \leq D} \\
&\Big((\neg \mathrm{WPos}(i,j) \vee \neg \mathrm{WChar}(i,j,k) \vee \mathrm{WChar}(i+1,j,k)) \\
&\wedge (\neg \mathrm{WPos}(i,j) \vee \mathrm{WChar}(i,j,k) \vee \mathrm{WChar}(i+1,j,k)) \Big)
\end{aligned}
$$

と変形すれば，和積標準形となる．この変換において，リテラルの数はたかだか 1.5 倍に増える．

T の積の因子である $M(i,j,k,\ell,m)$ は,

$$\neg H(i,j,k,\ell,m) \vee V_1(i,j,k,\ell,m) \vee V_2(i,j,k,\ell,m)$$

という形式である．$\neg H(i,j,k,\ell,m)$ は大きさ 5 の論理和である．V_1 と V_2 はどちらも論理積で，大きさは双方とも 4 であるか，双方とも 3 である．したがって，$V_1 \vee V_2$ に分配法則をあてはめると，16 または 9 個の大きさ 2 の和句からなる和積標準形に変形される．これらの和句のそれぞれと $\neg H(i,j,k,\ell,m)$ との論理和をとったものが $M(i,j,k,\ell,m)$ と同値な和積標準形である．そこに登場する和句の個数は 16 または 9 で，それぞれ大きさが 7 である．したがって，変換前と比べたリテラルの個数の比率は，たかだか $16 * 7/(5+4+4)$ であり，これはたかだか 9 である．

φ_x はこうして和積標準形に直したものの積に，さらに $\mathrm{Sta}(T,2)$ を掛けたものであるから，この変換によって，φ_x と同値な和積標準形の命題論理式が得られる．そこに登場するリテラルの総数は，φ_x に登場するリテラルの個数のたかだか 9 倍である．したがって，式 4.1 により，この和積標準形の長さは $O(|\varphi_x|^2)$ である．

この和積標準形への変換は，明らかに φ_x の長さの多項式時間でできる．よって，多項式時間限定非決定性チューリング機械 N の受理する言語 $L(N)$ は，CNFSAT へ多項式時間多対一還元可能である．CNFSAT $\subseteq$ SAT かつ命題論理式が和積標準形になっているか否かの判定は容易にできるので，CNFSAT $\in$ NP である．

以上の議論により，次の系が得られたことになる．

系 4.23　CNFSAT は NP 完全である．

4.3.2　*k*CNFSAT 問題

さて，k を 2 以上の整数とするとき，和積標準形論理式で，どの和句も大きさ k であるものを，***k*CNF 命題論理式**（kCNF fomula または k-conjunctive normal form formula）とよぶ．***k*CNFSAT 問題**（kCNFSAT problem）とは，kCNF 命題論理式が充足可能かどうかを判定する問題である．

定義 4.24 kCNFSAT $= \{\varphi \mid \varphi$ は kCNF 標準形の命題論理式で充足可能である $\}$ と定義する.

いま, k を 3 以上の整数とする. φ を任意の CNF 命題論理式, C を φ の任意の和句とする. m を C の大きさ, $\alpha_1, \cdots, \alpha_m$ を C のリテラルとする. このとき, もし $m > k$ であるなら, $d = m - k$ とし, 新しい変数 $\beta_1, \cdots, \beta_d$ を導入し, そして, 1 以上 d 以下の自然数 i について, C 内の $(\alpha_{2i-1} \vee \alpha_{2i})$ を β_i で置き換えて, $\beta_i \equiv (\alpha_{2i-1} \vee \alpha_{2i})$ との論理積をとる. すると, 命題論理式

$$
\begin{aligned}
C' = &(\beta_1 \vee \cdots \vee \beta_d \vee \alpha_{2d+1} \vee \cdots \vee \alpha_m) \\
&\wedge \bigwedge_{i=1}^{d} (\beta_i \equiv (\alpha_{2i-1} \vee \alpha_{2i}))
\end{aligned}
$$

ができあがる. $(u \equiv (v \vee w))$ は

$$
(\neg u \vee v \vee w) \wedge (u \vee \neg v) \wedge (u \vee \neg w)
$$

と同値であるので, C' は

$$
\begin{aligned}
C' = &(\beta_1 \vee \cdots \vee \beta_d \vee \alpha_{2d+1} \vee \cdots \vee \alpha_m) \\
&\wedge \bigwedge_{i=1}^{d} ((\neg \beta_i \vee \alpha_{2i-1} \vee \alpha_{2i}) \wedge (\beta_i \vee \neg \alpha_{2i-1}) \wedge (\beta_i \vee \neg \alpha_{2i}))
\end{aligned}
$$

と和積標準形に書きなおせる.

C の任意の充足真偽設定に,

$$
\bigwedge_{i:1 \leq i \leq d} (\beta_i \equiv (\alpha_{2i-1} \vee \alpha_{2i}))
$$

から導かれる $\beta_1, \cdots, \beta_d$ に対する充足真偽設定をつけ加えたものは, C' の充足真偽設定となる. 逆に, C' の充足真偽設定を $\alpha_1, \cdots, \alpha_m$ に関する部分に限定したものは, C の充足真偽設定となる. よって, C の充足真偽設定の集合と C' のそれとは一対一に対応する.

φ のすべての和句 C に対して, 先の変換をほどこしたものを φ' とする. φ から φ' を求めることは, 明らかに多項式時間で行なうことができる. また, φ' の和句におけるリテラルの個数は, いずれも k 以下である. もし, k 未満のものが 1 つでもあるなら, さらに新しい変数 $\gamma_1, \cdots, \gamma_k$ を導入する. 1 以上 k 以

下の自然数 i に対して，リテラル γ_i または $\neg\gamma_i$ のいずれか 1 つが現われるような和句はちょうど 2^k 個存在し，そのいずれも大きさは k である．それら 2^k 個のうち，$(\gamma_1 \vee \cdots \vee \gamma_k)$ を除いた $2^k - 1$ 個の和句を論理積で結んでできる和積標準形論理式を ξ とすると，ξ の充足真偽設定は $\gamma_1 = \cdots = \gamma_k = 0$ ただ 1 つである．この ξ と φ' との論理積をとる．そして，大きさ d が k 未満である ξ の任意の和句 $(\xi_1 \vee \cdots \vee \xi_d)$ に $\gamma_{d+1} \vee \cdots \vee \gamma_k$ をつけ加えて，すべての和句が大きさ k になるようにする．こうしてできる命題論理式を φ'' とすると，φ'' は kCNF 命題論理式である．

ξ の充足真偽設定は $\gamma_1 = \cdots = \gamma_k = 0$ ただ 1 つであるので，和句の大きさを k にするために足したリテラル $\gamma_{d+1}, \cdots, \gamma_k$ はすべて値が 0 となる．したがって，φ の充足真偽設定の集合と，φ' の充足真偽設定の集合，および φ'' の充足真偽設定の集合は一対一に対応する．φ' から φ'' を求めることは明らかに多項式時間でできるので，次の系が成り立つ．

系 4.25 kCNFSAT は NP 完全である．

kCNFSAT において $k = 3$ としたものを 3SAT と表わす．**3SAT 問題**（3SAT Problem）は NP 完全性の証明に頻繁に使われる問題である．

4.3.3 NAESAT 問題

2 つ以上のリテラルをもつ和句 C の充足真偽設定 $\mathcal{A}$ が，C のリテラルの少なくとも 1 つの値を 0 とするとき，$\mathcal{A}$ はあるリテラルの値を 0 とし，あるリテラルの値を 1 とする．そのような真偽設定を "NOT-ALL-EQUAL" という言葉の頭文字をとって，**NAE 充足真偽設定**（NAE satisfying truth assignment）という．C がただ 1 つのリテラルからなるときには，C の充足真偽設定は NAE 充足真偽設定であるとみなす．

NAESAT 問題（NAESAT Problem）は，CNF 命題論理式が NAE 真偽設定をもつかどうかを判定する問題である．

定義 4.26 NAESAT = $\{\varphi \mid \varphi$ は CNF の命題論理で NAE 真偽設定をもつ$\}$ と定義する．

たとえば,

$$\varphi = (x_1 \vee x_2 \vee x_3) \wedge (x_1 \vee x_2 \vee \neg x_3) \wedge (x_1 \vee \neg x_2 \vee x_3)$$
$$\wedge (x_1 \vee \neg x_2 \vee \neg x_3) \wedge (x_4 \vee x_5 \vee x_6) \wedge (x_4 \vee x_5 \vee \neg x_6) \wedge (x_4 \vee \neg x_5 \vee x_6)$$
$$\wedge (x_4 \vee \neg x_5 \vee \neg x_6) \wedge (x_7 \vee x_8 \vee x_9) \wedge (x_7 \vee x_8 \vee \neg x_9) \wedge (x_7 \vee \neg x_8 \vee x_9)$$
$$\wedge (x_7 \vee \neg x_8 \vee \neg x_9) \wedge (x_1 \vee x_4 \vee x_7)$$

とすると, φ の最初の 4 つの和句すべてを充足するには $x_1 = 1$ でなければならず, 次の 4 つの和句すべてを充足するには $x_4 = 1$ でなければならず, そして, 次の 4 つ和句すべてを充足するには $x_7 = 1$ でなければならない. すると, 最後の句 $(x_1 \vee x_4 \vee x_7)$ はリテラルのすべてについて値が 1 となる. したがって, φ は充足可能であるが, NAE 充足真偽設定はもたず, NAESAT には属さない.

定理 4.27 NAESAT は NP 完全である.

証明 NAESAT が NP 完全であることを証明するには, NAESAT が NP に属することと NAESAT が NP 困難であることを証明しなければならない. NAESAT $\in$ NP であることは自明である (演習問題 4.12 参照). NAESAT が NP 困難であることの証明は, NP 困難である 3SAT から NAESAT への多項式時間多対一還元を構成することによる.

φ を 3CNF の命題論理式 $C_1 \wedge \cdots \wedge C_m$ とする. φ の任意の和句 C に対して, リテラルごとの否定をとったものを $\overline{C}$ で表わす. そして, $\overline{\varphi}$ を φ の和句すべてに対してリテラルごとの否定をとったもの, すなわち, $\overline{C_1} \wedge \cdots \wedge \overline{C_m}$ とする. $\overline{\varphi}$ は φ のすべての変数 x に対して, x と $\neg x$ を入れ換えたものである. よって,

$$\varphi \in \text{3SAT} \iff \overline{\varphi} \in \text{3SAT}$$

が成り立つ. φ の任意の和句 $C = (a \vee b \vee c)$ に対して変数 d を導入して, 命題論理式

$$(d \vee c) \wedge (d \equiv (a \vee b))$$

をつくると, これは和積標準形の論理式

$$(a \vee b \vee \neg d) \wedge (\neg a \vee d) \wedge (\neg b \vee d) \wedge (d \vee c)$$

と同値である．この論理式には，大きさ 2 の和句が 3 個あるので，それらにリテラル ξ を足して，論理式

$$C' = (d \vee c \vee \xi) \wedge (a \vee b \vee \neg d) \wedge (\neg a \vee d \vee \xi) \wedge (\neg b \vee d \vee \xi) \tag{4.12}$$

を構成する．この C' の NAE 充足真偽設定には，次の 2 種類がある．

- $\xi = 0$ かつ，$a = 1$ または $b = 1$ または $c = 1$，かつ $d \equiv a \vee b$ である．
- $\xi = 1$ かつ，$a = 0$ または $b = 0$ または $c = 0$，かつ $\neg d \equiv \neg a \vee \neg b$ である．

つまり，C' の NAE 充足真偽設定は，$\xi = 0$ ならば C を充足し，$\xi = 1$ ならば $\overline{C}$ を充足する．そこで，この C から C' への変換を φ のすべての和句 C に対して，和句ごとに異なる d，e，f と，すべての和句に共通な ξ を使って行なったものを ψ とする．すると，ψ の NAE 充足真偽設定 $\mathcal{A}$ は次の条件を満たす．

- $\mathcal{A}(\xi) = 0$ の場合，$\mathcal{A}$ は φ のすべての和句 C を充足する．
- $\mathcal{A}(\xi) = 1$ の場合，φ のすべての和句 C に対して，$\mathcal{A}$ は $\overline{C}$ を充足する．

したがって，$\mathcal{A}$ は φ の充足真偽設定であるか，$\overline{\varphi}$ の充足真偽設定である．先の議論により，$\varphi \in$ 3SAT であることと $\overline{\varphi} \in$ 3SAT が同値であるので，$\psi \in$ NAESAT $\iff \varphi \in$ 3SAT が成り立つ．

この φ から ψ への還元は，明らかに多項式時間で計算できるので，3SAT$\leq^p_{\mathrm{m}}$NAESAT となる．ゆえに，NAESAT は NP 完全である．❑

4.4 グラフ理論に関する NP 完全問題

前節では，SAT およびその変形が NP 完全であることを証明したが，その結果を基にして，こんどは他の種類の問題が NP 完全であることを証明することができる．それには，次の命題が有効である．

命題 4.28　A が NP 困難かつ $A \leq^p_{\mathrm{m}} B$ であるなら，B は NP 困難である．

証明 f を A から B への多項式時間多対一還元とする．D を NP に属する任意の言語とすると，A が NP 困難であることから，D から A への多項式時間多対一還元 g が存在するはずである．命題 4.11 により，多項式時間多対一還元は推移律を満たすので合成関数 $f(g(\cdot))$ は D から B への多項式時間多対一還元である．したがって，NP の任意の言語は B に多項式時間多対一還元可能となり，これは B が NP 困難であることを意味する． ❑

同様に，次が成り立つ．

命題 4.29 A が NP 完全であり，$A \leq_{\mathrm{m}}^{p} B$ であり，$B \in \mathrm{NP}$ であるなら，B は NP 完全である．

命題 4.29 を用いて問題 B が NP 完全であることを証明するには，$B \in \mathrm{NP}$ であることと，ある NP 完全問題が B に多項式時間多対一還元可能であることを示せばよい．このアイディアを用いて，おそらく何万という実用的な判定問題の NP 完全性が証明されている．本節ではグラフ理論に関する NP 完全問題を，次節では組合せ論に関する NP 完全問題を紹介する．

4.4.1 頂点被覆問題

無向グラフ $G = (V, E)$ とその頂点集合 S が G の**頂点被覆**（vertex cover）であるとは，$V - S$ のどの頂点 u に対しても (u, v) なる v が S に存在することをいう．すなわち，S に含まれない頂点は S のいずれかの頂点に隣接しているということである．**頂点被覆問題**は，無向グラフ G と整数 k に対して，G が

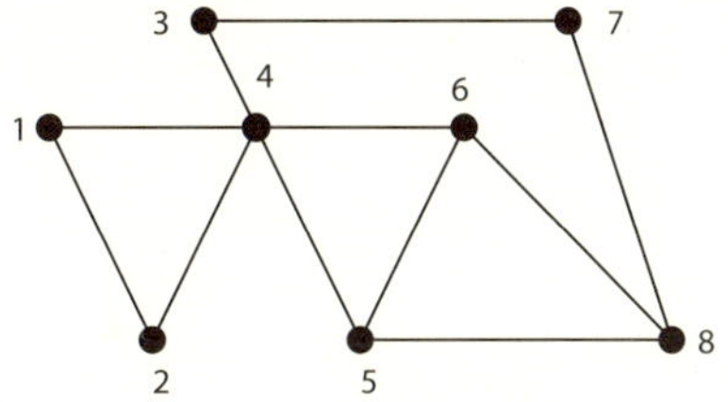

図 4.3 頂点被覆の例

このグラフの頂点被覆のひとつは $\{4, 8\}$ である．

大きさ k 以下の頂点被覆をもつかどうかを判定する問題である．

この問題を言語の判定問題として表わすには，G の**隣接行列**（adjacency matrix）を用いる．グラフ $G=(V,E)$ の頂点集合 V を $\{1,\cdots,n\}$ とするとき，G の隣接行列 $A=(a_{ij})$ は $n\times n$ の $\{0,1\}$ 上の行列であり，その要素 a_{ij} は次のように定義される．

$$a_{ij}=\begin{cases}1 & ((i,j)\in E \text{ のとき})\\ 0 & (\text{それ以外のとき})\end{cases}$$

グラフ G は，隣接行列を使って，2 進文字列

$$1^n0a_{11}\cdots a_{1n}\cdots a_{n1}\cdots a_{nn}$$

で表わすことにする．また，自然数 k は，k の 2 進表現 w を用いて，

$$1^{|w|}0w$$

で表わすことにする．どちらの文字列も，その長さを表わす 1 の列が頭についているので，2 つを単純につなぎ合わせた文字列

$$1^n0a_{11}\cdots a_{1n}\cdots a_{n1}\cdots a_{nn}1^{|w|}0w$$

から，A（すなわち G）も k も自在に引き出すことができる．この文字列を記号 (G,k) で表わすことにし，頂点被覆問題に対応する言語 VC を以下のように定義する．

定義 4.30　$\mathrm{VC}=\{(G,k)\mid G=(V,E)$ は無向グラフ，k は自然数で，G の被覆で大きさが k 以下であるものが存在する $\}$

定理 4.31　VC は NP 完全である．

証明　$\mathrm{VC}\in\mathrm{NP}$ であることは容易に証明できる（演習問題 4.16 参照）．VC が NP 困難であることは，3SAT からの多項式時間多対一還元 f を構成することによって証明する．

w を任意の 2 進文字列とする．w が 3SAT の要素となるためには，w は少なくとも CNF 命題論理式の表現になっていなければならない．そこで，w が 3CNF 命題論理式を表わしているか否かをまず最初に調べる．この判定は多項式時間でできる．もし，w が 3CNF 命題論理式を表わしていないことが判明し

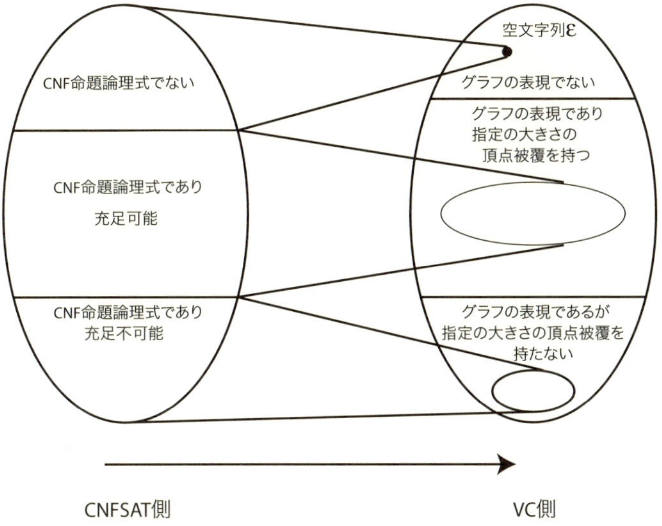

図 4.4 CNFSAT から VC への還元のようす

たら，定義から $w \notin$ 3SAT であるので，$f(w)$ の値を VC に属さないことが自明であるような文字列（たとえば ϵ）と定める．w が 3CNF 命題論理式を表わしている場合には，以下に述べる方法で w に対応する VC の入力 (G, k) を構成する（この多項式時間多対一還元のようすを図 4.4 に示す）．

いま，w が変数 $u_1, \cdots, u_n$ 上の 3CNF 命題論理式 $\varphi = C_1 \wedge \cdots \wedge C_m$ を表わすものとする．このとき，目標とする頂点被覆の大きさ k の値を n に設定し，G の頂点集合 V を

$$\{x_1, \cdots, x_n\} \cup \{y_1, \cdots, y_n\} \cup \{z_1, \cdots, z_n\} \cup \{c_1, \cdots, c_m\}$$

と設定し，さらに G の辺集合 E を次の 3 つの集合 E_1，E_2，E_3 の和と定める．

- $E_1 = \bigcup_{1 \le i \le n} \{(x_i, y_i), (y_i, z_i), (z_i, x_i)\}$
- $E_2 = \{(x_i, c_j) \mid 1 \le i \le n$ かつ $1 \le j \le m$ であり，u_i は c_j のリテラルのひとつである $\}$
- $E_3 = \{(y_i, c_j) \mid 1 \le i \le n$ かつ $1 \le j \le m$ であり，$\neg u_i$ は c_j のリテラルのひとつである $\}$

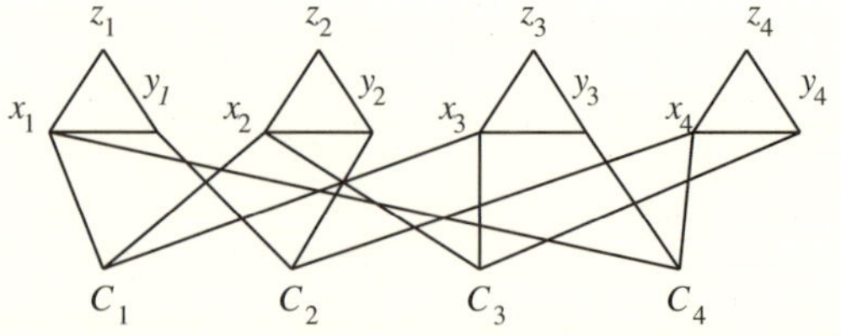

図 4.5　CNF 論理式 $(x_1 \vee x_2 \vee x_3) \wedge (\neg x_1 \vee \neg x_2 \vee x_4) \wedge (x_2 \vee x_3 \vee \neg x_4) \wedge (x_1 \vee \neg x_3 \vee x_4)$ からつくられるグラフ

図 4.5 に，こうしてつくられるグラフの例を示す．

次に，このようにしてつくられたグラフ G が n 頂点の被覆をもつとき（$k = n$ であることに注意），またそのときに限り，φ が充足可能であることを示す．まず，φ が充足可能であると仮定する．φ の任意の充足真偽設定 $\mathcal{A}$ を選び，集合 S を次の 2 つの集合 S_1 と S_2 の和と定める．

$$S_1 = \{x_i \mid 1 \leq i \leq n \text{ かつ } \mathcal{A} \text{ は } u_i \text{ の値を 1 に設定する }\}$$

$$S_2 = \{y_i \mid 1 \leq i \leq n \text{ かつ } \mathcal{A} \text{ は } u_i \text{ の値を 0 に設定する }\}$$

明らかに，$\|S\| = n$ である．また，1 以上 n 以下のすべての i に対して，3 角形 $x_iy_iz_i$ は x_i または y_i によって被覆されている．また，1 以上 m 以下のすべての j に対して，$\mathcal{A}$ は C_j を充足するので，c_j に隣接する頂点のひとつが S に含まれており，よって c_j は被覆されている．したがって，S は G の頂点被覆である．つまり，G は大きさ n の頂点被覆をもつ．

こんどは，G が大きさ n の頂点被覆をもつと仮定する．G の大きさ n の被覆のひとつ S を任意に選ぶ．1 以上 n 以下のすべての i に対して，z_i は x_i と y_i の 2 頂点のみと隣接しているので，z_i を被覆するには，x_i，y_i，z_i の 3 頂点の少なくともひとつが S に含まれなければならない．S の大きさは n であり，i の値の範囲は 1 から n であるから，どの i に対しても，x_i，y_i，z_i の 3 頂点からちょうどひとつが S に含まれており，$c_1, \cdots, c_m$ のどの頂点も S には含まれない．そこで，I_X を x_i が S に含まれている i の集合，I_Y を y_i が S に含まれている i の集合，I_Z を z_i が S に含まれている i の集合と定める．この 3 集合はたがいに素であり，その和は $\{1, \cdots, n\}$ である．部分真偽設定 $\mathcal{A}$ を次のよう

に定める．1 から n までの自然数 i に対して，

$$\mathcal{A}(u_i) = \begin{cases} 1 & (i \in I_X \text{ のとき}) \\ 0 & (i \in I_Y \text{ のとき}) \\ \text{不定} & (i \in I_Z \text{ のとき}) \end{cases}$$

S は G の被覆であるから，1 以上 m 以下のすべての j に対して，c_j は S に含まれる頂点のどれかと接している．$\mathcal{A}$ の定義から，それはどの j に対しても，c_j が $\mathcal{A}$ によって値が 1 となるリテラル（に対応する頂点）と接しているということを意味する．したがって，c_j は $\mathcal{A}$ によって値が 1 となるリテラルを含むことになる．よって，$\mathcal{A}$ は φ の値を 1 とする充足部分真偽設定である．いま，$i \in I_Z$ なるすべての i に対して $u_i = 0$ と定め，$\mathcal{A}$ を拡張すると，これは φ の充足真偽設定となる．したがって，φ は充足可能である．

この w から VC の入力への変換 f が多項式時間で計算できることは明らかである．よって，3SAT$\leq_{\mathrm{m}}^{p}$VC が成り立ち，VC は NP 完全である．

以上で証明を終わる． ❑

4.4.2 クリーク問題および独立頂点集合問題

次に，**クリーク問題**（clique problem）を考える．任意の異なる 2 頂点が辺で結ばれている無向グラフを，**完全グラフ**（complete graph）または**クリーク**（clique）という．自然数 k に対して，k 個の頂点をもつクリークを K_n で表わす．クリーク問題は，入力 (G, k) に対して，G が k 頂点のクリーク K_k をもつかどうかを判定する問題である．

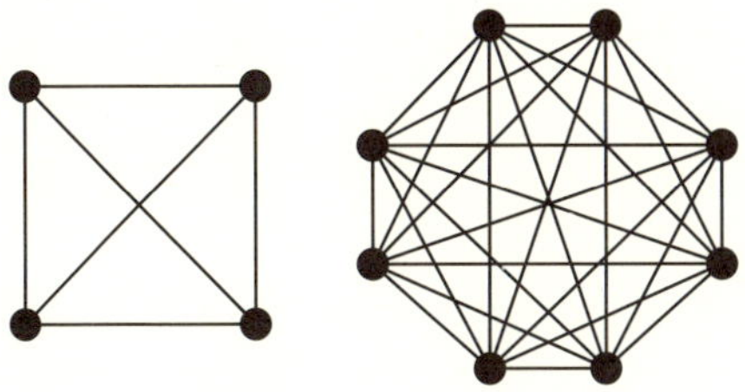

図 4.6 4 頂点クリークと 8 頂点クリーク

定義 4.32　$\text{Clique} = \{(G, k) \mid G$ は K_k を含む $\}$

定理 4.33　Clique は NP 完全である．

証明　Clique が NP に属することは簡単にわかる（演習問題 4.17 参照）．Clique が NP 困難であることは，3SAT からの多項式時間多対一還元を構成することによって証明する．w を入力文字列とする．定理 4.31 の証明の場合のように w が 3CNF 命題論理式を表わしていないときには，Clique に属さないことがすでにわかっている文字列のひとつ（たとえば ϵ）を w に対応させることにする．一方，w が 3CNF 命題論理式を正しく表現している場合，w から構成される多項式還元の値 (G, k) を次にように定める．

いま，w が変数 $x_1, \cdots, x_n$ 上の 3CNF 命題論理式 $\varphi = (C_1 \vee \cdots \vee C_m)$ を表わすものとする．φ の n 個の変数のうち，ちょうど 3 個に値を設定するような部分真偽設定全体の集合を Z とする．3 変数の選び方は $\binom{n}{3}$ とおり存在し，値の設定の仕方は 8 とおり存在するので，$\|Z\| = 8\binom{n}{3}$ である．

$\mathcal{A}$ を Z の要素である部分真偽設定，C を φ の和句とすると，次の 3 条件のちょうどひとつが成り立つ．

1. $\mathcal{A}$ は C のリテラルのすべての値を 0 にするので，$C(\mathcal{A}) = 0$ である．
2. $\mathcal{A}$ は C のリテラルの少なくとも 1 つの値を 1 にするので，$C(\mathcal{A}) = 1$ である．
3. $\mathcal{A}$ は C のリテラルのうち，たかだか 2 つの値を 0 にするが，どのリテラルの値も 1 にしない．したがって，$C(\mathcal{A})$ は 0 でも 1 でもなく，大きさ 1，2，または 3 の和句である．

第 1 の条件が成り立つような $\mathcal{A}$ を拡張して，φ の充足真偽設定をつくることはできない．そこで，そのような $\mathcal{A}$ をすべて Z から取り除いたものを V とする．

V の異なる 2 つの要素 $\mathcal{A}$ と $\mathcal{B}$ が**両立可能**であるとは，任意の変数 x_i に対して，

$$\mathcal{A}(x_i) \in \{0,1\} \wedge \mathcal{B}(x_i) \in \{0,1\} \Rightarrow \mathcal{A}(x_i) = \mathcal{B}(x_i)$$

が成り立つことをいう．言い換えると，$\mathcal{A}$ と $\mathcal{B}$ が両立可能であるとは，$\mathcal{A}$ と $\mathcal{B}$ を部分真偽設定として同時にもつような真偽設定が存在することである．G の

辺集合 E を，条件

$$(\mathcal{A}, \mathcal{B}) \in E \iff \mathcal{A} \text{ と } \mathcal{B} \text{ は両立可能}$$

によって定める．これがグラフ G である．クリークの大きさを表わす k の値は $\binom{n}{3}$ と設定する．

このとき，G が k 頂点のクリークをもつことと，φ が充足可能であることが同値であることを示す．まず，φ が充足可能であると仮定する．$\mathcal{A}$ を φ の任意の充足真偽設定とする．φ の変数の任意の 3 個組に対して，$\mathcal{A}$ の設定をその 3 変数だけに制限した部分真偽設定を考え，それらを $z_1, \cdots, z_k$ とする（そのような 3 個組の個数は $k = \binom{n}{3}$ である）．これらの部分真偽設定は，充足真偽設定 $\mathcal{A}$ の一部なので，φ のどの和句に対してもその値を 0 にしてしまうことはない．したがって，$z_1, \cdots, z_k$ は V に含まれる．また，$z_1, \cdots, z_k$ はすべて $\mathcal{A}$ から発生した部分真偽設定なので，どの 2 つをとってもそれらは両立可能である．よって，$z_1, \cdots, z_k$ のどの 2 つをとっても，それらは G において隣接している．したがって，$z_1, \cdots, z_k$ は G においてクリークとなり，$(G, k) \in \mathrm{Clique}$ である．

こんどは，G が k 頂点のクリークをもつと仮定する．G の k 頂点のクリークのひとつを任意に選び，それを H とする．条件 $1 \le h < i < j \le n$ を満たす任意の整数の組 (h, i, j) に対する真偽設定はちょうど 8 個あるが，それらの 8 個はどの 2 つをとっても両立不可能であるので，H には，これら 8 個のうちのたかだか 1 つが含まれる．また，このような 3 個組 (h, i, j) は k 種類あり，$\|H\| = k$ であるから，H には，すべての 3 個組 (h, i, j) に対して，それに対応する部分真偽設定がちょうどひとつ含まれる．H はクリークであるので，これらの部分真偽設定はたがいに両立可能である．したがって，これら k 個の部分真偽設定すべてと両立可能な真偽設定 $\mathcal{T}$ が存在する．この $\mathcal{T}$ が φ の充足真偽設定であることは，次のようにしてわかる．C を φ の任意の和句とすると，φ に現われる 3 変数に対応する部分真偽設定で，H に含まれるもの $\mathcal{A}$ が存在し，$\mathcal{A} \in V$ であることから，$C(\mathcal{A}) = 1$ が成り立つ．$\mathcal{T}$ は $\mathcal{A}$ と両立可能であるから，$C(\mathcal{T}) = 1$ である．したがって，$\varphi(\mathcal{T}) = 1$ が成り立つ．ゆえに，φ は充足可能である．

この φ から (G, k) への変換は多項式時間で計算できるので，$3\mathrm{SAT} \le_{\mathrm{m}}^{p} \mathrm{Clique}$

が成り立ち，Clique は NP 困難である．

以上で証明を終了する．　❑

グラフ $G=(V,E)$ の頂点部分集合 S が**独立頂点集合**（independent set）であるとは，S のどの異なる 2 頂点も G において隣接していないことをいう．**独立頂点集合問題**（independent set problem）は，グラフ G が大きさ k の独立頂点集合をもつかどうかを判定する問題である．この問題は NP 完全であるのだが，その NP 完全性は，以下に定義する補集合グラフの概念を用いて，クリーク問題の NP 完全性から容易に導くことができる．

グラフ $G=(V,E)$ に対し，その**補集合グラフ**（complementary graph）とは，G と同じ頂点集合 V をもち，E に含まれない辺の集合

$$E^c = \{(u,v) \mid (u \neq v) \wedge (u,v) \notin E\}$$

を辺集合としてもつグラフである．G の補集合グラフを G^c で表わす．G と G^c の辺集合はたがいに素で，その 2 つを合わせると完全グラフになる．

次の性質は簡単に証明できる（演習問題 4.18 参照）．

命題 4.34　グラフ G が k 頂点のクリークをもつことと，G^c が k 頂点の独立頂点集合をもつことは同値である．

独立頂点集合問題を次のように定義する．

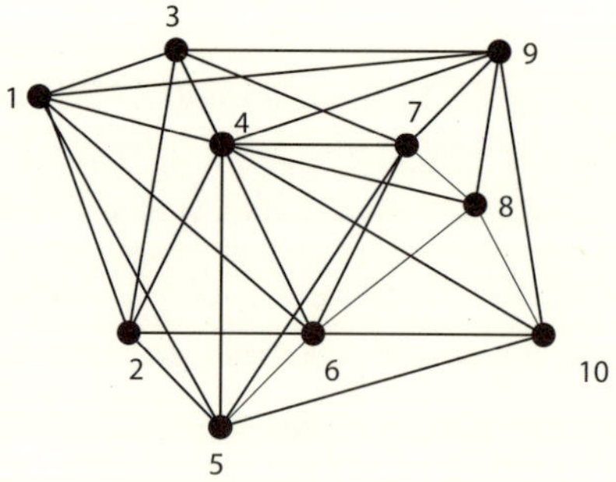

図 4.7　独立頂点集合の例

このグラフの独立頂点集合のひとつは $\{1,7,10\}$ である．

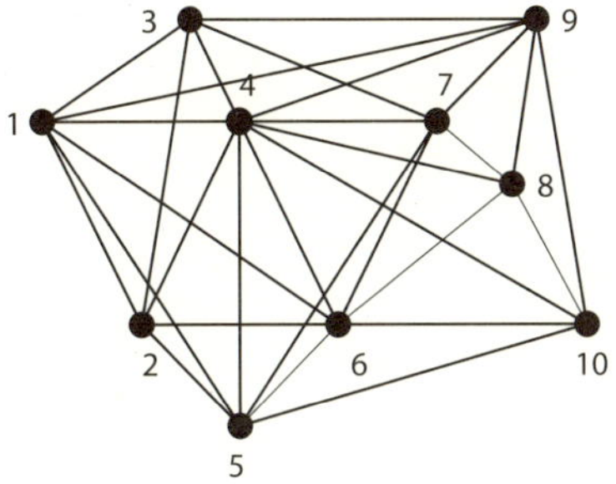

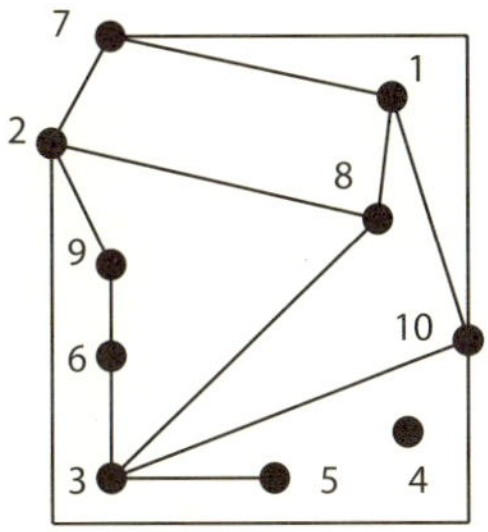

図 4.8 補集合グラフ

左のグラフと右のグラフはたがいに補集合グラフである．左の独立頂点集合のひとつは $\{1, 7, 10\}$ であり，その 3 頂点は右のグラフでクリークとなる．

定義 4.35 $\mathrm{IS} = \{(G, k) \mid G$ は大きさ k の独立頂点集合をもつ$\}$ と定義する．

すると，命題 4.34 から，次の系がただちに導かれる．

系 4.36 IS は NP 完全である．

4.4.3 彩色可能性問題

次に，**彩色可能性問題**（colorability problem）を考える．$k \geq 2$ に対し，無向グラフ $G = (V, E)$ が ***k* 彩色可能**（k-colorable）であるとは，V の各頂点に 1 から k までの番号を与えて，隣り合うどの 2 頂点も同じラベルをもたないようにできることである．別の見方をすると，G が k 彩色可能であるとは，V を k 個のたがいに素な集合 $V_1, \cdots, V_k$ に分割して，$1 \leq i < j \leq k$ なるすべての i と j に対して，V_i の頂点と V_j の頂点を結ぶ辺が E に存在しないようにできることである．また，そのような k 色の割り当てを ***k* 色塗り分け**（k-coloring）という．

定義 4.37 $\mathrm{Coloring} = \{(G, k) \mid G$ は k 彩色可能$\}$，また，$3\text{-Coloring} = \{G \mid G$ は 3 彩色可能$\}$ と定義する．

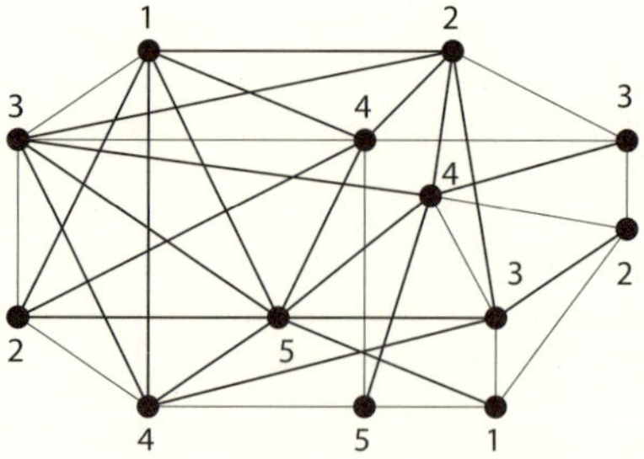

図 4.9　5 彩色可能な無向グラフ

定理 4.38　Coloring および 3-Coloring は NP 完全である．

証明　Coloring および 3-Coloring が NP に属することは自明である．また，3-Coloring は Coloring に多項式時間多対一還元可能なので（演習問題 4.20 参照），3-Coloring が NP 困難であることさえ示せばよい．それは，NAESAT からの多項式時間多対一還元を構成することによる．いま，

$$\varphi = C_1 \wedge \cdots \wedge C_m$$

を，NAESAT の入力である n 変数の 3CNF 命題論理式とする．$x_1, \cdots, x_n$ を φ の変数とする．このとき，グラフ $G = (V, E)$ を次のように構成する．V は次に定める V_1 と V_2 との和である．

$$V_1 = \{a\} \cup \{u_i, v_i \mid 1 \leq i \leq n\}$$
$$V_2 = \{c_{j1}, c_{j2}, c_{j3} \mid 1 \leq j \leq m\}$$

E は次に定める E_1，E_2，E_3 の和である．

$$E_1 = \{(a, u_i), (a, v_i), (u_i, v_i) \mid 1 \leq i \leq n\}$$
$$E_2 = \{(c_{j1}, c_{j2}), (c_{j2}, c_{j3}), (c_{j1}, c_{j3}) \mid 1 \leq j \leq m\}$$
$$E_3 = \{(u_i, c_{jk}) \mid (1 \leq i \leq n) \wedge (1 \leq j \leq m) \wedge (1 \leq k \leq 3)$$
$$\wedge\, (x_i \text{ は } C_j \text{ の } k \text{ 番目のリテラルである})\}$$
$$\cup \{(v_i, c_{jk}) \mid (1 \leq i \leq n) \wedge (1 \leq j \leq m) \wedge (1 \leq k \leq 3)$$
$$\wedge\, (\neg x_i \text{ は } C_j \text{ の } k \text{ 番目のリテラルである})\}$$

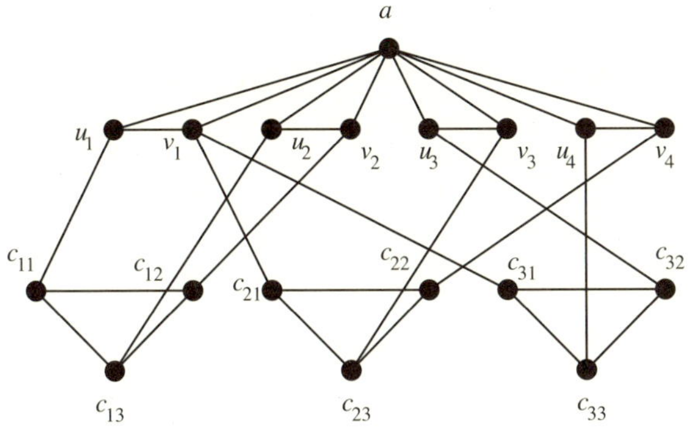

図 4.10 $(x_1 \vee x_3 \vee x_2) \wedge (\neg x_1 \vee \neg x_4 \vee \neg x_3) \wedge (\neg x_2 \vee x_3 \vee x_4)$ から構成される 3 彩色問題の入力

このグラフ G は，φ から明らかに多項式時間で構成できる．そこで，G が 3 彩色可能なとき，またそのときに限り，$\varphi \in$ NAESAT であることを示す．3 彩色に用いる 3 つの色を赤，緑，青とし，G の頂点 u に割り当てられる色を $\kappa(u)$ で表わすことにする．G の 3 彩色が与えられたとき，赤，緑，青の 3 色をどう入れ換えても，それが 3 彩色であることに変わりはないので，$\kappa(a) =$ 青と固定して考える．

まず，$\varphi \in$ NAESAT であると仮定して，G の 3 彩色を構成する．$\mathcal{A}$ を φ の任意の NAE 充足真偽設定とする．また，1 以上 n 以下のすべての i に対して，u_i, v_i, a が 3 角形を構成しているので，

- $\kappa(u_i) =$ 赤，かつ，$\kappa(v_i) =$ 緑，または，
- $\kappa(u_i) =$ 緑，かつ，$\kappa(v_i) =$ 赤

のどちらかでなければ 3 彩色できない．赤と緑は交換自由なので，$\kappa(u_1) =$ 赤，かつ，$\kappa(v_1) =$ 緑と定める．2 以上 n 以下の i に関しては，$\mathcal{A}(u_1) = \mathcal{A}(u_i)$ であるとき，$\kappa(u_i) =$ 赤，かつ，$\kappa(v_i) =$ 緑とし，$\mathcal{A}(u_1) \neq \mathcal{A}(u_i)$ であるとき，$\kappa(u_i) =$ 緑，かつ，$\kappa(v_i) =$ 赤とする．

いま，$1 \leq j \leq m$ なる任意の j について，

$$C_j = (\ell_1 \vee \ell_2 \vee \ell_3)$$

であったとすると，ℓ_1 に隣接している V_1 の頂点を z_1，ℓ_2 に隣接している V_1 の頂点を z_2，ℓ_3 に隣接している V_1 の頂点を z_3 とすると，$\mathcal{A}$ が NAE 充足真偽設定であるので，z_1，z_2，z_3 の 3 頂点のうち，2 つが赤で 1 つが緑であるか，2 つが緑で 1 つが赤であるか，のどちらかである．そこで，z_1，z_2，z_3 の中から赤で彩色されているものをひとつ選び，それに隣接している ℓ 側の頂点を緑で彩色する．また，z_1，z_2，z_3 の中から緑で彩色されているものをひとつ選び，それに隣接している ℓ 側の頂点を赤で彩色する．そして，残った ℓ 側の頂点を青で彩色する．明らかに，ℓ_1，ℓ_2，ℓ_3 はたがいに異なる色で塗られているので，G は 3 彩色可能である．

こんどは，G が 3 彩色可能であると仮定する．G の 3 彩色のひとつを任意に選び，それを κ とする．先と同様，$\kappa(a) =$ 青，$\kappa(u_1) =$ 赤，$\kappa(v_1) =$ 緑と仮定してよい．また，2 から n のどの i についても，u_i と v_i の一方は赤で，もう一方は緑のはずである．そこで，真偽設定 $\mathcal{A}$ を次のように定める．1 以上 n 以下の自然数 i に対して，

$$\mathcal{A}(x_i) = \begin{cases} 1 & (\kappa(u_i) = \text{赤のとき}) \\ 0 & (\kappa(u_i) = \text{緑のとき}) \end{cases}$$

仮定から，κ は G の 3 色塗り分けであるから，1 以上 m 以下の任意の j に対して，c_{j1}，c_{j2}，c_{j3} のうちの 1 つは V_1 に属する赤の頂点に隣接し，1 つは V_1 に属する緑の頂点に隣接していなければならない．これは，φ のどの和句に対しても，$\mathcal{A}$ によって，1 つのリテラルの値が 1 となり，1 つのリテラルの値が 0 となる，ということを意味する．よって，$\mathcal{A}$ は φ の NAE 充足真偽設定である．したがって，$\varphi \in$ NAESAT $\iff G \in$ 3-Coloring である．

先に述べたように，G の構成は φ の長さの多項式時間でできるので，NAESAT$\leq^p_{\mathrm{m}}$3-Coloring が成り立つ．

以上で証明を終了する．❑

4.4.4 ハミルトン小路，ハミルトン閉路問題

グラフに関する NP 完全問題の最後は，ハミルトン閉路問題である．$G = (V, E)$ をグラフ（無向グラフまたは有向グラフ），s と t を G の 2 頂点とするとき，s から t への**ハミルトン小路**（hamiltonian path）とは，G の

すべての頂点をちょうど1回ずつ訪れ，s で始まり t で終わる小路のことである．すなわち，G の頂点の列 $\pi = [v_1, \cdots, v_m]$ が G における s から t へのハミルトン小路であるための必要十分条件は，

- $m = n$,
- $\{v_1, \cdots, v_m\} = V$,
- $v_1 = s$,
- $v_m = t$，かつ，
- $(\forall i : 1 \leq i \leq m-1)[(v_i, v_{i+1}) \in E]$

である．**ハミルトン小路問題**（hamiltonian path problem）とは，グラフ G が頂点 s から頂点 t へのハミルトン小路をもつかどうかを判定する問題である．ハミルトン小路は有向グラフと無向グラフのどちらに関しても定義されるので，ハミルトン小路問題も有向グラフと無向グラフのそれぞれに関して定義される．

さらに，G のいずれかの頂点から出発して，他の頂点をすべて1回ずつ訪れてから，ふりだしに戻ってくる閉路を，**ハミルトン閉路**（hamiltonian cycle）とよぶ．**ハミルトン閉路問題**（hamiltonian cycle problem）とは，与えられたグラフにハミルトン閉路があるかどうかを判定する問題である．この問題も有向グラフと無向グラフのそれぞれに関して定義される．

これまでと同じように，グラフは**隣接行列**を用いて表わすものとする．頂点の順番は簡単に入れ換えることができるので，n 頂点のグラフのハミルトン小路問題において，s は第1の頂点，t は第 n の頂点と決めることにする．

定義 4.39　HamPath $= \{G \mid G$ は n 頂点の無向グラフであり，頂点1から頂点 n へのハミルトン小路をもつ$\}$ と定義する．

定義 4.40　HamCycle $= \{G \mid G$ は無向グラフであり，ハミルトン閉路をもつ$\}$ と定義する．

定義 4.41　DirectedHamPath $= \{G \mid G$ は n 頂点の有向グラフであり，頂点1から頂点 n へのハミルトン小路をもつ$\}$ と定義する．

定義 4.42　DirectedHamCycle $= \{G \mid G$ は有向グラフで，ハミルトン閉路をもつ$\}$ と定義する．

定理 4.43　HamPath と HamCycle はどちらも NP 完全である．

証明　どちらの問題についても，それが NP に属することは容易に証明できる．そこで，ここでは NP 困難性のみを証明する．まず，HamPath の NP 困難性を 3SAT からの多項式時間多対一還元を構成することによって証明する．

$\varphi = C_1 \wedge \cdots \wedge C_m$ を，n 変数 $x_1, \cdots, x_n$ 上の 3CNF 命題論理式とする．一般性を失うことなく，φ のどの変数 x_i についても，x_i と $\neg x_i$ の両方のリテラルが φ に現われると仮定してよい（演習問題 4.21 参照）．このとき，無向グラフ G を φ から構成する．

G の構成には，XOR ユニット，選択ユニット，3 角ユニットという 3 種類の部品を組み合わせる（図 4.11，図 4.12，および図 4.13 参照）．四隅にある X，Y，Z，W を除く XOR ユニットの頂点は，他の部品の頂点とは隣接しない．ハミルトン小路において，始点と終点以外のすべての頂点は，ちょうど 2 個の頂点と辺で接続されなければならない．したがって，XOR ユニットのす

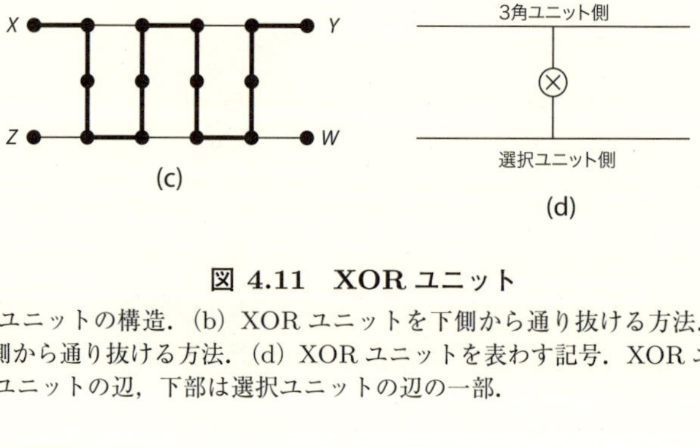

図 4.11　XOR ユニット

(a) XOR ユニットの構造．(b) XOR ユニットを下側から通り抜ける方法．(c) XOR ユニットを上側から通り抜ける方法．(d) XOR ユニットを表わす記号．XOR ユニットの上部の辺は 3 角ユニットの辺，下部は選択ユニットの辺の一部．

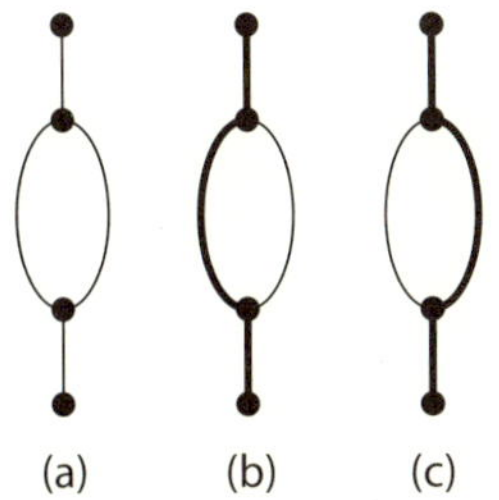

図 4.12 選択ユニット

(a) 選択ユニットの構造. (b) 選択ユニットの片側を抜ける方法. (c) 選択ユニットのもう片側を抜ける方法.

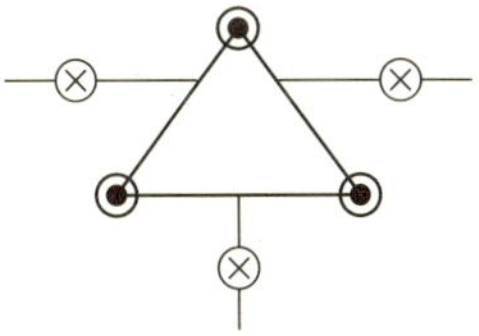

図 4.13 3 角ユニット

それぞれの辺はリテラルに対応する. 3 角ユニットの頂点はすべて, 選択ユニットの列の最後の頂点とクリークを構成する.

べての頂点をハミルトン小路として通り抜けるには, 図 4.11 (b) および (c) に示したように, X と Y をつなぐようにジグザグの道をつくるか, Z と W をつなぐようにジグザグの道をつくるか, の 2 とおりしかない.

さて, グラフ G の構成は次のとおりである. まず, 1 以上 n 以下の自然数 i に対して, 選択ユニットを 1 つ用意する. これを S_i で表わす. S_i は x_i に対する真偽設定に対応するもので, そのループの左辺がリテラル x_i (すなわち, $x_i = 1$ という真偽設定) に対応し, 右辺がリテラル $\neg x_i$ (すなわち, $x_i = 0$ という真偽設定) に対応するものと考える.

次に, $S_1, \cdots, S_n$ を縦につなげる. ただし, 1 以上 $n-1$ 以下のすべての i に対して, S_i のいちばん下の頂点と S_{i+1} のいちばん上の頂点を同一視することにする (同一視しないで辺 1 つでつないでもかまわないが, 同一視したほうが頂点数を節約できる). そして, S_1 のいちばん上の頂点を s, S_n のいちばん下の頂点を t_0 と定める.

次に，1 以上 m 以下の自然数 j に対して，3 角ユニットを 1 つ用意して，これを T_j で表わす．T_j の 3 辺は和句 C_j の 3 個のリテラルにそれぞれ対応し，そのリテラルに対応する選択ユニットの辺と XOR ユニット 1 個で結ばれている．ただし，そのとき XOR ユニットは，X と Y の側が一方に，Z と W の側がもう一方にくるように取り付ける．

最後に，頂点 t を加えて，t と t_0，$T_1, \cdots, T_m$ の 3 頂点で，$3m+2$ 頂点のクリークを構成する．このようにしてつくられるグラフの例を図 4.14 に示す．

さて，このようにしてできるグラフ G が s から t へのハミルトン小路をもつとき，またそのときに限り，φ が充足可能であることを示す．選択ループの分岐点には，3 本の辺が接続している．分岐点は s でも t でもないので，その 3 本の辺のうち 2 本をハミルトン小路に使わなければならない．S_1 の中央にある分岐点を a とすると，a は s と接続しており，s は他の頂点とは隣接していないので，G にもしハミルトン小路があるとすれば，それは s から a に進んで左または右に分岐し，a には二度と戻らない (図 4.15 参照)．仮定から，どのリテラルの少なくとも 1 回は φ に登場するので，どのループの辺にも XOR ユニットが少なくとも 1 つ取り付けられている．a で右または左の選択をすると，選択した側にある XOR ユニットに到着する．先ほど考察したように，それらの

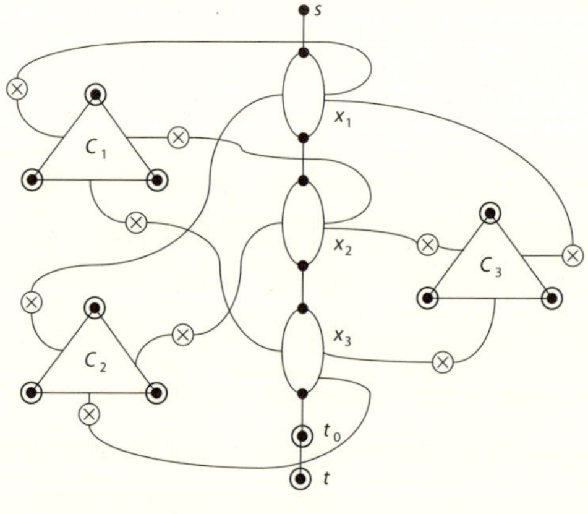

図 4.14　$\varphi = (\neg x_1 \vee \neg x_2 \vee x_3) \wedge (x_1 \vee x_2 \vee \neg x_3) \wedge (\neg x_1 \vee \neg x_2 \vee \neg x_3)$ に対応するグラフ

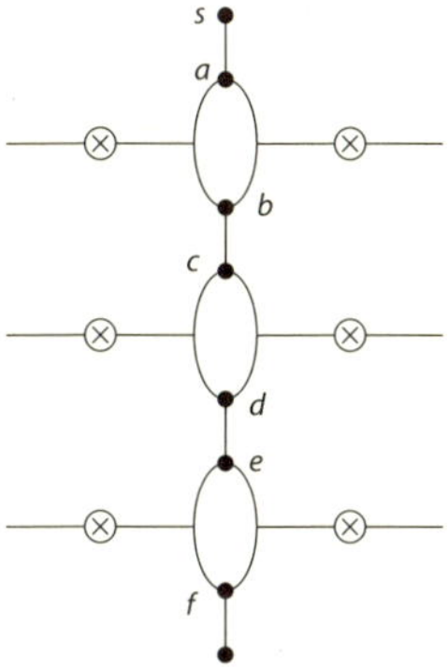

図 4.15 選択ループの列

XOR ユニットを通り抜けるには 2 とおりしかなく，どちらを用いても，片側から出て，同じ側に戻ってくる．したがって，それらの XOR は，この時点で通り抜けなければならない．さて，これらの XOR をハミルトン小路で通り抜けると，先ほど分岐したのと同じ側から，ループのもう 1 つの端点 b に到着する．ここから，もしループの反対側に行ってしまうと，最終的に a に戻らざるをえなくなり，ハミルトン小路が構成できなくなる．よって，b から次の選択ユニットのループの端点 c に行かなければならない．この議論をくり返すと，ハミルトン小路をつくるには，s から始めて，選択ユニットごとに独立して左か右の一方を選び，選んだ側の XOR ユニットを通り抜け，t_0 に到着しなければならないということがわかる．

t_0 に到達したら，すべての選択ユニットの残された側にある XOR ユニットと，3 角ユニットの残りの頂点を通り抜けて，t にやってこなければならない．もし，3 角ユニットに付属するの XOR ユニットがたかだか 2 個残っていれば，図 4.16 に示した方法を用いて通り抜けできる．しかしながら，3 個の XOR ユニットがすべて残っていると，3 個を通り抜けた時点でそれ以上，先に進めなくなる．したがって，ハミルトン小路がつくれるためには，選択ユニットで行なった選択によって，それぞれの 3 角ユニットにたかだか 2 個の XOR ユニットが残っていなければならない．もし，そのような状態であれば，3 角ユニットの頂点と t と t_0 がクリークを構成しているので，t_0 から $T_1, T_2, \cdots, T_m$ と進

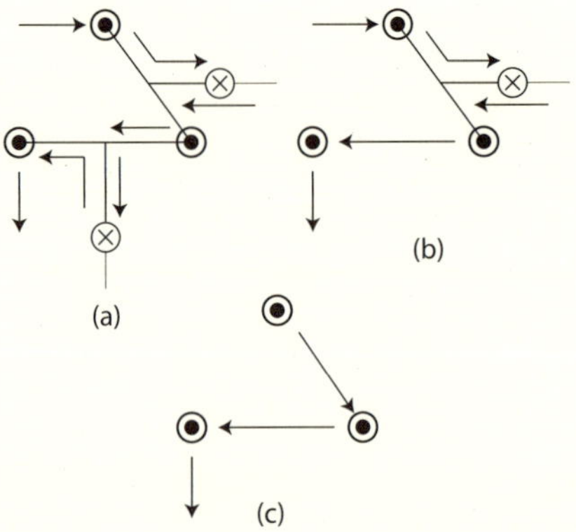

図 4.16　残りの XOR ユニットを通り抜ける方法

矢印は通り抜けの道筋を表わす．(a) 残りは 2 個．(b) 残りは 1 個．XOR ユニットを通り抜けてから，最後の 1 頂点へジャンプする．(c) 残りはなし．単純に 3 個の頂点を順に訪問する．

んでいって，t にやってくればよい．

選択ユニットで行なった選択は φ の真偽設定に対応するから，φ が充足可能であることと，ハミルトン小路がつくれることが同値となる．

φ からの G の構成は明らかに多項式時間でできるので，$\text{3SAT}\leq_{\text{m}}^{p}\text{HamPath}$ が証明されたことになる．

一方，$\text{3SAT}\leq_{\text{m}}^{p}\text{HamCycle}$ を証明するには，G に新しい頂点 y を加えて，それを t と s のそれぞれと辺で結べばよい．

以上で証明を終了する．❑

HamPath および HamCycle と深く関係している問題に，**巡回セールスマン問題** (traveling salesman problem) がある．これは，辺に非負の整数の重みのつけられたグラフ $G=(V,E)$ と整数 W が与えられたとき，G のハミルトン閉路で辺の重みの合計が W 以下のものがあるかどうかを判定する問題である．辺 (i,j) の重みを $w(i,j)$ で表わし，$(i,j)\notin E$ の場合には便宜上 $w(i,j)=+\infty$ と定める．このとき，G とその辺の重みはアルファベット $\{0,1,\#,@\}$ を用いて

$$1^n0b_{11}@b_{12}@\cdots@b_{1n}@\cdots@b_{n1}@b_{n2}@\cdots@b_{nn}$$

ただし，b_{ij} は $w(i,j) < +\infty$ である場合はその 2 進表現，$w(i,j) = +\infty$ である場合は # である．SAT のときのように，すべての文字を 2 ビットで表わせば G の 2 進表現ができあがる．W をこれに加えるには，W の 2 進表現をあいだに @ をはさんでつけ足せばよい．この表現を (G, W) で表わす．

定義 4.44 TSP $= \{(G, W) \mid G$ は重さ W 以下のハミルトン閉路をもつ$\}$ と定義する．

HamCycle の問題で，辺の重みを 1 とすると，n 頂点のグラフ G がハミルトン閉路をもつか否かは，G が重さ n 以下のハミルトン閉路をもつか否かという問題に置き換えられる．TSP が NP に属することは自明なので，次の系が得られる．

系 4.45 TSP は NP 完全である．

4.5 組合せ論に関する NP 完全問題

3 次元マッチング問題とは，同じ大きさをもつ 3 つの集合 D，H，P，および $D \times H \times P$ の部分集合 U が与えられたとき，U の部分集合 S で，D，H，P の要素のすべてをちょうど 1 回ずつ含むものがあるか否かを判定する問題である．そのような S を，U の **3 次元マッチング**あるいは **3D マッチング**とよぶ．D を愛玩犬の集合，H を空き家の集合，P を愛玩犬と家を探している人たちの集合，そして，U が人と犬と家の組合せで相性のよいものを表わしていると見立てると，この問題は，犬の数と，空き家の数と，人の数が一致するときに，全員の好みが通るように犬と家と人を組み合わせることができるかどうかを判定する問題である．

この問題を 2 進文字列で表現するには，D，H および P の要素に 1 から番号をふり，それらを 1 の羅列で表わす．U の要素 (d, h, p) を $1^d01^h01^p$ で表わし，要素と要素のあいだに 0 を入れて並べ，いちばん最初に $\|D\|$（これは $\|H\|$ でもあり，$\|P\|$ でもある）を表わす $1^{\|D\|}0$ を入れれば，3 次元マッチングの入

力 (D,H,P,U) の 2 進表現ができあがる．

定義 4.46　3DMatching $=\{(D,H,P,U) \mid (D,H,P,U)$ は 3D マッチングをもつ$\}$ と定義する．

定理 4.47　3DMatching は NP 完全である．

証明　3DMatching $\in$ NP は自明である．3DMatching の NP 困難性は，CNFSAT からの多項式時間多対一還元を構成することによる．$\varphi = C_1 \wedge \cdots \wedge C_m$ を変数 $x_1, \cdots, x_n$ 上の CNF 命題論理式とする．変数 x_i が φ に，リテラル x_i として k_i 回，リテラル $\neg x_i$ として ℓ_i 回登場するとする．演習問題 4.10 および演習問題 4.11 から，$1 \le k_i \le 2$，$1 \le \ell_i \le 2$，かつ，$2 \le k_i + \ell_i \le 3$ と仮定できる．1 以上 n 以下のすべての i に対して，D の要素 $d_{i,1}$ と $d_{i,2}$，H の要素 $h_{i,1}$ と $h_{i,2}$，P の要素 $p_{i,1,+}$，$p_{i,2,+}$，$p_{i,1,-}$ と $p_{i,2,-}$ を導入し，次の 4 つの 3 個組を U の要素に加える（図 4.5 参照）．

$$(d_{i,1}, h_{i,1}, p_{i,1,+}),\ (d_{i,2}, h_{i,2}, p_{i,2,+}),\ (d_{i,1}, h_{i,2}, p_{i,1,-}),\ (d_{i,2}, h_{i,1}, p_{i,2,-})$$

P の要素 $p_{i,1,+}$ は 1 番目のリテラル x_i に，$p_{i,2,+}$ は 2 番目のリテラル x_i に対応し，$p_{i,1,-}$ は 1 番目のリテラル $\neg x_i$ に，$p_{i,2,-}$ は 2 番目のリテラル $\neg x_i$ に対応する．$d_{i,1}$，$d_{i,2}$，$h_{i,1}$，$h_{i,2}$ の 4 つの要素は，これ以外の 3 個組には登場しない．したがって，3D マッチングを構成するには，

- $(d_{i,1}, h_{i,1}, p_{i,1,+})$ と $(d_{i,2}, h_{i,2}, p_{i,2,+})$ の 2 つの 3 個組を選んで，$p_{i,1,-} p_{i,2,-}$ を残すか
- $(d_{i,1}, h_{i,2}, p_{i,1,-})$ と $(d_{i,2}, h_{i,1}, p_{i,2,-})$ の 2 つの 3 個組を選んで，$p_{i,1,+} p_{i,2,+}$ を残すか

のどちらかしかありえない．前者の選択は $x_i = 0$ という真偽設定に，後者の選択は $x_i = 1$ という真偽設定に対応するものと考える．

また，1 以上 m 以下の j に対して，D の要素 $\hat{d}_j$ および H の要素 $\hat{h}_j$ を導入する．そして，C_j に登場するリテラルのそれぞれに対して，そのリテラルを表わす P の要素と $\hat{d}_j$ および $\hat{h}_j$ から構成される 3 個組を U に加える．この $\hat{d}_j$

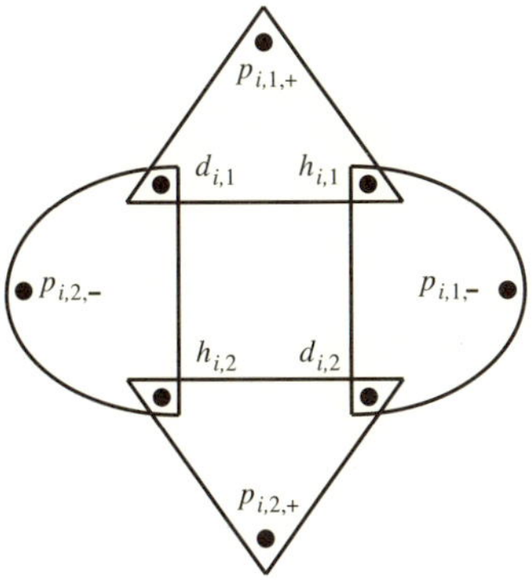

図 4.17 3D マッチングの部品

$d_{i,1}$, $d_{i,2}$, $h_{i,1}$, $h_{i,2}$ をすべてカバーするには, 2 つの 3 角形を選ぶか, 2 つのカマボコ形を選ぶかのどちらかをしなければならない.

と $\hat{h}_j$ は, それ以外の 3 個組には登場しないものとする. すると, マッチングをつくるためにはこれらの 3 個組を 1 つ選ばなければならない. 明らかに, そのようなマッチングが可能であることと φ が充足可能であることとは明らかに同値である.

さて, これまでに導入された要素の個数は, D と H に関してはそれぞれ $2n + m$ 個で, P が $4m$ である. φ は 3CNF 命題論理式であるから, そのリテラルの数は $3m$ であり, 先ほどの仮定から, どの変数も少なくとも 2 回リテラルとし, φ に登場するので, リテラルの総数は $2n$ 以上である. したがって, $2n \leq 3m$ が成り立つ. よって, $2n + m \leq 4m$ である. $2n + m < 4m$ である場合には, マッチングが可能であっても, $r = 3m - 2n$ 個の P の要素が余ることになる. その場合には, $\tilde{d}_1, \cdots, \tilde{d}_r$ を D に, $\tilde{h}_1, \cdots, \tilde{h}_r$ を H に加える. そして, P のすべての要素 p に対して, $(\tilde{d}_i, \tilde{h}_i, p)$ を U に加える. すると, 残った P の要素をすべてマッチングに含めることができる. こうして加えられた要素は, マッチングが可能であるかどうかに本質的に影響しないので, $(D, H, P, U) \in$ 3DMatching であるとき, またそのときに限り, $\varphi \in$ CNFSAT である.

(D, H, P, U) を φ から求めることは明らかに多項式時間でできるので,

CNFSAT$\leq^p_{\mathrm{m}}$3DMatching が示されたことになる.

以上で証明を終了する. ❑

有限集合 U の部分集合の族 $S = \{A_1, \cdots, A_m\}$ が**集合被覆**（set cover）であるとは，S の要素がたがいに素で，$\cup_{A \in S} A = U$ となることをいう．**集合被覆問題**は，有限集合 U の部分集合の族 F に対して，$S \subseteq F$ なる U の被覆が存在するかどうかを判定する問題である.

定義 4.48　SetCover $= \{(U, F) \mid S \subseteq F$ なる U の被覆が存在する $\}$ と定義する．また，X3C を SetCover で F の要素のそれぞれが大きさが 3 であるように制限されたものとする.

3DMatching が NP 完全であることから，これら 2 つの問題が NP 完全であることが容易に導き出せる（演習問題 4.24 参照）.

系 4.49　SetCover と X3C はどちらも NP 完全である.

整数計画法（integer programming）は，整数を係数とする不等式の系列が**整数解**（integer solution）を持つかどうかを判定する問題である．また，解が $\{0, 1\}$ 上に制限された整数計画法を，**0-1 整数計画法**（0-1 integer programming）という.

n 個の変数をもつ整数係数の不等式は，変数にかかる n 個の係数と不等式の向き（$\leq$ または $\geq$）と定数で表わされる．したがって，n 変数上の m 個の不等式からなる系列は，$m \times (n+1)$ の整数の行列と m 個の $\leq$ または $\geq$ で表わすことができる．巡回セールスマン問題のときのように，n と m を文字列 $1^n 0 1^m 0$ で表わし，行列の要素を 2 進文字列で表わし，あいだに区切りを表わす # を入れて順に並べたものを後ろにつけ，さらに $\leq$ と $\geq$ を記号として考えて，それらを m 個後ろに並べれば，大きさ 5 のアルファベットで系列を表わすことができる．それを 2 進表現に直せば，整数計画法の入力の 2 進表現ができあがる.

定義 4.50　IntProgram を整数解をもつ整数計画法の入力の集合と定義する.

0-1IntProgram を整数解をもつ 0-1 整数計画法の入力の集合と定義する.

一般の整数計画法問題を解くアルゴリズムが存在しないことが知られているが，解が $\{0,1\}$ に制限された場合，非決定的に解を選択することによって，多項式時間で解の存在が調べられる．したがって，0-1IntProgram は NP に属する．

(D,H,P,U) を 3DMatching の入力とし，$D=\{d_1,\cdots,d_r\}$，$H=\{h_1,\cdots,h_r\}$，$P=\{p_1,\cdots,p_r\}$，$U=\{t_1,\cdots,r_n\}\subseteq D\times H\times P$ とする．1 以上 n 以下の自然数 i と 1 以上 r 以下の自然数 j に対して，

$$\delta(i,j)=\begin{cases}1 & (t_i \text{ が } d_j \text{ を含むとき})\\ 0 & (\text{そうでないとき})\end{cases}$$

$$\phi(i,j)=\begin{cases}1 & (t_i \text{ が } h_j \text{ を含むとき})\\ 0 & (\text{そうでないとき})\end{cases}$$

$$\pi(i,j)=\begin{cases}1 & (t_i \text{ が } p_j \text{ を含むとき})\\ 0 & (\text{そうでないとき})\end{cases}$$

と定める．そして，変数 $y_1,\cdots,y_n$ 上の不等式の系列 S を次のように定める．

- 1 以上 n 以下の自然数 i に対して，$y_i\geq 0$ および $y_i\leq 1$．
- 1 以上 m 以下の自然数 j に対して，
  - $\sum_{1\leq i\leq n}\delta(i,j)y_i\geq 0$ および $\sum_{1\leq i\leq n}\delta(i,j)y_i\leq 1$,
  - $\sum_{1\leq i\leq n}\phi(i,j)y_i\geq 0$ および $\sum_{1\leq i\leq n}\phi(i,j)y_i\leq 1$,
  - $\sum_{1\leq i\leq n}\pi(i,j)y_i\geq 0$ および $\sum_{1\leq i\leq n}\pi(i,j)y_i\leq 1$.

すると，この系列 S の解が存在するとき，またそのときに限り，U は 3D マッチングをもつ．したがって，IntProgram は NP 困難である．この系列は明らかに解を $\{0,1\}$ に制限しているので，0-1IntProgram は NP 困難となる．

系 4.51 0-1IntProgram は NP 完全，IntProgram は NP 困難である．

4.6 NP 完全と P のあいだの溝

NP $=$ P が成り立つかどうかは計算量理論における一大問題であるが，この

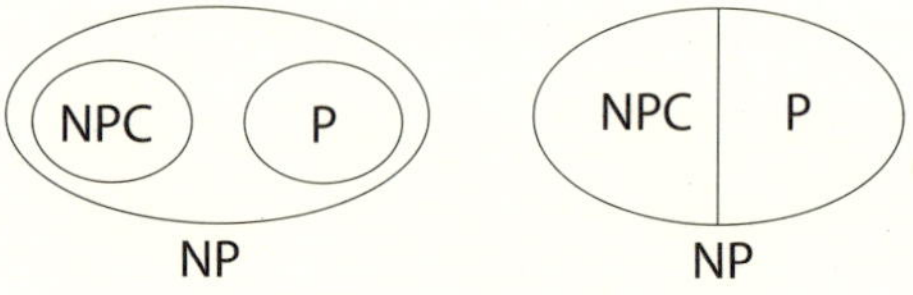

図 4.18　NP $\neq$ P の仮定のもとでの NP と P との関係

（左）NP の中に，NP 完全でもなく P にも属さないものがある．（右）NP 完全でない NP の集合はすべて P に属する．

問題を考えるにあたり，NP 完全問題の研究は有効である．先に述べたように，NP 完全問題は，NP $=$ P の場合はすべて P に属し，NP $\neq$ P の場合はすべて P の外にある．つまり，多項式時間で解ける NP 完全問題がひとつでも見つかれば，あらゆる NP の問題が多項式時間で解けることになり，NP $=$ P であることが証明される．逆に，多項式時間で解けない NP 完全問題がひとつでも見つかれば，どの NP 完全問題も多項式時間で解けないことになり，NP $\neq$ P が成り立つ．

さて仮に，ここで NP $\neq$ P とした場合，NP 完全問題と P の関係はいかなるものであろうか．簡単のため，NPC で NP 完全である集合全体を表わすことにすると，図 4.18 に示す 2 つの場合のどちらかであるのだが，じつは，この 2 つの可能性のうち左のほうが正しいこと，すなわち，NP $\neq$ P であるならば，NP 完全でもなく P にも属さない NP の問題が存在することが知られている．

定理 4.52　NP $\neq$ P ならば，NP $-$ (NPC $\cup$ P) $\neq \emptyset$ である．

ここで，その定理 4.52 の証明を行なう．簡単のため，言語はすべてアルファベット $\{0,1\}$ 上であるものとする．

定理 4.52 は，以下に述べるクラス分離の補題から導くことができる．以下において，任意の文字列 $w \in \{0,1\}$ に対して，記号 $\nu(w)$ で，2 進表現が $1w$ となる正の自然数を表わす．ν は $\{0,1\}^*$ から $\mathbf{N}^+$ への全単射である．

クラス C が**帰納的に表現可能**（recursively presentable）であるとは，次の 3 つの条件を満たす関数 $f : \{0,1\}^* \to \{0,1\}^*$ が存在することである．

1.　関数 f を計算するチューリング機械が存在する．

2. 任意の文字列 $w \in \{0,1\}^*$ に対して，$f(w)$ は停止性の決定性チューリング機械の表現である．
3. $\mathcal{C} = \{L(E) \mid (\exists w \in \{0,1\}^*)[f(w) = \mathcal{E}(E)]\}$ が成り立つ．

補題 4.53 （クラス分離の補題） 言語クラス $\mathcal{C}_1$ と $\mathcal{C}_2$ がどちらも帰納的に表現可能で，有限の変更のもとで閉じているものとする．このとき，もし P に属するが $\mathcal{C}_1$ に属さない言語 A_1 と $\mathcal{C}_2$ に属さない言語 A_2 が存在すれば，$\mathcal{C}_1 \cup \mathcal{C}_2$ に属さず，A_2 に $\leq_{\mathrm{m}}^{p}$ 還元可能な言語 A が存在する．

この補題の証明は少し先に延ばして，まず，この補題を基に定理 4.52 を証明する．

定理 4.52 の証明 $\mathcal{C}_1 = \mathrm{NPC}$，$\mathcal{C}_2 = \mathrm{P}$ と設定する．どちらのクラスも有限の変更のもとで閉じており（演習問題 4.28 参照），また，命題 4.54 で証明するように，どちらのクラスも帰納的に表現可能である．いま，A_1 を P の任意の集合，$A_2 = \mathrm{SAT}$ とする．定理の仮定から，$\mathrm{NP} \neq \mathrm{P}$ であるので，$\mathrm{P} \cap \mathrm{NPC} = \emptyset$ である．したがって，A_1 は P に属するが $\mathcal{C}_1$ には属さず，また，A_2 は $\mathcal{C}_2$ に属さない．すると補題から，$\mathrm{NPC} \cup \mathrm{P}$ に属さず，SAT に $\leq_{\mathrm{m}}^{p}$ 還元可能な言語 A が存在する．NP は $\leq_{\mathrm{m}}^{p}$ のもとで閉じているので（命題 4.13 参照），$A \leq_{\mathrm{m}}^{p} \mathrm{SAT}$ は $A \in \mathrm{NP}$ であることを意味する．したがって，$A \in \mathrm{NP} - (\mathrm{NPC} \cup \mathrm{P})$ となり，定理が証明された． ❑

残るは，NPC と P が帰納的表現可能であることの証明と，クラス分離の補題の証明である．

命題 4.54 P および NPC は帰納的に表現可能である．

証明 まず，P が帰納的に表現可能であることを証明する．任意の正の自然数 i に対して，$p_i(n)$ を多項式 $n^i + i$ と定める．S_0 を，あらゆる 2 進文字列の入力を受理する停止性の決定性チューリング機械とする．

w を任意の 2 進文字列とする．ペアリング関数の逆関数を w にほどこして得られる 2 つの文字列を u，v とする（すなわち，$w = \langle u,v \rangle_2$）．このとき，

$f(w)$ を次のように定める．

- u が大きさ 2 のアルファベットを入力アルファベットとしてもつ決定性チューリング機械の表現になっていなければ，$f(w) = \mathcal{E}(S_0)$ である．
- u が大きさ 2 のアルファベットを入力アルファベットとしてもつ決定性チューリング機械の表現になっている場合，u の表わすチューリング機械を M とすれば，$f(w)$ は以下の動作を行なうようなチューリング機械 E の表現 $\mathcal{E}(E)$ である．

  E は，入力 $x \in \{0,1\}^*$ に対して，

  ・ M の入力 x に対する動きを模倣し，M が $p_{\nu(v)}(|x|)$ ステップ以内に x を受理するようならば受理し，そうでなければ拒否する．

u と v は w から計算することができ，$p_{\nu(v)}(|x|)$ の値は v と x から計算することができるので，f は停止性のチューリング機械によって計算可能である．S_0 が停止性のチューリング機械であるから，任意の w に対して，$f(w)$ は停止性のチューリング機械の表現である．いま，

$$\mathcal{C} = \{L(E) \mid (\exists w \in \{0,1\}^*)[f(w) = \mathcal{E}(E)]\}$$

と定める．任意の $w \in \{0,1\}^*$ に対して，ある自然数 $i \geq 1$ が存在して，$f(w)$ の表わすチューリング機械は $p_i(n)$ 時間限定である．したがって，$\mathcal{C} \subseteq \mathrm{P}$ である．

一方，A を P に属する任意の言語とすると，ある $i \geq 1$ と $p_i(n)$ 時間限定チューリング機械 M が存在して，$A = L(M)$ が成り立つ．そこで，$w = \langle \mathcal{E}(M), \nu^{-1}(i) \rangle_2$ と定めれば，$f(w)$ の表わすチューリング機械 E は，

$$(\forall x)[x \in L(M) \iff x \in L(E)]$$

を満たす．よって，$A = L(E)$ である．これは，$\mathrm{P} \subseteq \mathcal{C}$ を意味する．ゆえに，$\mathcal{C} = \mathrm{P}$ が成り立ち，P が帰納的に表現可能であることが証明された．

次に，NPC が帰納的に表現可能であることを証明する．S_1 を SAT を決定的に解く停止性のチューリング機械とする．SAT $\in$ NP かつ NP $\subseteq$ PSPACE であるから，そのようなチューリング機械が存在する．

関数 $g(w)$ を次のように定義する．w を任意の 2 進入力文字列として，y，z，

u および v を，4 引数のペアリング関数の逆関数を w に対して計算して得られる文字列とする（すなわち，$w = \langle y, z, u, v \rangle_4$）．このとき，次の条件を考える．

- y は，大きさ 2 の入力アルファベットをもつ，ある非決定性チューリング機械 N の表現 $\mathcal{E}(N)$ である．
- z は，大きさ 2 の入力アルファベットと大きさ 2 の出力アルファベットをもつ，ある決定性チューリング変換器 T の表現 $\mathcal{E}(T)$ である．

もし，これらの条件の少なくとも一方が満たされなければ，$g(w) = \mathcal{E}(S_1)$ と定める．これらの条件の両方が満たされれば，$g(w)$ は，入力 x に対して次のように動作するチューリング機械 E の表現 $\mathcal{E}(E)$ と定める．簡単のため，$i = \nu(u)$ および $j = \nu(v)$ とする．

段階 1　$y \le x$ なる $\{0,1\}^*$ の任意の文字列 y に対して，T の入力 y に対する動きを模倣し，T が $p_j(|y|)$ ステップ以内に受理するかどうかを調べる．

段階 2　もし，すべての y に対して T が $p_j(|y|)$ ステップ以内に受理すれば，それぞれの y に対して何が出力されたかを $T[y]$ として記録してから，段階 3 に進む．そうでなければ，S_1 の入力 x に対する動きを模倣して，S_1 が受理すれば受理し，拒否すれば拒否する．

段階 3　長さが $p_j(|x|)$ 以下であるすべての 2 進文字列 z に対して，N の z に対する計算木 $\tau[N, z]$ の高さが $p_i(|z|)$ 以下であるかどうかを調べる．

段階 4　どの z に対しても $\tau[N, z]$ の高さが $p_i(|z|)$ 以下であるなら，$\tau[N, z]$ が受理時点表示を含む z を集合 R として記録してから，段階 5 に進む．そうでなければ，S_1 の入力 x に対する動きを模倣し，S_1 が受理すれば受理し，拒否すれば拒否する．

段階 5　$y \le x$ であるすべての文字列 y に対して，$y \in \mathrm{SAT} \iff T[y] \in R$ が成り立つかどうかを判定する．ただし，$y \in \mathrm{SAT}$ かどうかの判定には S_1 を用いる．この条件がすべての y に対して満たされれば，段階 6 に進む．そうでなければ，段階 2 や段階 4 においてのように，S_1 の入力 x に対する動きを模倣し，S_1 が受理すれば受理し，拒否すれば拒否する．

段階 6　もし，$x \in R$ であれば x を受理し，$x \notin R$ であれば x を拒否する．

この g によって NPC が帰納的に表現可能となることは，次のようにしてわかる．

まず，任意の w に対して，$g(w)$ は明らかに停止性の決定性チューリング機械の表現である．そこで，

$$\mathcal{H} = \{L(E) \mid (\exists w)[g(w) = \mathcal{E}(E)]\}$$

と定義する．

任意の w に対して，$g(w)$ の表現するチューリング機械 E が $L(E) \in \mathrm{NPC}$ を満たすことは次のようにしてわかる．まず，$g(w) = \mathcal{E}(S_1)$ となるならば，$L(S_1) = \mathrm{SAT}$ であるから，$L(E)$ は NP 完全である．次に，ある x_0 が存在して，$x = x_0$ のときに E の計算が段階 2，4 または 5 で S_1 の模倣に移り変わるのであれば，x_0 よりも大きな任意の文字列に対して，段階 2，4 または 5 で必ず S_1 の模倣に移り変わる．したがって，$L(E)$ は x_0 よりも前の部分を除いては SAT と同じである．NPC は有限の変更のもとで閉じているので，$L(E) \in \mathrm{NPC}$ となる．さらに，いかなる x に対しても，E の入力 x に対する計算が段階 6 に到達するなら，次が成り立つ．

- N は $p_i(n)$ 時間限定の非決定性チューリング機械である．
- T は $p_j(n)$ 時間限定のチューリング変換器であり，すべての入力を受理する．
- すべての x に対して，$x \in \mathrm{SAT} \iff T(x) \in L(N)$ が成り立つ．
- $L(N) = L(E)$ である．

最初の 3 条件により，$L(N) \in \mathrm{NP}$ かつ $\mathrm{SAT} \leq^p_{\mathrm{m}} L(N)$ が成り立つので，$L(N) \in \mathrm{NPC}$ であり，最後の条件 $L(N) = L(E)$ により，$L(E) \in \mathrm{NPC}$ が成り立つ．よって，$\mathcal{H} \subseteq \mathrm{NPC}$ である．

一方，A を任意の NP 完全の言語とすると，$A \in \mathrm{NP}$ であるから，ある自然数 i と $p_i(n)$ 時間限定の非決定性チューリング機械 N が存在して，$A = L(N)$ となり，A は NP 困難であるから，ある自然数 j と $p_j(n)$ 時間限定の決定性チューリング変換器 T が存在して，T は SAT を A に多対一還元する．そこで，$w = \langle \mathcal{E}(N), \mathcal{E}(F), \nu^{-1}(i), \nu^{-1}(j) \rangle_4$ と定めると，任意の入力 x に対して，

$g(w)$ の計算は段階 6 に到達し，R の値は $A \cap \{0,1\}^{\leq p_j(|x|)}$ となる．したがって，$x \in E \iff x \in A$ であり，$A = L(E)$ である．よって，$\mathrm{NPC} \subseteq \mathcal{H}$ である．

ゆえに，$\mathrm{NPC} = \mathcal{H}$ である． ❑

さて，残るは補題の証明のみである．$A_1 \in \mathrm{P} \setminus \mathcal{C}_1$，$A_2 \notin \mathcal{C}_2$ であり，$\mathcal{C}_1$ と $\mathcal{C}_2$ が有限の変更のもとで閉じていて，帰納的に表現可能であると仮定する．

簡単のため，任意の正の整数 i に対して，$\mathcal{C}_1$ の帰納的表現において文字列 $\nu^{-1}(i)$（i の 2 進表現の最初の 1 を取り除いてできる文字列）に対応するチューリング機械を D_i で，$\mathcal{C}_2$ の帰納的表現において文字列 $\nu^{-1}(i)$ に対応するチューリング機械を E_i で表わすことにする．$A_1 \notin \mathcal{C}_1$ であり，$\mathcal{C}_1$ は有限の変更のもとで閉じているから，任意の $\mathcal{C}_1$ の言語 Z に対して，A_1 と Z との対称差 $A_1 \triangle Z$ は無限集合である．すると，任意の正の自然数 i と j に対して，A_1 と $L(D_i)$ の対称差 $A_1 \triangle L(D_i)$ に属する文字列で長さが j 以上のものが存在する．$\sigma_1(i,j)$ で，そのような文字列のうちで最小のものの長さを表わす．つまり，

$$\sigma_1(i,j) = \min\{k \mid (k \geq j) \wedge (\exists w \in \{0,1\}^k)[w \in (A_1 \triangle L(D_i))]\}$$

である．いま，関数 $m_1 : \mathbf{N}^+ \to \mathbf{N}^+$ を，任意の $n \geq 1$ に対して，

$$m_1(n) = 1 + \max\{\sigma_1(i,n) \mid 1 \leq i \leq n\}$$

と定義する．

同様に，$A_2 \notin \mathcal{C}_2$ であり，$\mathcal{C}_2$ は有限の変更のもとで閉じているから，任意の正の自然数 i と j に対して，A_2 と $L(E_i)$ の対称差 $A_2 \triangle L(E_i)$ に属する文字列で長さが j 以上のものが存在する．$\sigma_2(i,j)$ で，そのような文字列のうちで最小のものの長さを表わす．いま，関数 $m_2 : \mathbf{N}^+ \to \mathbf{N}^+$ を，任意の $n \geq 1$ に対して，

$$m_2(n) = 1 + \max\{\sigma_2(i,n) \mid 1 \leq i \leq n\}$$

と定義する．そして，$m(n) = m_1(n) + m_2(n)$ と定める．

任意の正の整数 i に対して，D_i と E_i の表現を計算することができ，しかも，D_i も E_i も停止性のチューリング機械であるから，任意の正の整数 n に対して入力 0^n から $0^{m(n)}$ を計算するようなチューリング機械が存在する．その

ようなチューリング機械をひとつ選んで M とし，任意の正の整数 n に対して $p(n) = \mathrm{time}_M(0^n)$ と定義する．また，$p(0) = 1$ および $m_1(0) = m_2(0) = 0$ と定める．すると，次の条件が成り立つ．

- $(\forall n \geq 0)[p(n) \geq \max\{m_1(n), m_2(n)\}]$ である．
- $p(n)$ は時間構成可能である．
- $p(n)$ は単調増加，すなわち，$(\forall n \geq 0)[p(n) > n]$ である．

そこで，関数 $\gamma : \mathbf{N} \rightarrow \mathbf{N}^+$ を

$$(\forall m \geq 0)[\gamma(m) = \min\{k \mid p^k(0) > m\}]$$

と定める．つまり，$p(n)$ は単調増加であるから，0 から始めて，$p(0)$，$p(p(0))$，$p(p(p(0)))$，…と関数 $p(n)$ をくり返し掛けていくと，どの m に対しても値はいつか m を越える．値が最初に m を越えるまでに $p(n)$ を何回掛けなければならなかったのかを示すのが $\gamma(m)$ の値である．この γ を用いて，集合 G を

$$G = \{x \mid \gamma(|x|) \text{ は奇数である }\}$$

と定める．

このとき，次が成り立つ．

事実 1　$G \in \mathrm{P}$ である．

証明　$p(n)$ は時間構成可能なので，入力 x に対して，$0^{p(|x|)}$ を $p(|x|)$ ステップで構成するチューリング機械 D が存在する（$p(n)$ を構成するチューリング機械が動作しているあいだ，0 を出力しつづければよい）．そこで，入力 x に対して，次のように動作するチューリング機械 V を考える．

段階 1　カウンター C の値を 0 に設定する．文字列 w を ϵ に設定する．

段階 2　C の値を 1 増やす．

段階 3　入力 w に対する D の動きを模倣しながら，1 ステップごとに x の上のヘッドを動かす．D の模倣が終了する前に x を読み終えたなら段階 5 に進む．そうでなければ段階 4 に進む．

段階 4　w の値を D の出力に設定し，段階 2 に戻る．

段階 5 C が奇数ならば受理し，偶数ならば拒否する．

V が G を受理するのは明らかである．段階 3 における模倣はたかだか $|x|$ ステップを要し，$p(n)$ は単調増加であるので，段階 3 はたかだか $|x|$ 回行なわれる．したがって，V の時間計算量は $O(n^2)$ である．よって，$G \in \mathrm{P}$ が成り立つ． ❑

ここで，

$$A = (A_1 \cap G) \cup (A_2 \cap \overline{G})$$

と定めると，次が成り立つ．

事実 2 $A \leq_{\mathrm{m}}^{p} A_2$ である．

証明 $b_0 \notin A_2$ と $b_1 \in A_2$ を固定する．関数 f を次のように定める．

$$f(x) = \begin{cases} x & (x \notin G \text{ のとき}) \\ b_1 & (x \in G \text{ かつ } x \in A_1 \text{ のとき}) \\ b_2 & (x \in G \text{ かつ } x \notin A_1 \text{ のとき}) \end{cases}$$

G と A_1 はどちらも P の言語なので，f は多項式時間計算可能である．また，すべての x に対して，$x \in A \iff f(x) \in A_2$ である．よって，$A \leq_{\mathrm{m}}^{p} A_2$ が成り立つ． ❑

最後に，次を示す．

事実 3 $A \notin \mathcal{C}_1 \cup \mathcal{C}_2$ である．

証明 証明は背理法を用いる．$A \in \mathcal{C}_1$ と仮定すると，$A = L(D_i)$ なる正の自然数 i が存在する．k を $2k \geq i$ なる任意の自然数とし，$h_1 = p^{2k}(0)$，$h_2 = p^{2k+1}(0)$ とすると，$h_1 \leq |x| < h_2$ なるすべての x は G に属する．したがって，そのような x すべてに対して，

$$x \in A \iff x \in A_1$$

が成り立つ．$2k \geq i$ であるから，定義から，$A_1 \triangle L(D_i)$ に属する x で，$h_1 \leq |x| < m_1(h_1)$ なるものが存在する．$p(n) \geq m_1(n) + m_2(n)$ である

から，そのような x の長さは $p(h_1)$ 未満である．$p(h_1) = h_2$ であるから，$A_1 \triangle L(D_i)$ に属する x のうちで，$h_1 \leq |x| < h_2$ なるものが存在することになる．長さが h_1 以上 h_2 未満の任意の x に対して，$x \in A$ であることと $x \in A_1$ であることが同値なので，そのような x が存在するということは，$A \neq L(D_i)$ であることを意味し，矛盾が生じる．したがって，$A \notin \mathcal{C}_1$ である．

同様の方法で $A \notin \mathcal{C}_2$ であることを証明でき，ゆえに，$A \notin \mathcal{C}_1 \cup \mathcal{C}_2$ である．

以上で，補題 4.53 の証明を終了する．❑

さて，定理 4.52 と同様の方法で，さまざまな定理を証明することができる．そのひとつは次のようなものである．

定理 4.55　$\mathrm{P} \neq \mathrm{NP}$ ならば $\mathrm{NP} - (\mathrm{NPC} \cup (\mathrm{NP} \cap \mathrm{coNP}))$ は空でない．

証明　この定理の証明は，定理 4.52 の証明において $\mathcal{C}_2 = \mathrm{NP} \cap \mathrm{coNP}$ と変更するだけでよい．$\mathrm{NP} \cap \mathrm{coNP}$ が帰納的に表現可能であることは，演習問題 4.29 を参照されたい．❑

4.7 演習問題およびノート

演習問題

問題 4.1　命題 4.6 で定義された M_h が多項式時間限定であることを証明せよ．

問題 4.2　f を対数領域限定のチューリング変換器で計算される関数とすると，f の長さは多項式で限定されていること，すなわち，ある多項式 $p(n)$ に対して，$(\forall x)[|f(x)| \leq p(|x|)]$ が成り立つことを証明せよ．また，長さが入力の長さの多項式となるような対数領域計算可能関数をひとつ示せ．

問題 4.3　命題 4.10 を証明せよ．

問題 4.4　命題 4.14（NL と P が $\leq_{\mathrm{m}}^{\log}$ のもとで閉じていること）を証明せよ．

問題 4.5　言語 A が NP 困難かつ $A \leq_{\mathrm{m}}^{p} B$ であれば，B も NP 困難であること

を証明せよ．

問題 4.6 言語 A が NL 困難かつ $A\leq_{\mathrm{m}}^{\log}B$ であれば，B も NL 困難であることを証明せよ．

問題 4.7 いかなる命題論理式も，それと同値である標準形論理式（和積および積和）に書き換えられることを証明せよ．ただし，n 変数の命題論理式の書き換えに必要な句の数は 2^n くらいあってもよい．

問題 4.8 n 変数上でリテラルの数がちょうど k の句（リテラルの重複はないものとする）は，ちょうど $2^k\binom{n}{k}$ 存在することを示せ．

問題 4.9 φ を n 変数上の命題論理式で，その中にリテラルが全部で（重複しているものを含めて）k 個現われるとする．このとき，φ は長さ $O(k\log n)$ の 2 進文字列として書くことができることを示せ．

問題 4.10 AtMost3-3SAT $=\{\varphi \mid \varphi$ は充足可能な 3CNF 命題論理式で，どの変数もたかだか 3 回しか φ に出現しない$\}$とするとき，これが NP 完全であることを証明せよ．

問題 4.11 CNF 命題論理式 φ が，変数 x に関してリテラル x は含むが $\neg x$ は含まないとき，φ に部分真偽設定 $x=1$ を与えて単純化することによってできる命題論理式 φ' は，$\varphi\in\mathrm{SAT} \iff \varphi'\in\mathrm{SAT}$ を満たすことを証明せよ．また，同様のことが，リテラル $\neg x$ と x を入れ換えて，$x=1$ を $x=0$ と交換した場合にもいえることを証明せよ．

問題 4.12 NAESAT が NP に属することを証明せよ．

問題 4.13 3CNF 命題論理式の **3 択 1 充足真偽設定**（1-in-3 satisfying assignment）は，どの和句に対してもただ 1 つのリテラルの値を 1 とするような充足真偽設定である．1-IN-3SAT は 3CNF 命題論理式が，3 択 1 充足真偽設定をもつかどうかを判定する問題である．

この問題が NP 完全であることを次の要領で証明せよ．

1. 1-IN-3SAT $\in$ NP を証明せよ．
2. 和句 $(a \vee b \vee c)$ の 3 択 1 充足真偽設定の変数 a と b に関する部分は，$(\neg a \vee \neg b)$ の充足真偽設定であることを示せ．
3. 和句 $(x \vee y \vee z)$ に対して，(x)，$(\neg x \wedge y)$，$(\neg x \wedge \neg y \wedge z)$ に対応する変数 a，b，c を導入する．そして，$(a \vee b \vee c)$ にある 2CNF 論理式を掛けて，その 3 択 1 充足真偽設定が全部で 7 個あり，$(x \vee y \vee z)$ の値を 1 にする 7 個の真偽設定をそれぞれ拡張したものであることを示せ．
4. 上記の議論に基づいて，任意の 3CNF 命題論理式を多項式時間で 1-IN-3SAT の入力に書き換えられることを証明せよ．

問題 4.14　k を整数とするとき，次の言語は P に属することを証明せよ．
$\{\varphi \mid \varphi$ は和積標準形の命題論理式で，n を φ の変数の個数とするとき，たかだか $k(\log n)$ 個の否定形のリテラル（つまり，$\neg x$ という形のリテラル）を含む$\}$.

問題 4.15　図 4.3 の 2 頂点からなる頂点被覆をすべて求めよ．

問題 4.16　頂点被覆問題 VC が NP に属することを証明せよ．

問題 4.17　Clique が NP に属することを証明せよ．

問題 4.18　命題 4.34 を証明せよ．

問題 4.19　系 4.36 を証明せよ．

問題 4.20　3-Coloring $\leq_m^p$ Coloring を証明せよ．

問題 4.21　φ を 3CNF 命題論理式とするとき，一般性を失うことなく，φ のどの変数 x についても，x と $\neg x$ の両方が φ に登場すると仮定してよいことを示せ．すなわち，φ が 3CNF 命題論理式であるが，そのような性質をもっていない場合，φ の長さの多項式時間で，そのような性質をもち，かつ φ と同じ充足可能性をもつ 3CNF 命題論理式に φ を変換できることを示せ．

問題 4.22　HamPath と HamCycle の NP 完全性の証明（定理 4.43）に基づ

いて，DirectedHamPath および DirectedHamCycle が NP 完全であることを証明せよ．

問題 4.23 Subsumption $= \{\langle \varphi_1, \varphi_2 \rangle_2 \mid \varphi_1$ と φ_2 は同じ変数の集合をもち，φ_1 の充足真偽設定はすべて φ_2 の充足真偽設定である$\}$ と定義する．このとき，Subsumption が coNP 完全であることを証明せよ．

問題 4.24 SetCover と X3C が NP 完全であることを証明せよ．

問題 4.25 SubsetSum を，$\{(a_1, \cdots, a_n, T) \mid a_1, \cdots, a_n, T \in \mathbf{N}$ かつ $J \subseteq \{1, \cdots, n\}$ で，$\displaystyle\sum_{i \in J} a_i = T$ となる集合 J が存在する$\}$ と定義する．このとき，SubsetSum が NP 完全であることを，SetCover からの多項式時間多対一還元を次のように構成することにする．$U = \{u_1, \cdots, u_p\}$ の部分集合の族 $F = \{A_1, \cdots, A_n\}$ が入力として与えられたとき，U の要素 u_i に対して，C^{i-1} という重み $w(u_i)$ を与え，F の要素 A_j に対して，$\displaystyle\sum_{u \in A_j} w(u)$ を a_j と設定し，目標 T を $1 + C + \cdots + C^{n-1}$ と設定する．このとき，どのように C を選べば，$(a_1, \cdots, a_n, T) \in$ SubsetSum $\iff (U, F) \in$ SetCover となるかを考え，証明を完成せよ．

問題 4.26 **ナップサック問題**は，自然数の組 $w_1, \cdots, w_n, v_1, \cdots, v_n, W, V$ に対して，$S \in \{1, \cdots, n\}$ で，$\displaystyle\sum_{i \in S} w_i \leq W$ かつ $\displaystyle\sum_{i \in S} v_i \geq V$ なるものがあるかどうかを判定する問題である．Knapsack をナップサック問題の答えが真となる入力全体の集合とする．ただし，自然数の列を表わすには，それぞれを 2 進数で表わし，あいだに # をはさむものとする．このとき，SubsetSum$\leq_{\mathrm{m}}^{p}$Knapsack であることと Knapsack $\in$ NP であることを証明せよ．

問題 4.27 P $\neq$ NPC であることを証明せよ．

問題 4.28 NPC が有限の変更のもとで閉じていることを証明せよ．

問題 4.29 NP $\cap$ coNP が帰納的に表現可能であることを証明せよ．

問題 4.30　$P \neq NP$ ならば，任意の自然数 $k \geq 1$ に対し，NP に属する言語の列 $A_1, \cdots, A_k$ で，$(\forall i : 1 \leq i \leq k-1)[(A_i \leq^p_m A_{i+1}) \wedge \neg(A_{i+1} \leq^p_m A_i)]$ なるものが存在することを証明せよ．

ノート

NP 完全性の概念は，Cook と Levin によって独立に提唱され（[6] および [25]），さらに，Karp によって整備された [16]．本書における NP 完全性の証明の大部分は，これらの論文と，Garey と Johnson による，NP 完全性に関する古典的教科書である [7] を参考にした．NAESAT 問題の完全性は Schaefer による [34]．対数領域還元可能性は，Ladner と Lynch の論文 [23] において導入された．NP と P のあいだの溝に関する結果は Ladner によって証明された [22]．本書での解説は Schöning による一般化 [36] を基にした．

第5章

NL，PSPACE，EXPTIME，および NEXPTIMEの完全問題

5.1 NLの完全問題

5.1.1 到達可能性問題

第3.3節では，非決定性領域限定チューリング機械の計算を，時点表示グラフにおける到達可能性を判定する問題に置き換えることによって分析した．この問題は，有向グラフ G とその2頂点 s と t に対し，s から t に到達する小路がグラフ G に存在するかどうかを判定する，**到達可能性問題**（reachability problem）として一般化できる．

ここで，G と s と t の組は，G の隣接行列を A，G の頂点数を n とするとき，$1^n0A1^s01^t$ のように2進文字列で表現することができ，これを記号 (G,s,t) で表わす．

定義 5.1 $\text{Reachability} = \{(G,s,t) \mid s$ および t は有向グラフ G の頂点で，G は s から t への小路をもつ$\}$ と定める．

この到達可能性問題はNL完全問題である．

定理 5.2 Reachabilityは，（$\leq_{\mathrm{m}}^{\log}$ 還元可能性のもとで）NL完全である．

証明 まず，$\text{Reachability} \in \text{NL}$ を証明する．入力 $w \in \{0,1\}^*$ に対して，次

のように動作する非決定性チューリング機械 N を考える．

段階 1　w が (G, s, t) という形式であるかどうかを調べる．w が正しい形式でなければ，ただちに拒否する．

段階 2　V を G の頂点集合，E を G の辺集合，$n = \|V\|$ とする．$s = t$ であれば，ただちに受理する．$s \neq t$ ならば，u の値を s に設定し，C の値を 0 に設定して，段階 3 に進む．

段階 3　もし，$(u, v) \in E$ なる $v \in V$ が存在しなければ，ただちに拒否する．そのような v が存在すれば，その 1 つを非決定的に選び，u の値をその頂点に替えて C の値を 1 増やす．

段階 4　$v = t$ ならば受理する．

段階 5　$C = n$ ならば拒否する．$C < n$ ならば段階 3 に戻る．

このアルゴリズムは，正しく到達可能性を判定し，しかも領域計算が $O(\log n)$ となるように工夫できる（演習問題 5.6 参照）．

次に，Reachability が NL 困難であることを示す．A を NL に属する任意の言語とすると，定数 $c \in \mathbf{N}^+$ と $c \log n$ 領域限定非決定性チューリング機械 N が存在して，$A = L(N)$ を満たす．演習 3.11 で示したように，N は入力 x を受理する直前に，それぞれの作業用テープの 1 番地から $c\lceil \log |x| \rceil$ 番地までのすべてのマス目に 0 を書き，すべての作業用ヘッドと入力ヘッドを 0 番地に動かすものとする．すると，各入力 x に対して N の受理時点表示は一意に定まる．

N は $c \log n$ 領域限定であるから，ある定数 $d > 0$ に対して，N の入力 x に対する時点表示グラフの各頂点は，長さ $D = d\lceil \log |x| \rceil$ の 2 進文字列で表わすことができる．そこで，グラフ $G = (V, E)$ を，$V = \{0, 1\}^D$，

$$(\forall u, v \in V)[(u, v) \in E \iff u \vdash_N v] \tag{5.1}$$

と定める．ただし，V の頂点は，文字列順序を用いて順序づけされるものとする．また，G の頂点集合 V は $\tau[N, x]$ の頂点をすべて含むが，それ以外のものも含む可能性がある．

入力 x に対する初期時点表示を表わす V の要素を s，また，x に対して一意に定まる受理時点表示を表わす V の要素を t とすれば，

$$x \in A \iff (G, s, t) \in \text{Reachability}$$

が成り立つ．

$G = (V, E)$ の隣接行列は式 5.1 によって定まる．u と v が長さ $d\lceil \log |x| \rceil$ であるから，$u \vdash_N v$ が成り立つかどうかは，対数領域限定の決定性チューリング機械で判定することができる．また，s と t も x を入力として対数領域で計算できるので，(G, s, t) 全体が x を入力として対数領域で計算できる．よって，$A \leq_{\mathrm{m}}^{\log}$ Reachability が成り立ち，Reachability は NL 完全である． ❑

5.1.2 2CNFSAT 問題

定理 5.3 2SAT は NL 完全である．

証明 定理 3.14 から，NL = coNL が成り立つので，NL 完全であることと coNL 完全であることは同値である．そこで，2SAT が coNL 完全であることを証明する．そのためには，2SAT が coNL 困難であることと，2SAT が coNL に属することを示せばよい．

定理 5.2 から，Reachability は NL 困難である．それゆえ，$\overline{\text{Reachability}}$ は coNL 困難であるから，2SAT が coNL 困難であることを示すには，$\overline{\text{Reachability}}$ から 2SAT への対数領域多対一還元を構成すればよい（演習問題 4.6 参照）．ここで，構成する $\overline{\text{Reachability}}$ から 2SAT への還元を f で表わす．

定義から明らかに，$\epsilon \notin$ 2SAT である．w を任意の 2 進文字列とするとき，w が (G, s, t) という形式でない場合は $f(w) = \epsilon$ であると定める．w の形式の確認は明らかに対数領域で行なうことができる．

一方，w が (G, s, t) という形式である場合には，次のようにして $f(w)$ を求める．V を G の頂点集合，E を G の辺集合，かつ，$n = \|V\|$ であるとする．G の任意の 2 頂点 u と v に対して，もし G が u から v への小路をもつなら，そのような小路で閉路を含まないものが存在する．これは次の理由による．いま，$\pi = [u_1, \cdots, u_m]$ が u から v への小路であるとする．すると，$u = u_1$ かつ $v = u_m$ である．もし，π の部分列 $[u_i, \cdots, u_j]$ が閉路であるなら，$i < j$ かつ $u_i = u_j$ が成り立つ．そこで，π から $[u_i, \cdots, u_{j-1}]$ を取り除いてできる

列 $\pi' = [u_1, \cdots, u_{i-1}, u_j, \cdots, u_m]$ を考えると，これは u から v への小路であり ($i = 1$ の場合は $u_j = u_1$ である)，π よりも短い．したがって，π が閉路を含むかぎり，それを短縮することができる．π の長さはもともと有限であり，どの小路も長さは 0 以上であるから，最終的に π は閉路を含まなくなる．

上記の考察において，$s = u$ かつ $t = v$ とすると，s から t への小路があるとすれば，それは閉路を含まないとしてよい．したがって，s に入ってくる辺と t から出ていく辺は，s から t への小路を構成するのに不要である．そこで，そのような辺を G から取り除いてしまっても，s から t に到達可能であるかどうかという性質には影響しない．今後，G はすでにそのような変形がなされているものとする．

V の各頂点 u に対し，述語 $Q(u)$ を

$$Q(u) = [G \text{ において } s \text{ から } u \text{ へ到達可能である }]$$

と定義する．このとき，次が成り立つ．

- $(G, s, t) \in \overline{\text{Reachability}} \iff Q(t) = 0$
- $(u, v) \in E$ なる任意の 2 頂点 u と v に対して，$Q(u) \Rightarrow Q(v)$
- $Q(s) = 1$

いま，V の各頂点 u に対して変数 $X(u)$ を割り当て，命題論理式 φ_0 を

$$X(s) \wedge \left(\bigwedge_{(u,v) \in E} (\neg X(u) \vee X(v)) \right)$$

と定める．論理式 $A \Rightarrow B$ は $(\neg A \vee B)$ と表わせることに注意すると，φ_0 の任意の真偽設定 $\mathcal{A}$ に対して，

$$\varphi_0(\mathcal{A}) = 1 \iff (\forall u \in V)[Q(u) = 1 \Rightarrow \mathcal{A}(X(u)) = 1]$$

が成り立つ．そこで，φ_0 に和句 $(\neg X(t))$ を掛けたものを φ_1 とすると，

$$Q(t) = 0 \iff \varphi_1 \text{は充足可能である}$$

が成り立つ．2CNF 論理式の和句は，どれもリテラルをちょうど 2 つもたなければならないので，変数 Y を導入して，φ_1 の和句 $(X(s))$ を式 $(X(s) \vee Y) \wedge (X(s) \vee \neg Y)$ で，和句 $(\neg X(t))$ を式 $(\neg X(t) \vee Y) \wedge (\neg X(t) \vee \neg Y)$

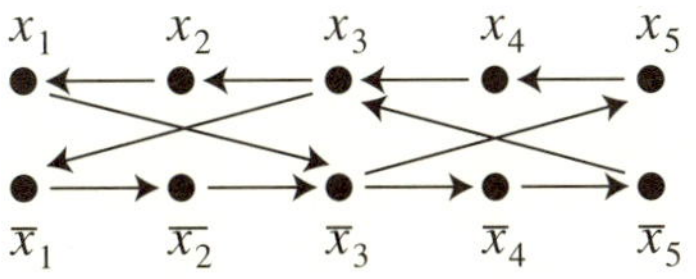

図 5.1 2SAT から有向グラフへの変換

$\varphi = (x_1 \vee \neg x_2) \wedge (x_2 \vee \neg x_3) \wedge (\neg x_1 \vee \neg x_3) \wedge (x_3 \vee \neg x_4) \wedge (x_4 \vee \neg x_5) \wedge (x_3 \vee x_5)$．$x_3$ から出発して $\neg x_3$ に到達し，さらに x_3 に戻ってこられるので，φ は充足不可能である．

で置き換える．そのようにして構成した2CNF 論理式を φ_2 とする．すると，φ_2 が充足可能であることと，φ_1 が充足可能であることが同値となる．この φ_2 を $f(w)$ の値と定める．φ_2 の構成が，入力 (G,s,t) から対数領域で計算できることは明らかである．ゆえに，f は $\overline{\text{Reachability}}$ から 2SAT への対数領域多対一還元である．

次に，2SAT $\in$ coNL であることを証明する．$\varphi = C_1 \wedge \cdots \wedge C_m$ を，n 変数の 2CNF 命題論理式とする．$(a \vee b)$ は

$$((\neg a) \Rightarrow b) \wedge ((\neg b) \Rightarrow a)$$

であることに基づいて，$2n$ 頂点の有向グラフ $G = (V, E)$ を次のように構成する（図 5.1 参照）．

$$V = \{x_i \mid 1 \leq i \leq n\} \cup \{\neg x_i \mid 1 \leq i \leq n\}$$
$$E = \{(\neg \ell_1, \ell_2), (\neg \ell_2, \ell_1) \mid (\ell_1 \vee \ell_2) \text{ は } \varphi \text{ の和句 }\}$$

ただし，どの変数 x に対しても，$\neg\neg x$ は x で置き換える．簡単のため，以下の証明において，記号 $u \rightsquigarrow v$ で，G において u から v へ到達可能であることを表わすものとする．

グラフ G は

$$(\forall u, v \in V)[(u \rightsquigarrow v) \iff (\neg v \rightsquigarrow \neg u)]$$

という性質をもち，$u \rightsquigarrow v$ という関係は

リテラル u が充足されるならば，リテラル v も充足される

ということを意味する．したがって，任意のリテラル u に対して，条件 $u \rightsquigarrow v$

を $u \rightsquigarrow \neg v$ であるようなリテラル v が存在した場合は，u を充足することによって矛盾が生じてしまうので，φ が充足真偽設定 $\mathcal{A}$ をもつとすれば，$\mathcal{A}$ が u に設定する値は，1 ではなく 0 でなければならない．

そこで，このような理由で，充足してはならないことが判明するリテラル全体の集合を S とする．すなわち，

$$S = \{u \mid (\exists v)[(u \rightsquigarrow v) \wedge (u \rightsquigarrow \neg v)]\}$$

である．もし，ある変数 x に対して x と $\neg x$ の両方が S に属するとすると，φ の充足真偽設定は $x = 0$ でも $x = 1$ でもないので，φ は充足不可能となる．

一方，どの変数 x に対しても，x と $\neg x$ のうち，たかだか 1 つが S に属するならば，φ の充足真偽設定を次のようにして構成することができる．T を $u \in V - S$ かつ $\neg u \in S$ なるリテラル全体の集合とし，X を $\{x, \neg x\} \cap S = \emptyset$ なる変数 x の集合とする．$\rightsquigarrow$ は推移律 $(u \rightsquigarrow v) \wedge (v \rightsquigarrow w) \Rightarrow (u \rightsquigarrow w)$ を満たすので，$V - S$ に属するどの頂点からも S の頂点に到達することはできない．また，$\rightsquigarrow$ は反射律 $(u \rightsquigarrow u)$ を満たすので，$V - S$ に属するどのリテラル u に対しても $u \rightsquigarrow \neg u$ は成り立たない．このとき，次のような方法で，リテラルの集合 Z を構成する．

段階 1　Z の初期値を T に設定する．

段階 2　Z から到達可能な頂点をすべて Z に入れる．

段階 3　X の変数 x で，$\{x, \neg x\} \cap Z = \emptyset$ なる変数 x があるかぎり，次を実行する．

- **段階 3a**　そのような変数 x をひとつ選んで，リテラル x を Z に入れる．
- **段階 3b**　x から到達可能な頂点をすべて Z に入れる．

このとき，次が成り立つ．

事実 4　Z は S とたがいに素で，どの変数 x に対しても x と $\neg x$ のうちのちょうど 1 つを含む．

証明　段階 1 または 3a において，Z に加わるのはつねに $V - S$ の要素で，$V - S$ から S に到達できないので，$Z \cap S = \emptyset$ である．

T を Z に加えたあとは，X に含まれるどの変数 x に対しても，x と $\neg x$ の一方が Z に加わるまで段階 3 がくり返されるから，Z はどの変数 x に対しても，x と $\neg x$ の少なくとも一方を含む．

Z が，あるリテラル u に対して u と $\neg u$ を含むと仮定する．u_0 をそのようなリテラルの中でいちばん最初に Z に加わるものとする．もし，u_0 が，T に属するある頂点 v から到達可能であるとすると，すべての頂点 y と z に対して，$(y \rightsquigarrow z) \iff (\neg z \rightsquigarrow \neg y)$ が成り立つので，$\neg u_0 \rightsquigarrow \neg v$ が成り立つ．$v \in T$ であるから，$\neg v \in S$ であり，$\rightsquigarrow$ が推移律を満たすことによって $\neg u_0 \in S$ が得られ，$Z \cap S = \emptyset$ であることに矛盾する．したがって，u_0 は T の頂点からは到達できない．同様に，$\neg u_0$ は T の頂点から到達できない．ゆえに，u_0 と $\neg u_0$ が Z に加わるのは段階 3 でなければならない．いま，u_0 が $p \in Z$ から到達可能で，$\neg u_0$ が $q \in Z$ から到達可能であるとする．すると，$\neg u_0 \rightsquigarrow \neg p$ かつ $u_0 \rightsquigarrow \neg q$ であるので，$p \rightsquigarrow \neg q$ かつ $q \rightsquigarrow \neg p$ である．したがって，$\{p, \neg p, q, \neg q, u_0, \neg u_0\} \subseteq Z$ である．もし，$p \neq u_0$ が成り立つとすると，ここで仮定している，u と $\neg u$ が両方とも Z に属するようなリテラル u で最初に Z に加わるものが u_0 であるという仮定に反するので，$p = u_0$ でなければならない．Z_0 を u_0 が加わる直前の Z，Z_1 を段階 3a で u_0 を加えて段階 3b で u_0 から到達可能な頂点すべてを加え終わった直後の Z とする．すると，$\{q, \neg q, u_0, \neg u_0\} \cap Z_0 = \emptyset$ であり，Z_1 は u_0 と $\neg q$ を含むが，$\neg u_0$ と q は含まない．$\neg u_0$ がこのあとで Z に加わるためには，$\{x, \neg x\} \cap Z_1 = \emptyset$ となる変数 x が段階 3a で Z に加わり，$\neg u_0$ は x から到達可能な頂点として，その直後の段階 3b で Z に加わらなければならない．しかし，$x \rightsquigarrow \neg u_0$ であるとすると，$u_0 \rightsquigarrow \neg x$ でなければならず，$\neg x \in Z_1$ となり，z が段階 3a で Z に加わるのが不可能となり，矛盾が生じる．よって，$\neg u_0$ が Z に加わることがそもそも不可能である．ゆえに，Z はどの変数 x に対しても，x と $\neg x$ のうちのちょうど 1 つを含む． ❑

いま，$\mathcal{A}$ を，Z に属するリテラルをすべて充足するような真偽設定と定める．すると，Z から到達可能な頂点がすべて Z に含まれているので，どの和句も $\mathcal{A}$ によって充足される．よって，$\mathcal{A}$ は φ の充足真偽設定となる．したがって，$\varphi \in$ 2SAT であることと，S がどの変数 x に対しても x と $\neg x$ のたかだか

1 つを含むことは同値である．つまり，

$$\begin{aligned} &\varphi \in \overline{\mathrm{2SAT}} \\ \Longleftrightarrow\ &(\exists u, v, v' \in V)[(u \rightsquigarrow v) \wedge (u \rightsquigarrow \neg v) \wedge (\neg u \rightsquigarrow v') \wedge (\neg u \rightsquigarrow \neg v')] \end{aligned}$$

である．右辺の条件は，NL でテストできる（非決定的に u と v と v' を選択して，括弧内の条件がすべて満たされるかどうかをテストすればよい）．ゆえに，$\overline{\mathrm{2SAT}} \in \mathrm{NL}$ となる．

以上で，定理の証明を終了する．❑

5.2　P 完全問題

次に，P の完全問題を紹介する．

5.2.1　多項式時間限定決定性チューリング機械の論理式による表現

次に，クラス P の完全問題を示す．第 4.2 節では，SAT が NP 完全であることを証明した．その証明では，非決定性チューリング機械の時点表示に起きる変化を，IPos，WPos，Sta，WChar という 4 種類の変数群を用いて命題論理式に変換したが，同様の変換をここでも行なう．ただし，前回とちがって，チューリング機械が決定性であるため，時刻 $t+1$ における変数の値が時刻 t における変数の値から一意に定まる．そこで，新たな変数群 Inp と Trans を導入して，初期時点表示を表わす変数群の値から停止時刻の時点表示を表わす変数群の値を，論理代入式を用いて順々に評価していき，最後に評価された変数によって，受理するか否かの決定をする．

$p(n)$ を多項式とし，言語 A が $p(n)$ 時間限定の 1 作業用テープチューリング機械 $M = (Q, \Sigma, \Gamma, \delta, q_0, q_{\mathrm{acc}}, q_{\mathrm{rej}})$ によって受理されるものとする．$x = x_1 \cdots x_n$ を M に与えられた長さ n の入力とし，T で $p(n)$ を表わす．Q の要素を $p_1, \cdots, p_K$ で表わし，$p_2 = q_{\mathrm{acc}}$ とする．また，$\tilde{\Sigma}$ の要素を $a_1, \cdots, a_S$ で表わし，$\tilde{\Gamma}$ の要素を $b_1, \cdots, b_H$ で表わす．D を $K \cdot S \cdot H$ と定め，δ の定義域 $Q \times \tilde{\Sigma} \times \tilde{\Gamma}$ の要素に 1 から D までの番号をふる．このとき，次のような論理変数を考える．

- $\mathrm{IPos}(t,j) : 1 \le t \le T$ かつ $0 \le j \le n+1$．$\mathrm{IPos}(t,j)$ は時刻 t における入力ヘッドの位置が j であることを表わす．
- $\mathrm{WPos}(t,j) : 1 \le t \le T$ かつ $0 \le j \le T$．$\mathrm{WPos}(t,j)$ は時刻 t における作業用ヘッドの位置が j であることを表わす．
- $\mathrm{Sta}(t,k) : 1 \le t \le T$ かつ $0 \le k \le K$．$\mathrm{Sta}(t,k)$ は時刻 t における状態が p_k であることを表わす．
- $\mathrm{WChar}(t,j,h) : 1 \le t \le T$ かつ $0 \le j \le T$ かつ $1 \le h \le H$．$\mathrm{WChar}(t,j,h)$ は時刻 t における作業用テープの j 番地の内容が b_h であることを表わす．
- $\mathrm{Inp}(j,s) : 0 \le j \le n+1$ かつ $1 \le s \le S$．$\mathrm{Inp}(j,s)$ を導入する．$\mathrm{Inp}(j,s)$ は入力テープの j 番地の文字が a_s であることを表わす．
- $\mathrm{Trans}(t,d) : 1 \le t \le T$ かつ $1 \le d \le D$．$\mathrm{Trans}(t,d)$ は時刻 t で遷移関数に与えられる引数が d 番目のものであることを表わす．

これらの変数を用いて，時刻 t の時点表示から時刻 $t+1$ の時点表示を求めることができる．

まず，δ の定義域の d 番目の要素が (p_k, a_s, b_h) であったとすると，$\mathrm{Trans}(t,d)$ の値は式

$$\mathrm{Trans}(t,d) := \mathrm{Sta}(t,k) \wedge \left(\bigvee_{0 \le j \le n+1} (\mathrm{IPos}(t,j) \wedge \mathrm{Inp}(j,s)) \right) \wedge \left(\bigvee_{0 \le j \le T} (\mathrm{WPos}(t,j) \wedge \mathrm{WChar}(t,j,h)) \right) \tag{5.2}$$

により計算できる．$\mathrm{Trans}(t,d)$ の値がすべて求まると，時刻 $t+1$ に関するその他の変数の値も論理式で表わすことができる．遷移関数 δ の定義域の要素に与えられた番号 $\{1, \cdots, D\}$ を，入力ヘッドを右に動かす遷移をひき起こすもの C_1，左に動かす遷移をひき起こすもの C_2，入力ヘッドをその場にとどめる遷移をひき起こすもの C_3 に分割する．このとき，0 以上 $n+1$ 以下の任意の j に対して，$\mathrm{IPos}(t+1,j)$ は式

$$\begin{aligned}\mathrm{IPos}(t+1,j) := &\left(\mathrm{IPos}(t,j-1) \wedge \bigvee_{d \in C_1} \mathrm{Trans}(t,d)\right)\\ &\vee \left(\mathrm{IPos}(t,j+1) \wedge \bigvee_{d \in C_2} \mathrm{Trans}(t,d)\right)\\ &\vee \left(\mathrm{IPos}(t,j) \wedge \bigvee_{d \in C_3} \mathrm{Trans}(t,d)\right)\end{aligned} \tag{5.3}$$

により計算できる．ただし，$j=0$ のときは第 1 項を省き，$j=n+1$ のときは第 2 項を省く．

同様に，$\{1,\cdots,D\}$ を，作業用ヘッドを右に動かすもの E_1，左に動かすもの E_2，その場にとどめるもの E_3 に分ければ，1 以上 T 以下の任意の j に対して，$\mathrm{WPos}(t+1,j)$ は式

$$\begin{aligned}\mathrm{WPos}(t+1,j) := &\left(\mathrm{WPos}(t,j-1) \wedge \bigvee_{d \in E_1} \mathrm{Trans}(t,d)\right)\\ &\vee \left(\mathrm{WPos}(t,j+1) \wedge \bigvee_{d \in E_2} \mathrm{Trans}(t,d)\right)\\ &\vee \left(\mathrm{WPos}(t,j) \wedge \bigvee_{d \in E_3} \mathrm{Trans}(t,d)\right)\end{aligned} \tag{5.4}$$

によって計算できる．ただし，$j=0$ のときは第 1 式を省き，$j=T$ のときは第 2 式を省く．

また，1 以上 K 以下の各 k に対して，$\{1,\cdots,D\}$ のうちで状態を q_k に変えるもの全体の集合 F_k を考えれば，このとき，1 以上 K 以下の任意の k に対して，

$$\mathrm{Sta}(t+1,k) := \bigvee_{d \in F_k} \mathrm{Trans}(t,d) \tag{5.5}$$

が成り立つ．同様に，1 以上 H 以下の各 h に対して，$\{1,\cdots,D\}$ のうちで作業用テープの内容を b_h に変えるもの全体の集合 G_h を考えれば，1 以上 T 以下の任意の j と 1 以上 H 以下の任意の h に対して，

$$\mathrm{WChar}(t+1,j,h) := (\mathrm{WChar}(t,j,h) \wedge \neg \mathrm{WPos}(t,j)) \tag{5.6}$$

$$\vee \left(\mathrm{WPos}(t,j) \wedge \bigvee_{d \in G_h} \mathrm{Trans}(t,d) \right)$$

が成り立ち，また

$$\mathrm{WChar}(t+1,0,h) := \mathrm{WChar}(t,0,h) \tag{5.7}$$

である．

さらに，初期時点表示に関する変数で，値が 0 であるものに対しては式 $\mathrm{Inp}(0,1) \wedge \neg\mathrm{Inp}(0,1)$ を，1 であるものに対しては式 $\mathrm{Inp}(0,1) \vee \neg\mathrm{Inp}(0,1)$ を用いれば，それらの変数に対して値を正しく設定できる．

すると，入力文字列 $x_1 \cdots x_n$ を基にして変数 $\mathrm{Inp}(j,s)$ の値を決めたのち，論理積 $\wedge$，論理和 $\vee$，および論理の否定 $\neg$ から構成される代入式を次々と評価していくことによって，停止時点表示を表わす変数の値を求めることができる．$\wedge$，$\vee$，$\neg$ のうち 2 つ以上が出現する式には，途中式を表わす変数を導入して，どの式も $\wedge$ だけからなるか，$\vee$ だけからなるか，$\neg$ だけからなるように変形することができる．たとえば，式 5.6 は

$$\begin{aligned}
y_1 &:= \neg\mathrm{WPos}(t,j)) \\
y_2 &:= \mathrm{WChar}(t,j,h) \wedge y_1 \\
y_3 &:= \bigvee_{d \in G_h} \mathrm{Trans}(t,d) \\
y_4 &:= \mathrm{WPos}(t,j) \wedge y_3 \\
\mathrm{WChar}(t+1,j,h) &:= y_2 \vee y_4
\end{aligned}$$

のように，5 つの代入式で計算できる．そのような代入式の列を評価していって，$\mathrm{Sta}(T,2) = 1$ であるか否か（$p_2 = q_{\mathrm{acc}}$ であるので）を最後に調べれば，$x \in A$ か否かの判定ができる．

5.2.2　論理回路問題

上記のような論理の評価式の列は，論理回路としてモデル化できる．一般に，論理変数 $y_1, \cdots, y_n$ 上の**論理回路**（boolean circuit）C は，閉路をもたない有向グラフ (V,E) である（図 5.2 参照）．V の頂点 u は**ゲート**（gate）とよばれ，

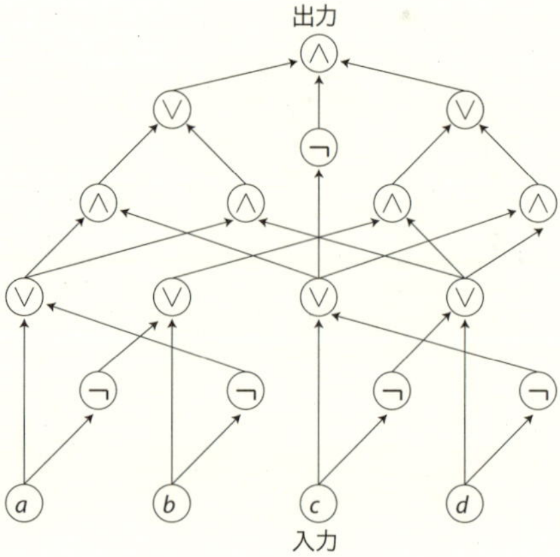

図 5.2　論理回路の例

次のような特徴をもつ．

- $(v,u) \in E$ なる v が存在しないゲートは，ちょうど n 個存在する．それらは $y_1, \cdots, y_n$ のひとつでラベルづけされている．1 以上 n 以下のどの i に対しても，y_i でラベルづけされたゲートがちょうど 1 つ存在する．これらの n 個のゲートは，**入力ゲート**（input gate）とよばれる．
- $(v,u) \in E$ なる v が存在するとき，u は $\wedge$，$\vee$ または $\neg$ でラベルづけされており，u はそれぞれ，**AND ゲート**（AND-gate），**OR ゲート**（OR-gate），**NOT ゲート**（NOT-gate）とよばれ，(v,u) なる v は u の**入力**とよばれる．
- 頂点のひとつは，**出力ゲート**（output gate）とよばれ，C の回路の出力を定める．

C の入力 $y_1, \cdots, y_n$ が定まると，各ゲート u の値は次のように定まる．

- u が入力ゲート y_i であれば，u の値は y_i の値である．
- u が AND ゲートで，その入力が $v_1, \cdots, v_k$ であれば，u の値は $v_1, \cdots, v_k$ の値の論理積である．
- u が OR ゲートで，その入力が $v_1, \cdots, v_k$ であれば，u の値は $v_1, \cdots, v_k$ の値の論理和である．

- u が NOT ゲートで，その入力が v であれば，u の値は v の値の否定である．

先に述べた論理式の列は，論理回路とみなすことができる．回路の入力は変数群 Inp であり，入力の大きさは $(n+2)S$ である．時刻 1 に対応する IPos, WPos, Sta, WChar の変数はそれぞれ，$n+1$ 個，$T+1$ 個，K 個，$H(T+1)$ 個ある．$\neg\mathrm{Inp}(1,0)$ を計算したあと，これらの変数の 1 つ 1 つが，1 つの AND ゲートもしくは 1 つの OR ゲートによって計算される．ここから 1 ステップに進むとする．変数 Trans は $D = KSH$ 個あり，式 5.2 によればそのそれぞれが 5 個のゲートで計算される．変数 IPos は $n+2$ 個あり，式 5.3 によればそのうちの 2 つは 5 個のゲートで，残りの n 個がそれぞれ 8 個のゲートで計算される．変数 WPos は $T+1$ 個あり，式 5.3 によればそのうちの 2 つは 5 個のゲートで，残りの $T-1$ 個がそれぞれ 8 個のゲートで計算される．変数 Sta は K 個あり，それぞれが 1 個のゲートで計算される．変数 WChar は $H(T+1)$ 個あり，式 5.6 および式 5.7 によればそのうちの 1 つが 1 個のゲートで，残りのそれぞれが 4 個のゲートで計算される．したがって，この回路のゲートの数は

$$
\begin{aligned}
&S(n+2)+1+(n+1)+(T+1)+K+H(T+1) \\
&\quad +(T-1)\bigl(5KSH+(8n+10) \\
&\qquad +(8(T-1)+10)+K+(4(H(T+1)-1)+1)\bigr) \\
&\in O(T^2)
\end{aligned} \tag{5.8}
$$

となる．$T = p(n)$ であるから，回路の大きさは n の多項式で押さえられる．

いま，**論理回路判定問題**（circuit value problem）を，論理回路の出力を求める問題として定義する．C を，n ビットの入力をもち，m 個のゲートをもつ論理回路とする．C のゲートは，1 番から n 番までが入力ビット，m 番が出力ゲート，また $n+1$ 番以降のどのゲートについても，その入力は番号の若いものから生じるものとする．このとき C を，要素の値が 00, 01, 10, 11 のいずれかである m 次元の正方行列 $A = (a_{ij})$ として表わすことにする．1 以上 m 以下の各 i と j に対して，

- $1 \leq i \leq n$ ならば $a_{ij} = 00$

- $n+1 \leq i \leq m$ のとき
  - ・$i=j$ かつ第 i ゲートが AND ゲートならば $a_{ij}=01$
  - ・$i=j$ かつ第 i ゲートが OR ゲートならば $a_{ij}=10$
  - ・$i=j$ かつ第 i ゲートが NOT ゲートならば $a_{ij}=11$
  - ・$i>j$ かつ第 j ゲートが第 i ゲートの入力のひとつならば $a_{ij}=01$
  - ・それ以外の場合は $a_{ij}=00$

と定める．

このとき，$\{0,1\}$ 上の文字列 A が論理回路の表現になっているかどうかは，次の条件が満たされているかどうかを調べることによって判定できる．

- A の長さは自然数の 2 乗の 2 倍である．
- A は対角よりも上はすべて 00 である（すなわち，A は下 3 角行列である）．
- A の対角よりも下には 00 と 01 のみが現われる．
- ある自然数 n に対して，A の最初の n 列はすべて 00 であり，残りの列は対角要素が 01，10，11 のいずれかであり，その手前のどこかに 01 が現われる．ただし，対角要素が 11 の場合，手前に現われる 01 の数は 1 つである．

さて，n 個の入力ビットをもつ回路 C とその入力 x が与えられたとき，C と x の組を C のビット表現 A を用いて，$1^{|x|}0xA$ で表わす．この表現を使って，CVP を次のように定義する．

定義 5.4 CVP $=\{(C,x) \mid C$ は $|x|$ 個の入力ビットをもつ論理回路で，入力 x に対して 1 を出力する $\}$

すると，L は CVP に還元可能である．その回路は単純な構造をしており，対数領域限定のチューリング機械で容易に計算できる．したがって，$L \leq_{\mathrm{m}}^{\log}$ CVP である．

一方，回路 C とその入力 x が与えられたとき，その出力は多項式時間で計算できる（演習問題 5.9 参照）．ゆえに，次が成り立つ．

定理 5.5 CVP は P 完全である.

5.3 PSPACE 完全問題

次に，PSPACE の完全問題を紹介する.

5.3.1 限定論理式

PSPACE 完全問題の代表は，限定論理式の値を評価する問題である.

限定論理式（quantified boolean formula）とは，命題論理式に $\forall$ および $\exists$ という 2 つの記号を導入して構成される論理式である．この 2 つの記号は，$(\forall x)F$ および $(\exists x)F$ という形式で使用され，それぞれ，「$x = 0$ のときも $x = 1$ のときも F が成り立つ」および「$x = 0$ のとき F が成り立つか，$x = 1$ のときに F が成り立つ」を意味する．$\forall$ と $\exists$ は**限定記号**（quantifier）とよばれ，$(\forall x)F$ および $(\exists x)F$ において，x は**限定されている**（quantified）という.

完全限定論理式（fully quantified boolean formula）は，すべての変数が限定されるように規定されている式で，その値は 0 または 1 のどちらかに一意に定まる．たとえば，

$$(\forall x)[x \vee (\exists y)(\forall z)[(\neg x \vee y \vee \neg z)]]$$

は完全限定論理式であり，その値は 0 である．完全限定論理式のことを簡略化して **QBF** とよぶ.

限定論理式判定問題（quantified boolean formula problem）は，完全限定論理式の値が 1 であるかどうかを判定する問題である．この問題を記述するにあたり，SAT の記号化と同じように，変数を文字 x と 2 進表示の番号で表わすことにする．すると，

$$x, 0, 1, (,), \vee, \wedge, \neg, \exists, \forall$$

の 10 個の文字からなるアルファベットで任意の限定論理式を表わすことができる．これをさらに $\{0, 1\}$ 上の文字列に，これまでしてきたように変形する.

定義 5.6 QBF $= \{F \mid F$ は完全限定論理式で，その値は 1 である$\}$ と定める.

定理 5.7　QBF は PSPACE 完全である．

証明　この証明には，サヴィッチの定理（定理 3.10）のアイディアを使う．$q(n)$ を多項式とし，言語 A が $q(n)$ 領域限定の停止性のチューリング機械 M によって受理されるものとする．定理 5.2 の証明のときと同様，入力 x に対し，M は停止する前に，各作業用テープの 1 から $q(|x|)$ までのマス目に 0 を書き込んで，ヘッドをすべて 0 番地のところに戻すものとする．すると，各自然数 n に対し，M の長さ n の入力に対する受理時点表示は，入力ごとに一意に定まる．

また，M が多項式領域限定であるので，長さ n の入力 x に対して，M の時点表示を，長さ $p(n)$ の 2 進文字列で表わすことができるような n によらない多項式 $p(n)$ が存在する．長さ $p(n)$ の文字列の個数は $2^{p(n)}$ であるので，長さ n の入力に対する M の計算は $2^{p(n)}$ ステップ以内に終了する．

いま，長さ n の入力 x が与えられたとする．簡単のため，$p(n)$ を p として表わす．I_0 と I_1 をそれぞれ，M の入力 x に対する初期時点表示と受理時点表示とする．すると，M が x を受理するかどうかという問題は，M の時点表示グラフ $\tau[M,x]$ に，I_0 から I_1 へ至る小路があるかどうかという問題に置き換えられる．長さがたかだか 2^p である小路があるかどうかという問題に置き換えられる．しかも，I_0 から I_1 へ至る小路が存在するとすれば，その長さはたかだか 2^p であるから，M が x を受理するかどうかという問題は，$\tau[N,x]$ に I_0 から I_1 へ至る長さ 2^p の小路があるかどうかという問題に置き換えられる．そこで，サヴィッチの定理の証明のように，0 以上 p 以下の任意の自然数 k と $\{0,1\}^p$ の任意の要素 u と v に対して，述語 $R(k,u,v)$ を

$$R(k,u,v)=\begin{cases}1 & (\text{時点表示 } u \text{ から } v \text{ にたかだか } 2^k \text{ ステップで到達可能のとき}) \\ 0 & (\text{それ以外のとき})\end{cases}$$

と定義する．すると，

$$x \in L \iff R(p,I_0,I_1)$$

が成り立つ．また，$2^0=1$ であるから，任意の時点表示 I と J に対して $R(0,I,J)=1$ となるのは，次のどちらかが成り立つときである．

- $I = J$ である．
- 時点表示 I から 1 ステップ動作することによって，M が J に到達できる．

この $R(p, I_0, I_1)$ を QBF で表わすことを試みる．サヴィッチの定理を $R(p, I_0, I_1)$ に直接用いると，

$$R(p, u, v) = (\exists w)[R(p-1, u, w) \land R(p-1, w, v)] \tag{5.9}$$

という式ができる．この変換を右辺にくり返しほどこしていくと最終的に R を含まない式ができあがるが，左辺から右辺に変換するときに，項の数が 2 倍になる．したがって，すべての項の第 1 引数が 0 になるまで，$R(p, u, v)$ にくり返し変換をほどこすと，項の数が 2^p 個になってしまう．これは，n の指数関数であるので，式の計算に指数時間かかってしまう．そこで，式 5.9 に変換をほどこしたときに，R がたった 1 つ登場するように変換方法を次のように変える．

$$\begin{aligned}&(\exists w)(\forall y, z)\\&\quad[((y = u \land z = w) \lor (y = w \land z = v)) \Rightarrow R(p-1, y, z)]\end{aligned} \tag{5.10}$$

この式は明らかに $R(p, u, v)$ と同値である．$A \Rightarrow B$ は $\neg A \lor B$ と同値であるから，式 5.9 は

$$\begin{aligned}&R(p, u, v) = (\exists w)(\forall y, z)\\&\quad[(((y \neq u) \lor (z \neq w)) \land ((y \neq w) \lor (z \neq v))) \lor R(p-1, y, z)]\end{aligned} \tag{5.11}$$

と書き直せる．u，v，w，y，z はすべて 2 進文字列であるから，これらの文字列のそれぞれを p 個の論理変数で表わすことができる．すると，

$$\begin{aligned}&R(p, u_1 \cdots u_p, v_1 \cdots v_p) =\\&(\exists w_1) \cdots (\exists w_p)(\forall y_1) \cdots (\forall y_p)(\forall z_1) \cdots (\forall z_p)\\&\Bigg[\Bigg(\bigvee_{i:1 \leq i \leq p} ((y_i \neq u_i) \lor (z_i \neq w_i)) \ \land \bigvee_{i:1 \leq i \leq p} ((y_i \neq w_i) \lor (z_i \neq v_i))\Bigg)\\&\lor R(p-1, y_1 \cdots y_p, z_1 \cdots z_p)\Bigg]\end{aligned}$$

となる．ただし，$a \neq b$ は $(a \lor b) \land (\neg a \lor \neg b)$ を簡略化したものである．$p \geq 2$

であるときは，さらなる変数 $w'_1, \cdots, w'_p$，$y'_1, \cdots, y'_p$，$z'_1, \cdots, z'_p$ を導入して，

$$
\begin{aligned}
&R(p, u_1 \cdots u_p, v_1 \cdots v_p) = \\
&(\exists w_1) \cdots (\exists w_p)(\forall y_1) \cdots (\forall y_p)(\forall z_1) \cdots (\forall z_p) \\
&(\exists w'_1) \cdots (\exists w'_p)(\forall y'_1) \cdots (\forall y'_p)(\forall z'_1) \cdots (\forall z'_p) \\
&\Big[\Big(\bigvee_{i:1 \le i \le p} ((y_i \ne u_i) \vee (z_i \ne w_i)) \ \wedge \bigvee_{i:1 \le i \le p} ((y_i \ne w_i) \vee (z_i \ne v_i))\Big) \\
&\ \vee \Big(\bigvee_{i:1 \le i \le p} ((y'_i \ne y_i) \vee (z'_i \ne w'_i)) \ \wedge \bigvee_{i:1 \le i \le p} ((y'_i \ne w'_i) \vee (z'_i \ne z_i))\Big) \\
&\ \vee\ R(p-2, y'_1 \cdots y'_p, z'_1 \cdots z'_p)\Big]
\end{aligned}
$$

となる．

さて，この変形を，R の第 1 引数が 0 になるまでくり返すと，$R(p, u, v)$ を表わす論理式ができあがる．そこには，$R(0, u_1 \cdots u_p, v_1 \cdots v_p)$ という形の述語が 1 回だけ登場することを除くと，通常の完全限定論理式の形式になっている．この $R(0, u_1 \cdots u_p, v_1 \cdots v_p)$ であるが，これは

$$
\Big(\bigwedge_{i:1 \le i \le p} (u_i = v_i) \Big) \vee (u_1 \cdots u_p \vdash_M v_1 \cdots v_p)
$$

と同値である．$u_1 \cdots u_p \vdash_M v_1 \cdots v_p$ は，定理 5.5 の証明のように，M の遷移関数の定義域の各要素に対して，それが $u_1 \cdots u_p$ に適用する場合には，$v_1 \cdots v_p$ がそれに応じて書き換わっているという形式の命題論理式を構成して，それを $\wedge$ で結んだものとして表わすことができる．したがって，$R(p, I_0, I_1)$ は，長さが n の多項式であるような完全限定論理式で表わされる．この論理式の構成が，n の多項式時間以内でできることは簡単にわかる．したがって，$L \le^p_{\mathrm{m}}$ QBF である．

一方，QBF $\in$ PSPACE であることは，次のように証明する．φ を変数 $x_1, \cdots, x_n$ 上の完全限定論理式とする．もし，同一の変数 x_i が 2 カ所以上で限定されているとき，2 回目以降には新たな変数 z を導入して，x_i をすべて z で置き換えても差し支えない．この変形をくり返し行なえば，各変数は 1 回だけどこかで限定されることになり，しかも，φ の長さは，φ の元の長さの多項式程度にしか大きくならない．いま，入力として与えられた φ は，すでにそのよ

うな変換をほどこされているものとする．

このとき，φ の値を，次の再帰的アルゴリズムを用いて計算する．

段階 1　φ が変数を含まないなら，φ の値を評価して，その値を返す．

段階 2　φ が変数を含むなら，次を実行する．

段階 2a　最初の限定子 Q とそれによって限定される変数 x を探し求める．

段階 2b　Q を取り除いて x の値を 0 に設定して単純化した完全限定論理式 φ_0 と，1 に設定して単純化した完全限定論理式 φ_1 を計算する．

段階 2c　再帰呼び出しを用いて，φ_0 の値 a_0 と，φ_1 の値 a_1 を求める．

段階 2d　もし，$Q = \exists$ であったなら，$a_0 = 1$ または $a_1 = 1$ ならば 1 を返し，そうでなければ 0 を返す．

段階 2e　もし，$Q = \forall$ であったなら，$a_0 = a_1 = 1$ ならば 1 を返し，そうでなければ 0 を返す．

このアルゴリズムの入力 φ に対する再帰呼び出しの深さは n である．φ の 1 つの変数の値を固定して φ を単純化するには，$O(|\varphi|)$ の領域が必要である．したがって，このアルゴリズムは多項式領域で実行できる．このアルゴリズムが正しく動作することは自明なので，QBF $\in$ PSPACE が証明された．

以上で，証明を終了する．❑

5.3.2　しりとり問題

次に，一般化された 2 人**しりとり**（geography game problem）が PSPACE 完全であることを証明する．

2 人しりとりは，次のようにして，有向グラフを用いて数学的にとらえることができる．

- しりとりに使われる言語の文字の個数（「いろは」なら 48）を n として，それらを n 個の頂点 $1, \cdots, n$ で表わす．
- しりとりに使われる語彙の 1 つ 1 つの言葉を，頂点から頂点への有向辺として表わす（たとえば，動物しりとりの場合，「しまうま」は語彙に含まれ,「し」から「ま」への有向辺となる).

- 言葉の最初と最後の文字以外は本質的に関係ないので, 有向辺をそれが表わす言葉でラベルづけする必要はないが, 同一の文字の組を結ぶ言葉が複数存在する可能性があるので, 各有向辺は, それに対応する言葉が何個あるのかを表わす数でラベルづけする (動物しりとりにおいて,「しろくま」も「しまうま」も「し」から「ま」への有向辺であり, その他に「し」で始まり「ま」で終わる動物名がなければ,「し」から「ま」への有向辺を 2 でラベルづけする).
- 勝負のあいだ, n 個の頂点のいずれかに駒が 1 つ置いてあると考える.
- 指し手は, 駒の置かれている頂点から出ていく有向辺の 1 つを選び, それにそって駒を移動する. 移動が終わったら, その有向辺のラベルの数を 1 減らす. 数が 0 になったら, その辺はもう使うことができない.
- 指し手は交互に手を打ち, 駒を動かせなくなったほうが負けである.

このような設定を行なうと, しりとり問題の入力は, 自然数で辺に重みがつけられた有向グラフ G と, 勝負の始まる位置を表わす頂点 s の組, (G, s) で表わされる.

グラフ G が n 個の頂点をもつとき, G と各辺の重みは, n^2 個の自然数で表わすことができる. 重みは 1 の羅列で表わし, 数と数のあいだの区切りには 0 を使うものとする. この表現の最初に 1^n0 を, 最後に 01^s をつければ G と s の表現ができあがる. これを (G, s) で表わす. この表現を用いると, 重み 0 の辺は空の文字列として表わされるので, 辺 e が存在しないことと, 辺 e の重みが 0 であることを同一視するものとする. また, しりとり問題は先手が必勝であるかどうかを判定するものとする.

定義 5.8　Geography $= \{(G, s) \mid G$ 上のしりとりで, s を始点として対戦したとき先手が必勝である $\}$ と定義する.

定理 5.9　Geography は PSPACE 完全である.

証明　まず, Geography $\in$ PSPACE であることを証明する. いま, (G, s) が

入力として与えられたものとする．s を始点とする有向辺が存在しないのであれば，先手は駒を動かすことができないので，後手が必勝であり，よって，$(G,s) \notin$ Geography である．

s を始点とする有向辺で残っているもの（値が 1 以上のもの）が k 個あり ($k \geq 1$)，それらが $e_1 = (s,v_1), \cdots, e_k = (s,v_k)$ であったとする．1 以上 k 以下の自然数 i に対して，e_i の重みを 1 つ減らしたグラフを考え，それを G_i で表わす．e_i を先手が選択したとすると，駒は v_i へ移動し，グラフは G_i に変化し，後手の番となる．先手が負けるのは，1 以上 k 以下のすべての i に対しても，(G_i,v_i) が先手必勝であるとき，すなわち，$(G_i,v_i) \in$ Geography となるときである．したがって，

$$(G,s) \in \text{Geography} \iff (\exists i : 1 \leq i \leq k)[(G_i,v_i) \notin \text{Geography}]$$

が成り立つ．この性質を用いて，入力 (G,s) に対して次のように動作する再帰的なアルゴリズム Find を構成する．

段階 1　s を始点とする有向辺が存在しないのであれば 0 を返す．そうでなければ段階 2 に進む．

段階 2　s を始点とする有向辺を $e_1 = (s,v_1), \cdots, e_k = (s,v_k)$ とする ($k \geq 1$)．1 から k までの自然数 i に対して，G における e_i の重みを 1 減らしてできるグラフ G_i を構成し，再帰呼び出しを用いて Find(G_i,v_i) の値を求めて，a_i をその値とする．

段階 3　$a_1, \cdots, a_k$ に 0 が含まれていれば 1 を返し，そうでなければ 0 を返す．

このアルゴリズムに対して，(G,s) を入力として与えれば，$(G,s) \in$ Geography かどうかが判明する．

上記のアルゴリズムを使うと，再帰呼び出しのたびに辺の数が 1 減る．したがって，再帰呼び出しの深さは，入力の長さ $|(G,s)|$ 以下である．また，再帰呼び出しの個数は，各呼び出しごとに入力の長さで押さえられるから，全体では $O(|(G,s)|^2)$ 程度の領域があればよい，したがって，Geography $\in$ SPACE$[n^2]$ である．

一方，Geography が PSPACE 困難であることを証明するには，PSPACE 完全問題 QBF が Geography に多項式時間多対一還元可能であることを示せば

よい．いま，完全限定論理式 φ が QBF に属するかどうかを判定したいものとする．任意の完全限定論理式は

$$(\exists x_1)(\forall x_2)(\exists x_3)(\forall x_4)\cdots(\exists x_d)Q$$

というように，∃ と ∀ が交互に現われ，しかも最後が ∃ であり，さらには Q が 3CNF の命題論理式であるような形式にあるように多項式時間で書き換えることができる（演習問題 5.17 参照）．そこで，ある奇数 d に対して，

$$\varphi = (\exists x_1)(\forall x_2)(\exists x_3)(\forall x_4)\cdots(\exists x_d)Q(x_1, \cdots, x_d)$$

という形式であり，Q は 3CNF 論理式

$$C_1 \wedge \cdots \wedge C_m$$

であるものとする．1 以上 m 以下の自然数 j に対して，ℓ_{j1}，ℓ_{j2}，ℓ_{j3} で C_j の 3 つのリテラルを表わす（ただし，C_j のリテラルの数は，必要ならばリテラルを反復させて，ちょうど 3 個になるように調整してあるものとする）．和句 $C_1, \cdots, C_m$ およびそのリテラル $\ell_{11}, \cdots, \ell_{m3}$ は，すべて $x_1, \cdots, x_d$ 上の論理関数とみなすことができる．

このとき，Geography の入力 (G, s) を次のように構成する．まず，1 から d までの自然数 i に対して，図 5.3 のユニット A を 1 つつくり，それを A_i で表わす．$A_1, \cdots, A_d$ を縦につなげて，A_d の下部にユニット B をつなげる．ただし，2 つのユニットを縦につなげる際には，上側のユニットの最下部の頂点と下側のユニットの最上部の頂点を同一視するものとする．1 以上 d 以下の各 i

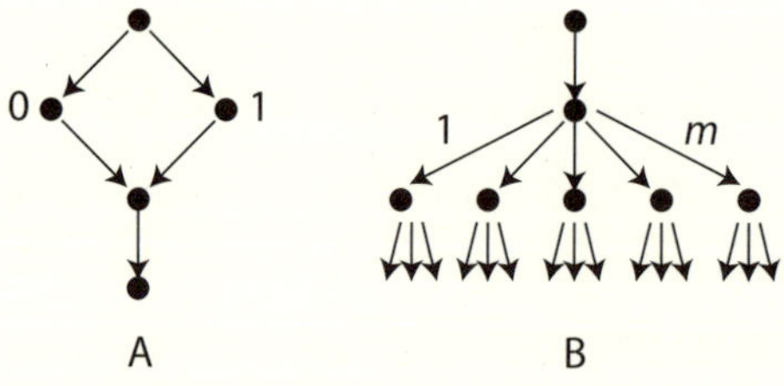

図 5.3　Geography への還元で使われる部品

（左）x_1 から x_d までの論理値の選択に使われるユニット A．（右）C_j（$1 \leq j \leq m$）のリテラルの選択に使われるユニット B．

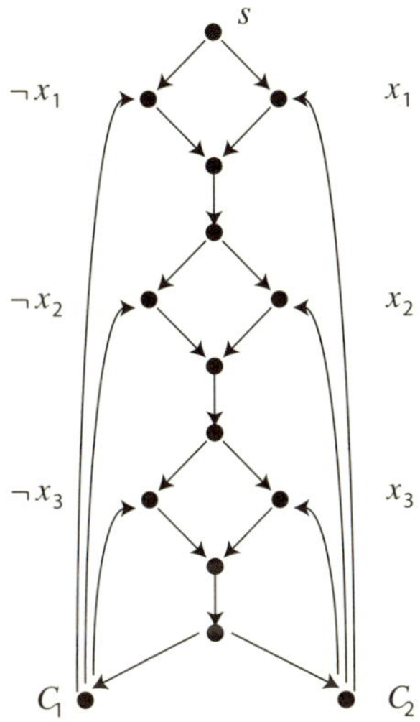

図 5.4 Geography への還元の例

$\varphi = (\exists x_1)(\forall x_2)(\exists x_3)[(\neg x_1 \vee \neg x_2 \vee \neg x_3) \wedge (x_1 \vee x_2 \vee x_3)]$.

に対して，A_i の上部にある分岐は，変数 x_i の真偽設定を指定するのに使う．左側は $x_i = 0$ に，右側は $x_i = 1$ に対応し，左の子はリテラル $\neg x_i$ に，右の子はリテラル x_i に対応するものとする．また，ユニット B の上部の頂点の m 個の子は，m 個の和句 $C_1, \cdots, C_m$ に対応する．C_j から出る 3 つの有向辺は C_j の 3 つのリテラルに対応し，それらは対応するユニット A の頂点に接続する．そして，A_1 の最上部の頂点を s と定める．さて，このグラフ G において，先手の第 1 手が s からであるとすると，奇数番目の部品 A における分岐は先手が担当し，偶数番目の部品 A における分岐は後手が担当することになる．また，部品 B における上部の和句の選択は後手が，リテラルの選択は先手が担当することになる．

1 以上 d 以下の自然数 t と論理値 $b_1, \cdots, b_t$ に対して，$\varphi_t[b_1, \cdots, b_t]$ を，φ の変数 $x_1, \cdots, x_t$ に関する限定記号を取り除き，$x_1, \cdots, x_d$ に $b_1, \cdots, b_t$ をそれぞれ代入することによって構成される完全限定論理式と定める．また，$\varphi_0 = \varphi$ と定める．すると，次が成り立つ．

1. $\varphi_0 = 0 \iff (\exists b_1 \in \{0,1\})[\varphi_1[b_1] = 1]$
2. 1 以上 d 以下の任意の偶数 t と，任意の $b_1, \cdots, b_t \in \{0,1\}$ に対して，

$$\varphi_t[b_1, \cdots, b_t] = 0 \iff (\exists b_{t+1} \in \{0,1\})[\varphi_{t+1}[b_1, \cdots, b_{t+1}] = 1]$$

3. 1 以上 $d-1$ 以下の任意の奇数 t と，任意の $b_1, \cdots, b_t \in \{0,1\}$ に対して，

$$\varphi_t[b_1, \cdots, b_t] = 0 \iff (\forall b_{t+1} \in \{0,1\})[\varphi_{t+1}[b_1, \cdots, b_{t+1}] = 1]$$

4. 任意の $b_1, \cdots, b_d \in \{0,1\}$ に対して，

$$\varphi_d[b_1, \cdots, b_d] = 1 \iff Q(b_1, \cdots, b_d) = 1$$

かつ

$$Q(b_1, \cdots, b_d) = 1 \iff$$
$$(\forall j : 1 \le j \le m)(\exists k : 1 \le k \le 3)[\ell_{jk}(b_1, \cdots, b_d) = 1]$$

さて，いま $\varphi \in$ QBF とすると，先手には次のような必勝法がある．これまでに打たれた手の数を合計で t とし（したがって，t は偶数），先手がちょうど $t+1$ 番目の手を打つところであるとする．

- $t < d$，かつ，これまでに打たれた手が $x_1 = b_1, \cdots, x_t = b_t$ であるなら，$\varphi_{t+1}[b_1, \cdots, b_t, 0] = 1$ のとき，$x_t = 0$ という手を取り，そうでなければ $x_t = 1$ という手を取る．
- $t = d+1$ であり，最初の d 手が $x_1 = b_1, \cdots, x_t = b_t$ であり，第 $d+1$ 手における後手の手が j であったとする．このとき，$\ell_{j1}(b_1, \cdots, b_d) = 1$ であれば $k = 1$，そうでなく $\ell_{j2}(b_1, \cdots, b_d) = 1$ であれば $k = 2$，そうでもなければ $k = 3$ という手を取る．

すると，$t < d$ なるすべての偶数 t に関して，$\varphi_{t+1}[b_1, \cdots, b_{t+1}] = 1$ が成り立つ（これは帰納法で証明できる）．したがって，d 手目が済んだ時点で $Q(b_1, \cdots, b_d) = 1$ となる．これは，後手がどの j の値を $d+1$ 手目で選んでも，$C_j(b_1, \cdots, b_d) = 1$ が成り立つことを意味する．したがって，次の手で先手が C_j のリテラルのうちで真になる最初のものへ向かう有向辺を選べば，そのリテラルに対応する頂点はすでに通過しているため，後手は手を打つことができ

ない．したがって，先手が勝つ．

一方，$\varphi \notin \mathrm{QBF}$ の場合は，この議論の逆で，先手がどのような手を打っても，後手が，φ_t の値が 0 となるように選択し続けて，最終的に $C_j(b_1, \cdots, b_d) = 0$ となる j を選択することができる．すると，先手が次にどの k の値を選んでも，その有向辺の向かう先はまだ通り抜けられていない頂点であるので，後手がさらに 1 手を打ったところで終了し，後手の勝ちとなる．

したがって，$\varphi \in \mathrm{QBF}$ のとき，またそのときに限り，$(G, s) \in \mathrm{Geography}$ である．

以上で，証明を終了する． ❑

5.4 EXPTIME および NEXPTIME の完全問題

最後に，EXPTIME と NEXPTIME の完全問題を紹介する．

5.4.1 標準的完全問題

EXPTIME と NEXPTIME の完全問題を構成するのには，**標準的完全問題** (canonical complete problem) の概念を用いることができる．これは，チューリング機械 M が入力 x を計算量に対するある制限 R 以内で受理するかどうかを判定する問題である．チューリング機械 M とその入力 x の $\{0,1\}$ 上の表現 $\mathcal{E}(M, x)$ を定めたが，この表現に任意の $\{0,1\}$ 上の文字列 w を

$$1^{|w|}0w\mathcal{E}(M, x)$$

という形で加えることができる．この $\mathcal{E}(M, x)$ に w をつけ加えたものを，$\mathcal{E}(M, x, w)$ で表わす．

定義 5.10 言語 K_{EXP} を

$$\{\mathcal{E}(M, x, w) \mid M \text{ は決定性のチューリング機械,}$$
$$w \text{ は自然数 } t \text{ の 2 進表現で,}$$
$$M \text{ は入力 } x \text{ を } t \text{ ステップ以内に受理する} \}$$

と定義する．

定義 5.11　言語 K_{NEXP} を

$$\{\mathcal{E}(M,x,w) \mid M \text{ は非決定性のチューリング機械,}$$
$$w \text{ は自然数 } t \text{ の 2 進表現で,}$$
$$M \text{ は入力 } x \text{ を } t \text{ ステップ以内に受理する} \}$$

と定義する．

定理 5.12　K_{EXP} は EXPTIME 完全であり，K_{NEXP} は NEXPTIME 完全である．

証明　$K_{\mathrm{EXP}} \in$ EXPTIME であることを証明するのはたやすい．D を，入力 u に対して次のようにふるまうチューリング機械とする．

段階 1　u が $\mathcal{E}(M,x,w)$ という形式であり，かつ，w がある自然数 t の 2 進表現になっているかどうかを判定する．そのような形式になっていなければ拒否する．

段階 2　M が決定性チューリング機械かどうかを判定し，そうでなければ拒否する．

段階 3　t の値をカウンター B の値に設定する．

段階 4　M の入力 x に対する動きを模倣する．1 ステップ模倣するごとに次を行なう．

　段階 4a　B の値を 1 減らす．

　段階 4b　M が受理すれば受理する．

　段階 4c　M が拒否すれば拒否する．

　段階 4d　$B = 0$ となったら拒否する．

D が正しく動作することは明らかである．D の計算時間は，段階 1 から 3 に関しては $|u|$ の長さの多項式で押さえられ，また t の値は $2^{|u|}$ であるので，段階 4 に関しては $2^{|u|}$ の多項式で押さえられる．したがって，ある定数 $c > 0$ に対して，$K_{\mathrm{EXP}} \in \mathrm{TIME}[2^{cn}]$ が成り立つ．

L を EXPTIME に属する任意の言語とする．すると，多項式 $p(n)$ と $L = L(M)$ なる $2^{p(n)}$ 時間限定のチューリング機械 M が存在する．関数 f

を

$$f(x) = \mathcal{E}(M, x, 10^{p(|x|)})$$

と定義する．すると，$f \in \mathrm{FP}$（多項式時間計算可能）である．$10^{p(|x|)}$ は整数 $2^{p(|x|)}$ を表わすので，$x \in L(M) \iff f(x) \in K_{\mathrm{EXP}}$ が成り立つ．したがって，K_{EXP} は EXPTIME 完全である．

K_{EXP} の NEXPTIME 完全性は，同様の方法で証明できる（演習問題 5.20 参照）． ❑

5.4.2 簡素な表現と完全問題

EXPTIME と NEXPTIME の完全問題を示すにあたっては，**簡素な表現**（succinct representation）という概念を用いることもできる．関数 f を Σ^* から Σ^* への関数とするとき，f の言語としての表現を与える，次のような関数と言語の組 (ℓ, R) を考える．

- すべての x に対して，$\ell(x) = |f(x)|$ である．
- $R = \{\langle x, w, b \rangle_3 \mid w$ はある自然数 i の 2 進表現，$b \in \{0,1\}$ で，$f(x)$ の第 i ビットは b である$\}$.

このとき，任意の x に対して，ℓ と R を用いて，$f(x)$ の値を次のように計算することができる．

段階 1 $t = \ell(x)$ を計算する．

段階 2 1 以上 t 以下の i に対して，$\langle x, i, 0 \rangle_3 \in R$ ならば $a_i = 0$ とし，そうでなければ $a_i = 1$ とする．

段階 3 $a_1 \cdots a_t$ を出力する．

定義 5.13 関数 f が**簡素な表現をもつ**（succinctly representable）とは，f の表現 (ℓ, R) において，$\ell \in \mathrm{FP}$ かつ $R \in \mathrm{P}$ であることをいう．

(ℓ, R) を f の**簡素な表現**（succinct representation of f）という．

任意の $\ell \in \mathrm{FP}$ と $R \in \mathrm{P}$ に対して，組 (ℓ, R) を簡素な表現とする関数が一意に定まる．それを $f[\ell, R]$ で表わす．

定義 5.14 任意の $\ell \in \mathrm{FP}$ と $R \in \mathrm{P}$ に対して,

$$\mathrm{SuccinctCVP}[\ell, R] = \{x \mid f[\ell, R](x) \in \mathrm{CVP}\}$$

と定める.

定理 5.15 ある $\ell \in \mathrm{FP}$ と $R \in \mathrm{P}$ に対して, $\mathrm{SuccinctCVP}[\ell, R]$ は EXPTIME 完全である.

証明 $K_{\mathrm{EXP}} \in \mathrm{EXPTIME}$ であるから, ある多項式 $p(n)$ と, $K_{\mathrm{EXP}} = L(N)$ となる $2^{p(n)}$ 時間限定 1 作業用テープ決定性チューリング機械 N が存在する.

定理 5.5 では, 論理回路の出力を求める問題 CVP が P 完全であることを示したが, いま, $T(n) = 2^{p(n)}$ として, 定理 5.5 の証明を適用する. すると, n の 1 次式 $S(n)$ および n と $T(n)$ の 2 次式 $F(n)$ が存在して, 任意の自然数 $n \geq 0$ に対して, 長さ n の入力文字列が N に受理されるかどうかが, $S(n)$ ビットの入力をもつ大きさ $F(n)$ の論理回路 C_n で判定できる (式 5.8 参照). この論理回路は規則正しい形をしているので, 任意の自然数 $n \geq 0$ と $i \geq 0$ に対して, C_n の第 i 番目のゲートの種類と, そのゲートに対する入力を与えるゲートを求めることが, $p(n)$ の多項式時間でできる.

そこで, 関数 f を $f(x) = (C_{|x|}, I(x))$ と定める. ただし, $I(x)$ は x の回路の入力としての表現である. 先の議論から, f の長さ ℓ とそのビット R は多項式時間で計算できることがわかる. よって, (ℓ, R) は f の簡素な表現である. また, $\mathrm{SuccinctCVP}[\ell, R]$ は明らかに EXPTIME に属する.

L を EXPTIME の任意の言語とすると, ある多項式 $q(n)$ と $L = L(M)$ となるような $2^{q(n)}$ 時間限定の決定性チューリング機械 M が存在する. 関数 g を $g(x) = \mathcal{E}(M, x, 1^{q(|x|)})$ と定義すると, g は L から K_{EXP} への多項式時間多対一還元である. したがって, g は L から $\mathrm{SuccinctCVP}[\ell, R]$ への多項式時間多対一還元となる. ❑

定義 5.16 任意の $\ell \in \mathrm{FP}$ と $R \in \mathrm{P}$ に対して,

$$\mathrm{SuccinctSAT}[\ell, R] = \{x \mid f[\ell, R](x) \in \mathrm{SAT}\}$$

と定める.

次の定理の証明は，定理 5.15 の証明と本質的に同じである．

定理 5.17 ある $\ell \in \mathrm{FP}$ と $R \in \mathrm{P}$ に対して，$\mathrm{SuccinctSAT}[\ell, R]$ は NEXPTIME 完全である．

5.5 演習問題およびノート

演習問題

問題 5.1 無向グラフ $G = (V, E)$ が **2 部グラフ**（bipartite graph）であるとは，ある $S \subseteq V$ で，すべての $(u, v) \in E$ に対して，$\{u, v\} \cap S \neq \emptyset$ かつ $\{u, v\} \cap V - S \neq \emptyset$ が成り立つことである．つまり，(u, v) の 2 つの端点のうち，1 つは S に，もう 1 つは $V - S$ に属することである．

このとき，グラフ G が 2 彩色可能であることと，G が 2 部グラフであることが同値であることを証明せよ．

問題 5.2 グラフ G が 2 彩色可能であるための必要十分条件は，G のあらゆる閉路が偶数の長さをもつことであることを証明せよ．

問題 5.3 演習問題 5.2 と $\mathrm{NL} = \mathrm{coNL}$（命題 3.20）を基にして，グラフの 2 彩色可能性問題が NL に属することを証明せよ．

問題 5.4 $\{\varphi \mid \varphi \in \mathrm{CNFSAT} \wedge \varphi$ のどの変数もたかだか 2 回しか φ に現われない $\}$ が P に属することを証明せよ．

問題 5.5 3CNF 命題論理式が，どの和句も少なくとも 2 個のリテラルの値が 1 となるように充足できるかどうかを判定する問題が NL に属することを証明せよ．

問題 5.6 定理 5.2 のアルゴリズムが，正しく到達可能性を判定し，その領域計算量が $O(\log n)$ となるように工夫できることを示せ．

問題 5.7　有向グラフが奇数の長さの閉路をもつか否かを判定する問題が NL で解けることを証明せよ．

問題 5.8　対数領域限定の非決定性チューリング機械 N の時点表示に時間の概念を導入する．S を時点表示の集合 H と $\mathbf{N}$ の直積 $H \times \mathbf{N}$ とするとき，S 上に 2 項関係 $\vdash_N$ を $(I,t) \vdash_N (I',t') \iff (I \vdash_N I') \wedge (t' = t+1)$ と定める．このとき，次の問題に答えよ．

1. N に関する到達可能性問題は，閉路を含まない有向グラフに関する到達可能性問題に帰着できることを示せ．
2. 前問に基づいて有向グラフが閉路を含むかどうかを判定する問題が NL 完全であることを証明せよ．

問題 5.9　CVP $\in$ P を証明せよ．

問題 5.10　MonotoneCVP を，AND ゲートと OR ゲートだけからなる論理回路（すなわち，NOT ゲートを含まない）が 1 を出力するかどうかを判定する問題とする．このとき，MonotoneCVP が P 完全であることを証明せよ．

問題 5.11　2 引数の論理関数 NOR を，$\mathrm{NOR}(x,y) \equiv \neg(x \vee y)$ と定義する．このとき，$\neg$, $\wedge$, $\vee$ が NOR のみを使って表わせることを示せ．

問題 5.12　NOR-CVP を，$\{(C,x) \mid C$ は NOR のみからなる論理回路であり，かつ，入力 x に対して 1 を出力する $\}$ と定める．このとき，NOR-CVP が P 完全であることを示せ．

問題 5.13　論理回路 C のゲート g に対して，$\mathrm{depth}(g)$ を次のように再帰的に定める．

- g が入力ゲートであれば $\mathrm{depth}(g) = 0$
- そうでなければ，$h_1, \cdots, h_m$ を g に対する入力とするとき，$\mathrm{depth}(g) = \max\{\mathrm{depth}(h_1), \cdots, \mathrm{depth}(h_m)\}$

任意の論理回路 C に対して，depth の値が単調非減少になるように，C のゲートを並べ換えることが多項式領域でできることを示せ.

問題 5.14 次の条件を満たす無向グラフ $G=(V,E)$ の集合を Greedy-IS と定める. $V=\{1,\cdots,n\}$ とするとき, V の独立頂点集合 $S\subseteq V$ を次のように構成する.

段階 1 $S=\{1\}$ と設定する.

段階 2 2 以上 n 以下の各 i に対し, i が S のどの頂点とも隣接していなければ, i を S に加える.

段階 3 S を出力する.

$G\in$ Greedy-IS となるための条件は $n\in S$ である. このとき, Greedy-IS $\in$ P を示せ.

問題 5.15 Greedy-IS が P 困難であることを証明せよ.
ヒント：定理 5.5 で構成される回路に, 次の 2 つの変更を与える. (1) 入力のビット列に加えて, その否定も入力として与えられているようにする. (2) 入力以外のすべてのゲートは NOR を計算するようにする. この回路を無向グラフに変換して, Greedy-IS の方法で独立頂点集合を構成する.

問題 5.16 Greedy-IS と同様に, 頂点が並べられた順番に従ってクリークに加えられる頂点を次々と加えていくときに, 構成されたクリークが最後の頂点を含むかどうかを判定する問題を Greedy-Clique とよぶ. このとき, Greedy-Clique が P 完全であることを証明せよ.

問題 5.17 φ を任意の完全限定論理式とする. このとき, φ を多項式時間で変形して (変数を加えてよい),

$$(\exists x_1)(\forall x_2)(\exists x_3)(\forall x_4)\cdots(\exists x_k)Q$$

というように, $\exists$ と $\forall$ が交互に現われ, しかも最後が $\exists$ であり, さらには Q が 3CNF の命題論理式であるような形式に書き換えられることを示せ.

問題 5.18 定理 5.9 の証明において, $\varphi\in$ Geography の場合の先手必勝法を用いると, $t<d$ なるすべての偶数 t に関して, $\varphi_{t+1}[b_1,\cdots,b_{t+1}]=1$ が成り立

つことを証明せよ．

問題 5.19　言語クラス E を $\cup_{c>0}\mathrm{TIME}[2^{cn}]$ と定めるとき，$K_{\mathrm{EXP}} \in \mathrm{E}$ であることと，K_{EXP} が EXPTIME 完全であることと，時間階層定理に基づいて $\mathrm{NP} \neq \mathrm{E}$ であることを証明せよ．

問題 5.20　K_{NEXP} が NEXPTIME 完全であることを証明せよ．

問題 5.21　定理 5.17 を証明せよ．

問題 5.22　SuccinctCVP のように，隣接行列の簡素化された表現を考える．

$$\mathrm{SuccinctReachability}[\ell, R] = \{f[\ell, R] \in \mathrm{Reachability}\}$$

と定義する．このとき，ある ℓ と R の組に対して，SuccinctReachability が PSPACE 完全であることを証明せよ．

問題 5.23　言語 K_{NP} を

$$\{\mathcal{E}(M, x, 1^t) \mid M \text{ は非決定性のチューリング機械},$$
$$t \in \mathbf{N},\ M \text{ は入力 } x \text{ を } t \text{ ステップ以内に受理する}\}$$

と定義する．このとき，K_{NP} が NP 完全であることを証明せよ．

問題 5.24　言語 K_{NL} を

$$\{\mathcal{E}(M, x, 1^t) \mid M \text{ は非決定性のチューリング機械},$$
$$t \in \mathbf{N},\ M \text{ は入力 } x \text{ を } \log(t) \text{ 領域を使って受理する}\}$$

と定義する．このとき，K_{NL} が NL 困難であることを証明せよ．

問題 5.25　前問で定義した K_{NL} は必ずしも NL に属すとは限らない．しかし，その定義に登場するチューリング機械 M に制限を少し加えると，NL 困難性を損なうことなく，$K_{\mathrm{NL}} \in \mathrm{NL}$ となるように改良できることを示せ．

ノート

Greenlaw，Hoover と Ruzzo による [9] は P 完全問題の入門書である．

CVP の完全性は Ladner による [21]．Greedy-IS の完全性は宮野による [27]．Geography の完全性は Schaefer による [34]．その他の PSPACE 完全問題が Papadimitriou による [29] に紹介されている．簡素化された表現による完全性の概念は Wagner によって導入された [45]．演習問題 5.19 は Book の結果である [4]．

第6章

NPを基にした階層

6.1　多項式時間階層 PH

この章では，NP を発展させて構築する階層である，多項式時間階層 PH とブーリアン階層 BH を紹介し，さらに多項式時間確率的クラスを導入する．

簡単のため，この章で扱う言語はすべて $\{0,1\}$ 上のものとし，Σ で $\{0,1\}$ を表わすものとする．

6.1.1　オラクルチューリング機械

多項式時間階層はオラクルチューリング機械の概念を用いて定義される．**オラクル（神託）チューリング機械**（oracle Turing machine）とは，**オラクルテープ**（oracle tape）という特別なテープをもつチューリング機械である．このオラクルテープは，チューリング機械が，外部にある「オラクル」と情報を交換するのに使われる．出力テープの場合と同様に，オラクルテープは書き込み専用で，ヘッドを左に動かすことができない．

オラクルチューリング機械は，他のチューリング機械のモデルと同様に，q_0，q_{acc}，q_{rej} の 3 つと，q_{query}，q_{yes}，q_{no} という 3 つの，計 6 個の特別な状態をもっている．オラクルチューリング機械が q_{query} に遷移すると，オラクルテープ上に書かれている文字列 w が外部の世界である**オラクル**に伝達される．この w は出力のときと同様に，オラクルテープ上で 0 番地とオラクルヘッドの現在位置とのあいだに書かれている（0 番地と現在位置は含まない）文字列と定める．オラクルは実際のところ言語であり，その役割は w がその言語に属するかどうかを答えることである．オラクル言語の複雑さにかかわらず，その答えは次の時刻の状態としてチューリング機械に返されるものとする．その際，w がオラクルの言語に属する場合は，q_{query} に遷移した次の時刻の状態は q_{yes} であり，属さない場合は q_{no} である．オラクルが答えを与えるのと同時に，オラクルテープの内容は 0 番地を除いてすべてが ⊥ となり，オラクルテープのヘッドは 1 番地に戻る．それ以外のヘッドの位置および作業用テープの内容は，q_{query} に入った時点の状態のままである．

オラクルチューリング機械が q_{query} に遷移することを，オラクルに**照会する**（oracle query）といい，そのときオラクルテープに書かれている文字列 w を，**照会文字列**（query string）とよぶ．言語 A をオラクルとしてもつオラク

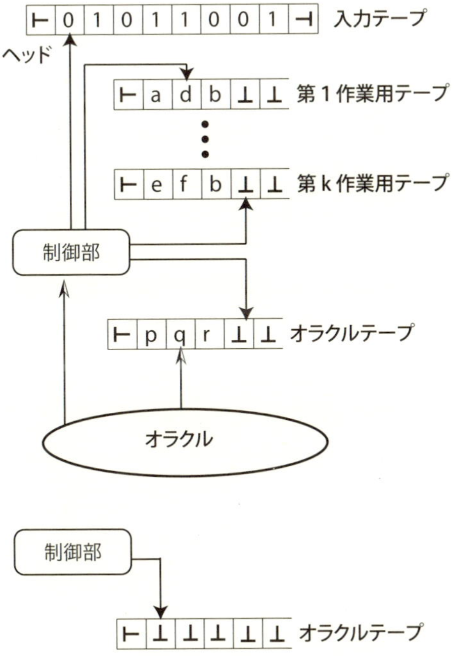

図 6.1　オラクルチューリング機械

下はオラクル状態に入った次の時刻でのテープの状態を表わす．

ルチューリング機械を，記号 M^A で表わす．

オラクルをもたない機械と同様に，オラクルチューリング機械の計算時間，計算領域，およびその受理する言語を以下のように定める．

- time_{M^A} は，A をオラクルにもつオラクルチューリング機械 M の計算時間を表わす．
- space_{M^A} は，A をオラクルにもつオラクルチューリング機械 M の計算領域を表わす．
- $L(M^A)$ は，A をオラクルにもつオラクルチューリング機械 M が受理する言語を表わす．

定義 6.1　M をオラクルチューリング機械，A を $\Sigma = \{0,1\}$ 上の言語，f を $\mathbf{N}$ から $\mathbf{N}$ への関数とするとき，M^A が $f(n)$ 時間限定のチューリング機械であるとは，

$$(\forall x \in \Sigma^*)[\mathrm{time}_{M^A}(x) \leq f(|x|)]$$

が成り立つことをいう．さらに，$\mathcal{F}$ を $\mathbf{N}$ から $\mathbf{N}$ への関数のクラスとするとき，M^A が $\mathcal{F}$ 時間限定のチューリング機械であるとは，$\mathcal{F}$ に属するある関数 f に対して，M^A が $f(n)$ 時間限定であることをいう．

定義 6.2　1. 言語 $A \subseteq \Sigma^*$ に対して，P^A は，A をオラクルとする多項式時間限定の決定性チューリング機械によって受理される言語のクラスを表わす．すなわち，

$$\mathrm{P}^A = \{L(M^A) \mid M^A \text{ は 多項式時間限定オラクルチューリング機械である}\}$$

である．

2. 言語 $A \subseteq \Sigma^*$ に対して，NP^A で，A をオラクルとする多項式時間限定の非決定性チューリング機械によって非決定的に受理される言語のクラスを表わす．すなわち，

$$\mathrm{NP}^A = \{L(M^A) \mid M^A \text{ は 多項式時間限定非決定性オラクルチューリング機械である}\}$$

である．

3. $\mathrm{coNP}^A = \{L \mid \overline{L} \in \mathrm{NP}^A\}$ と定義する．

定義 6.3 $\mathcal{C}$ を言語クラスとするとき，

1. $\mathrm{P}^{\mathcal{C}} = \cup_{A \in \mathcal{C}} \mathrm{P}^A$
2. $\mathrm{NP}^{\mathcal{C}} = \cup_{A \in \mathcal{C}} \mathrm{NP}^A$
3. $\mathrm{coNP}^{\mathcal{C}} = \cup_{A \in \mathcal{C}} \mathrm{coNP}^A$

と定義する．

一般に，オラクルチューリング機械のふるまいはオラクルに依存するのだが，多項式時間限定のオラクルチューリング機械で受理される言語のクラスを定義するにあたっては，次の補題で証明するように，オラクルチューリング機械がどんなオラクルに対しても多項式時間で停止すると仮定することができる．

補題 6.4 L がオラクル A のもとで多項式時間限定となるオラクルチューリング機械によって受理されるとき，次の性質をもつオラクルチューリング機械 M が存在する．

- $L = L(M^A)$ である．
- 任意のオラクル B と任意の入力 x に対して，$\mathrm{time}_{M^B}(x) = p(|x|)$ であるような多項式 $p(n)$ が存在する．
- 任意のオラクル B と任意の入力 x に対して，M がオラクル B に照会する回数はちょうど $q(|x|)$ であるような多項式 $q(n)$ が存在する．

証明 A を任意のオラクルとする．オラクル A のもとで多項式時間限定となる決定性オラクルチューリング機械 D が L を受理すると仮定する．$(\forall x)[\mathrm{time}_{D^A}(x) \leq |x|^k + k]$ が成り立つような k をひとつ選び，$q(n) = n^k + k$ と定める．$q(n)$ は明らかに多項式であり，しかも時間構成可能である．$q(n)$ を時間構成するチューリング機械を選んで，それを C とする．

このとき，入力 x に対して，次のように動作するオラクルチューリング機械 M を考える．

段階 1 入力 x を第 1 作業用テープにコピーする．

段階 2 C を入力 x に対して模倣しながら，第 2 作業用テープと第 3 作業用

テープに文字 a を，C が 1 ステップ進むごとに 1 文字書く．ただし，C の最後のステップには，どちらのテープにも a の代わりに # を書く．すると，文字列 $a^{q(|x|)-1}\#$ が両方のテープに構成される．そして，C の終了時には，どちらのテープにおいてもヘッドが # の上にある．

段階 3　D の入力 x に対する動きを次のように模倣する．

- 第 1 作業用テープ上にある入力 x のコピーを入力として用いる．
- N を 1 ステップ模倣するたびに，第 2 作業用テープ上のヘッドを左に 1 マス動かす．
- N が q_{query} に入るたびに，第 3 作業用テープ上のヘッドを左に 1 マス動かす．
- N が受理または拒否したら，ただちに段階 4 に進む．
- N のプログラムが終了しないうちに第 2 作業用ヘッドが $\vdash$ に到達してしまったら，D は拒否したものとみなして，ただちに段階 5 に進む．

段階 4　第 2 作業用ヘッドを $\vdash$ の位置まで動かしてから，段階 5 に進む．

段階 5　第 2 作業用ヘッドを右端の # の位置まで動かしてから，左端の $\vdash$ の位置まで戻す，という作業を行ないながら，次の作業をする．

- 第 3 作業用ヘッドが $\vdash$ の上にないなら，q_{query} に遷移し，次のステップ（状態は q_{yes} または q_{no}）においてヘッドを左に 1 マス動かす．

第 2 作業用ヘッドが $\vdash$ の位置まで戻ってきたら，段階 6 に進む．

段階 6　D の模倣の結果に従って，受理または拒否する．

オラクル A のもとで D は $q(n)$ 時間限定であるから，M はオラクル A のもとで D の模倣を完了できる．段階 5 で行なわれるオラクルに対する照会は，D の模倣の結果には影響しないので，M が受理するかどうかには影響しない．よって，$L(D^A) = L(M^A)$ が成り立つ．M が入力 x に対して行なう照会の回数は，そのオラクルにかかわらず $q(|x|)$ である．また，M の入力 x に対する計算時間は，そのオラクルにかかわらず，$(2|x|+2)+4q(|x|)$ である．そこで，$p(n) = 4q(n)+2n+2$ と定めれば，補題が成立する．　❑

同様のことが，NP^A についてもいえる．

補題 6.5 L が，オラクル A のもとで多項式時間限定となる非決定性オラクルチューリング機械によって非決定的に受理されるとき，次の性質をもつ非決定性オラクルチューリング機械 M が存在する．

- $L = L(M^A)$ である．
- 任意のオラクル B と任意の入力 x に対して，M が，その非決定性の選択にかかわらず，$p(|x|)$ ステップで停止するような多項式 $p(n)$ が存在する．
- 任意のオラクル B と任意の入力 x に対して，M が，その非決定性の選択にかかわらず，ちょうど $q(|x|)$ 回オラクルに照会するような多項式 $q(n)$ が存在する．

次の命題は，定義から自明に成り立つ．

命題 6.6 すべての言語クラス $\mathcal{C}$ に対し，$\mathrm{P}^{\mathcal{C}} \subseteq (\mathrm{NP}^{\mathcal{C}} \cap \mathrm{coNP}^{\mathcal{C}})$ である．

また，次の命題も成り立つ．

命題 6.7 すべての言語クラス $\mathcal{C}$ に対し，$\mathcal{C} \cup \mathrm{co}\mathcal{C} \subseteq \mathrm{P}^{\mathcal{C}}$ である．

証明 次のようなチューリング機械 M を考える．

- 入力 x に対して，M は x をオラクルテープにコピーし，q_{query} にただちに遷移する．次の時刻の状態が q_{no} ならば M は x を受理し，q_{yes} なら拒否する．

この M はオラクルに関係なく $n + 2$ 時間限定である．任意のオラクル A に対して，M が x を受理するとき，またそのときに限り，$x \in A$ である．よって，任意のオラクル A に対して，$A = L(M^A)$ が成り立つ．したがって，$A \in \mathrm{P}^A$ である．

また，M において q_{yes} と q_{no} の役割を入れ換えれば，$\overline{A} \in \mathrm{P}^A$ が成り立つ．ゆえに，任意の $A \in \mathcal{C}$ に対して，$\{A, \overline{A}\} \subseteq \mathrm{P}^A$ であり，したがって，$\mathcal{C} \cup \mathrm{co}\mathcal{C} \subseteq \mathrm{P}^{\mathcal{C}}$ が成り立つ． ❑

命題 6.8　$\mathrm{P}^{\mathrm{P}} = \mathrm{P}$，$\mathrm{NP}^{\mathrm{P}} = \mathrm{NP}$，$\mathrm{coNP}^{\mathrm{P}} = \mathrm{coNP}$ である．

証明　A を，P に属する任意の言語とする．D を，A を受理する多項式時間限定の決定性オラクルチューリング機械とし，$r(n)$ を N の計算時間の上限を与える単調非減少な多項式とする．

多項式時間限定決定性オラクルチューリング機械 M が，言語 B をオラクル A のもとで受理するものとする．補題 6.4 から，ある多項式 $p(n)$ と $q(n)$ が存在して，任意のオラクルに対して M は $p(n)$ 時間限定であり，また，その照会の回数は $q(n)$ である．この $p(n)$ は単調非減少な多項式だとみなしてよい．

このとき，入力 x に対して，M の入力 x に対する動きを次の手法で模倣する，オラクルをもたない決定性チューリング機械 V を考える．

- V は，第 1 作業用テープを用いて，M のオラクルテープを模倣する．
- M が q_{query} に遷移したら，V は第 1 作業用テープを入力テープとみなしたときの N の動きを模倣する．N が受理するなら V は M の次の状態を q_{yes} であるとみなし，拒否するなら q_{no} であるとみなす．
- M が受理すれば V は受理し，M が拒否すれば V は拒否する．

この模倣において，V が求めるオラクルの答えは N の模倣に基づいているのでつねに正しい．したがって，V は B を受理する．x の長さを n とすると，M が入力 x に対して行なう照会文字列の長さは $p(n)$ 以下であるので，オラクルの答えを求めるのに要する時間はたかだか $r(p(n))$ である．また，照会の数は $q(n)$ であるから，全体の模倣に要する時間は $O(p(n) + q(n)r(p(n)))$ であり，これは n の多項式で押さえられる．したがって，V は多項式時間限定である．よって，$B \in \mathrm{P}$ が成り立つ．

$\mathrm{NP}^{\mathrm{P}} = \mathrm{NP}$ の証明も同様である (演習問題 6.2 参照)．また，$\mathrm{coNP}^{\mathrm{P}} = \mathrm{coNP}$ については，$\mathrm{NP}^{\mathrm{P}} = \mathrm{NP}$ の補集合クラスを考えればよい．❑

6.1.2　PH の構造と特徴づけ

次に，オラクルチューリング機械を使って，**多項式時間階層** (polynomial hierarchy) PH を定義する．

定義 6.9 言語クラスの列 $\{\Sigma_k^p\}_{k\geq 0}$，$\{\Pi_k^p\}_{k\geq 0}$，$\{\Delta_k^p\}_{k\geq 0}$ を次のように定義する．

1. $\Sigma_0^p = \Pi_0^p = \Delta_0^p = \mathrm{P}$
2. 1 以上の任意の整数 k に対して
   (a) $\Sigma_k^p = \mathrm{NP}^{\Sigma_{k-1}^p}$
   (b) $\Pi_k^p = \mathrm{coNP}^{\Sigma_{k-1}^p}$
   (c) $\Delta_k^p = \mathrm{P}^{\Sigma_{k-1}^p}$

   と定義する．

そして，多項式時間階層 PH を

$$\mathrm{PH} = \bigcup_{k\geq 0} \Sigma_k^p$$

と定義する．

命題 6.6，6.8 および 6.7 から，次の命題が成り立つ．

命題 6.10 1. $\Delta_1^p = \Delta_0^p = \Sigma_0^p = \Pi_0^p = \mathrm{P}$ である

2. $\Sigma_0^p \subseteq \Sigma_1^p \subseteq \Sigma_2^p \subseteq \cdots$
3. $\Pi_0^p \subseteq \Pi_1^p \subseteq \Pi_2^p \subseteq \cdots$
4. $\Delta_0^p = \Delta_1^p \subseteq \Delta_2^p \subseteq \cdots$
5. $(\forall k \geq 1)[\Delta_k^p \subseteq (\Sigma_k^p \cap \Pi_k^p) \subseteq (\Sigma_k^p \cup \Pi_k^p) \subseteq \Delta_{k+1}^p]$ である

したがって，次の命題が自明に成り立つ．

命題 6.11

$$\mathrm{PH} = \bigcup_{k\geq 0} \Sigma_k^p = \bigcup_{k\geq 0} \Pi_k^p = \bigcup_{k\geq 0} \Delta_k^p$$

である．

PH のクラスの包含関係を図 6.2 に示す．

命題 6.10 の (2)，(3) および (4) に現われる $\subseteq$ が真のものであるか否かは現在までのところわかっていない．すべてが真のものであれば，PH の階層は無限に続くことになる．一方，もしどこかで等号が成り立つのなら，その先はすべて等しいことが知られている．

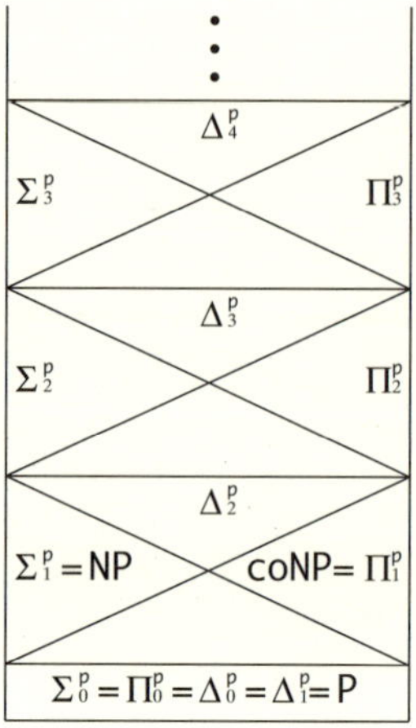

図 6.2　PH の構造

定理 6.12　1 以上の任意の k に対して，次が成り立つ．

$$(\Sigma_k^p = \Pi_k^p) \Rightarrow (\mathrm{PH} = \Sigma_k^p = \Pi_k^p)$$
$$(\Sigma_k^p = \Delta_k^p) \Rightarrow (\mathrm{PH} = \Sigma_k^p = \Pi_k^p = \Delta_k^p)$$

この定理を証明するのには，次の補題を用いる．

補題 6.13　任意の言語クラス $\mathcal{C}$ に対して，$\mathrm{NP}^{\mathrm{NP}^{\mathcal{C}} \cap \mathrm{coNP}^{\mathcal{C}}} = \mathrm{NP}^{\mathcal{C}}$ である．とくに，$\mathcal{C} = \emptyset$ のとき，$\mathrm{NP}^{\mathrm{NP} \cap \mathrm{coNP}} = \mathrm{NP}$ が成り立つ．

証明　証明は，$\mathcal{C} = \emptyset$ の場合のみ行なう．$\mathcal{C} \neq \emptyset$ の場合の証明は，そこから容易に得られる．

$\mathrm{NP} \cap \mathrm{coNP}$ に属する言語 A に対して，$L \in \mathrm{NP}^A$ が成り立つとする．A を非決定的に受理する非決定性多項式時間限定チューリング機械を N_1，$\overline{A}$ を非決定的に受理する非決定性多項式時間限定チューリング機械を N_2，L をオラクル A のもとで非決定的に受理する非決定性多項式時間限定チューリング機械を M とする．補題 6.5 から，これらのチューリング機械の計算時間はオラクルの言語に関係なく，ある単調非減少の多項式 $p(n)$ で上から押さえられる（これら 3 つの機械に対して別々の上限が与えられた場合，$p(n)$ をその 3 つの上限の和と定めればよい).

このとき，入力 x に対して，M の計算を次の要領で模倣する非決定性チューリング機械 V を考える.

- V は，第 1 作業用テープを用いて M のオラクルテープを模倣する.
- M が q_{query} に遷移するとき，V は q_{query} に遷移する代わりに，以下の動作をその照会文字列 w に対して実行する.

  段階 1　V は $b \in \{1, 2\}$ を非決定的に選択してから，N_b の入力 w に対する動きを非決定的に模倣する.

  段階 2　N_b が停止したら，第 1 作業用テープの 0 番地以外をすべて $\perp$ で埋めてから，第 1 作業用ヘッドを $\vdash$ に戻す.

  段階 3　N_b が受理した場合，

  ・ $b = 1$ ならば M の模倣を q_{yes} から再開する

  ・ $b = 2$ ならば M の模倣を q_{no} から再開する

  N_b が拒否した場合，N の模倣をただちに中止し，拒否する.

- M が受理すれば V は受理し，M が拒否すれば V は拒否する.

この V の動きを図 6.3 に表わす．w を，上記の模倣において生じる任意の照会文字列とする．$A = L(N_1)$ かつ $\overline{A} = L(N_2)$ であるから，N_1 と N_2 のうちのちょうど 1 つが，入力 w に対して受理計算小路をもつ．そして，N_1 が受理すれば $w \in A$ が成り立ち，N_2 が受理すれば $w \in \overline{A}$ である．したがって，段階 1 において N_b の模倣が非決定的に起動されたあと，M の模倣は必ず q_{yes} または q_{no} の一方で再開され，その状態はオラクル A がもたらす状態と一致する．よって，$L = L(V)$ である.

V の計算時間を次に分析する．まず，M の模倣自体にたかだか $p(n)$ ステップかかり，N_1 および N_2 を 1 回模倣するのに $O(p^2(n))$ ステップかかる．M のオラクルに対する照会はたかだか $p(n)$ 回であるから，V の計算時間は $O(p(n)p^2(n))$ である．これは，明らかに n の多項式で押さえられるので，V は多項式時間限定である.

ゆえに，$L \in \mathrm{NP}$ が成り立つ. ❑

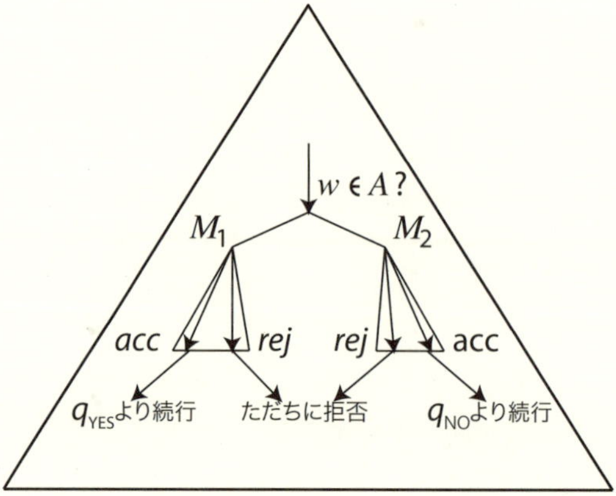

図 6.3 $\mathrm{NP}^{\mathrm{NP}\cap\mathrm{coNP}}$ の模倣

定理 6.12 の証明　ある $k \geq 1$ に対して，$\Sigma_k^p = \Pi_k^p$ が成り立つと仮定する．定義から，$\Sigma_k^p = \mathrm{NP}^{\Sigma_{k-1}^p}$ かつ $\Pi_k^p = \mathrm{coNP}^{\Sigma_{k-1}^p}$ である．よって，$\mathcal{C} = \Sigma_{k-1}^p$ とすれば，$\Sigma_k^p = \Pi_k^p = \mathrm{NP}^{\mathcal{C}} = \mathrm{coNP}^{\mathcal{C}}$ が成り立つ．すると補題から，$\Sigma_{k+1}^p = \mathrm{NP}^{\mathcal{C}} = \Sigma_k^p$ となる．この等式に対して補集合クラスをとれば，$\mathrm{co}\Sigma_{k+1}^p = \Pi_{k+1}^p$ かつ $\mathrm{co}\Sigma_k^p = \Pi_k^p$ であるから，$\Pi_{k+1}^p = \Pi_k^p$ が成り立つ．よって，

$$\Pi_{k+1}^p = \Sigma_{k+1}^p = \Sigma_k^p = \Pi_k^p$$

である．上記の議論をこんどは $k+1$ に対して行なえば，

$$\Sigma_{k+2}^p = \Pi_{k+2}^p = \Sigma_{k+1}^p = \Pi_{k+1}^p$$

が得られる．したがって，$i \geq k$ なるすべての i に対して，

$$\Sigma_i^p = \Pi_i^p = \Sigma_k^p = \Pi_k^p$$

を導き出すことができる．よって，$\mathrm{PH} = \Sigma_k^p = \Pi_k^p$ が成り立つ．

$\Delta_k^p = \Sigma_k^p$ という仮定を用いた場合は，まず，$\mathrm{co}\Delta_k^p = \Delta_k^p$ であることから $\Sigma_k^p = \Pi_k^p$ が得られ，先の議論から，$\mathrm{PH} = \Sigma_k^p$ が導き出される．あとは，Σ_k^p を Δ_k^p で置き換えれば，$\mathrm{PH} = \Delta_k^p$ が得られる．

以上で，証明を終了する．　❑

定理 6.12 から，ただちに次が得られる．

系 6.14 (NP = coNP) ⇒ (PH = NP = coNP)

次に，階層 PH は PSPACE を上限としてもつことを証明する．それには，次の補題が役に立つ．

補題 6.15 $\mathrm{NP}^{\mathrm{PSPACE}} = \mathrm{PSPACE}$

証明 $\mathrm{NP}^{\mathrm{PSPACE}} \supseteq \mathrm{PSPACE}$ は明らかであるから，$\mathrm{NP}^{\mathrm{PSPACE}} \subseteq \mathrm{PSPACE}$ のみを証明すればよい．L を，$\mathrm{NP}^{\mathrm{PSPACE}}$ に属する任意の言語とする．すると，PSPACE に属するオラクル A と，多項式時間限定の非決定性チューリング機械 N が存在して，$L = L(N^A)$ が成り立つ．D を，A を受理する多項式領域限定の決定性チューリング機械とする．非決定性チューリング機械 M を，入力 x に対して，N の入力 x に対する動きをオラクルなしで，次の要領で非決定的に模倣するチューリング機械とする．

- N が q_{query} に入ったら，オラクルを使う代わりに，D の照会文字列 w に対する動きを決定的に模倣して答えを求める．D が受理すれば q_{yes} から，拒否すれば q_{no} から，N の模倣を再開する．
- N が受理すれば受理し，N が拒否すれば拒否する．

この M は明らかに停止性である．また，N が多項式時間限定で，D が多項式領域限定なので，M は多項式領域限定である．さらに，$A = L(D)$ であり，D は決定性なので，M は L を非決定的に受理する．よって，$L \in \mathrm{NPSPACE}$ が成り立つ．すると，サヴィッチの定理によって，$L \in \mathrm{PSPACE}$ が成り立つ．したがって，$\mathrm{NP}^{\mathrm{PSPACE}} = \mathrm{PSPACE}$ である． ❑

定理 6.16 $\mathrm{PH} \subseteq \mathrm{PSPACE}$

証明 定理を証明するには，$(\forall k \geq 0)[\Sigma_k^p \subseteq \mathrm{PSPACE}]$ を示せばよい．その証明は k に関する帰納法による．命題 2.16 から $\mathrm{P} \subseteq \mathrm{PSPACE}$ が成り立ち，定義から $\Sigma_0^p = \mathrm{P}$ であるから，$\Sigma_0^p \subseteq \mathrm{PSPACE}$ である．したがって，$k = 0$ のと

き，$\Sigma_k^p \subseteq \mathrm{PSPACE}$ が成り立つ．

次に，$k \geq 0$ とし，$\Sigma_k^p \subseteq \mathrm{PSPACE}$ であると仮定すると，$\Sigma_{k+1}^p \subseteq \mathrm{NP}^{\mathrm{PSPACE}}$ である．命題 6.15 から $\mathrm{NP}^{\mathrm{PSPACE}} = \mathrm{PSPACE}$ であるから，$\Sigma_{k+1}^p \subseteq \mathrm{PSPACE}$ が成り立つ． ❑

次の 2 つの命題の証明は，演習問題とする（演習問題 6.3 および 6.4）．

命題 6.17　$\mathcal{C}$ を PH の任意のクラスとする．$\mathcal{C}$ に属する任意の言語 A と B に対し，$A \oplus B = \{0x \mid x \in A\} \cup \{1y \mid y \in B\}$ とすると，$A \oplus B \in \mathcal{C}$ である．

命題 6.18　PH の各クラスは，$\leq_{\mathrm{m}}^p$ のもとで，また有限の変更のもとで閉じている．

これまで言語の還元方式として多対一還元を用いていたが，それを発展させて，論理積還元と論理和還元の概念を定義する．

定義 6.19　言語 A が言語 B に**多項式時間論理積還元可能**（polynomial-time conjunctive reducible）であるとは，次の性質をもつ決定性オラクルチューリング機械 M が存在することである．

- M は多項式時間限定である．
- $A = L(M^B)$ である．
- 入力 x に対して，M は空でない有限集合 $S \subseteq \Sigma^*$ を計算し，その要素 1 つ 1 つについてオラクルに照会する．
- 入力 x に対して，M はすべての照会に対する答えが q_{yes} であったとき，またそのときに限り，x を受理する．

A が B に多項式時間論理積還元可能であることを，式 $A \leq_{\mathrm{c}}^p B$ を用いて表わす．

言語 A が言語 B に**多項式時間論理和還元可能**（polynomial-time disjunctive reducible）であるとは，次の性質をもつ決定性オラクルチューリング機械 M が存在することである．

- M は多項式時間限定である．

- $A = L(M^B)$ である.
- 入力 x に対して, M は空でない有限集合 $S \subseteq \Sigma^*$ を計算し, その要素 1 つ 1 つについてオラクルに照会する.
- 入力 x に対して, M は少なくとも 1 つの照会に対する答えが $q_{\rm yes}$ であったとき, またそのときに限り, x を受理する.

A が B に多項式時間論理和還元可能であることを, 式 $A \leq_{\rm d}^p B$ を用いて表わす.

次の命題は容易に証明できる.

命題 6.20 任意の言語 A と B に対して, $A \leq_{\rm c}^p B \iff \overline{A} \leq_{\rm d}^p \overline{B}$ が成り立つ.

命題 6.21 すべての $k \geq 0$ に対して, Σ_k^p は多項式時間論理積還元と多項式時間論理和還元のもとで閉じている.

証明 $k = 0$ の場合は, $\Sigma_k^p = {\rm P}$ であることと ${\rm P}^{\rm P} = {\rm P}$ であることから, Σ_k^p のどちらの還元可能性のもとでも閉じていることが導かれる.

$k \geq 1$ の場合は, 任意の言語 A に関して, ${\rm NP}^A$ が多項式時間論理積還元と多項式時間論理積還元のもとで閉じていることを示せばよい. いま, A をオラクルとする多項式時間限定の非決定性チューリング機械 N が言語 B を非決定的に受理し, 多項式時間限定の決定性オラクルチューリング機械 M が L を B に多項式時間論理和還元するものと仮定する. このとき, 入力 x に対して, 以下のようにふるまうチューリング機械 U を考える.

段階 1 M の入力 x に対する動きを決定的に模倣して, 集合 S を計算する.

段階 2 S の各要素 y に対して, N の入力 y に対する動きを非決定的に模倣する.

段階 3 段階 2 で行なった非決定的な模倣がすべて受理した場合は x を受理し, そうでなければ x を拒否する.

すると, 任意のオラクル W と任意の入力 x に対して, U が x を非決定的に受理するとき, またそのときに限り, N^W が x を非決定的に受理する. したがって, $L(U^A) = L(N^W) = L$ である. M と N はともに多項式時間限定なので,

U も多項式時間限定である．よって，$L \in \mathrm{NP}^A$ である．

論理和還元に関する証明も，同様にできる（演習問題 6.6 参照）． ❑

命題 6.20 と 6.21 から，次の系が導き出せる．

系 6.22 任意の自然数 k に対して Π_k^p は多項式時間論理積還元と多項式時間論理和還元のもとで閉じている．

次に，多項式時間階層の論理式による特徴づけを行なう．

定理 6.23 k を任意の正の自然数，L を Σ_k^p に属する任意の言語とする．このとき，

$$(\forall x \in \Sigma^*)[x \in L \iff (\exists y : |y| \le p(|x|))[\langle x, y \rangle_2 \in A]]$$

を満たす多項式 $p(n)$ と $A \in \Pi_{k-1}^p$ が存在する．

証明 証明は k に関する帰納法による．まず，$k = 1$ の場合を考える．$k = 1$ のとき，$\Sigma_k^p = \mathrm{NP}$ であり，$\Pi_{k-1}^p = \mathrm{P}$ である．L を，Σ_k^p に属する任意の言語とする．すると，L を非決定的に受理する，正規化された多項式時間限定非決定性チューリング機械が存在する．そのようなチューリング機械をひとつ選び，それを N とする．すると，N が $p(n)$ 時間限定となるような多項式 $p(n)$ が存在する．

言語 A を

$$\{\langle x, y \rangle_2 \mid |y| \le p(|x|),\ \text{かつ},$$
$$y\ \text{は}\ \tau[N, x]\ \text{における根から受理時点表示への小路である}\}$$

と定義する．すると，$A \in \mathrm{P}$ であり，すべての $x \in \Sigma^*$ に対して，

$$x \in L \iff (\exists y : |y| \le p(|x|))[\langle x, y \rangle_2 \in A]$$

が成り立つ．よって，$k = 1$ のとき，Σ_k^p の特徴づけが得られる．

次に，$k = \ell \ge 2$ の場合を考える．目標とする特徴づけが，k の値が $\ell - 1$ 以下であるときはすべて成り立つものと仮定する．L を Σ_k^p に属する任意の言語とする．すると，Σ_{k-1}^p の言語 A_1 および L をオラクル A_1 のもとで受理する，

正規化された多項式時間限定非決定性オラクルチューリング機械 N が存在する．N は多項式時間限定なので，N の計算時間の上限を与える多項式をひとつ選び，それを $p_1(n)$ とする．$A_1 \in \Sigma_{k-1}^p$ であるから，帰納法の仮定によって，ある多項式 $p_2(n)$ と Π_{k-2}^p に属するある言語 A_2 が存在して，すべての $u \in \Sigma^*$ に対して，

$$u \in A_1 \iff (\exists v : |v| \leq p_2(|u|))[\langle u, v \rangle_2 \in A_2]$$

が成り立つ．

いま，入力 x に対して，次のようにふるまう非決定性のチューリング機械 V を考える．

段階 1　集合 S_0，S_1 および S_2 の初期値を空集合に設定する．

段階 2　入力 x に対する N の動きを模倣する．N がオラクルに対して文字列 w を照会したなら，照会をする代わりに，オラクルの答えが q_{yes} と q_{no} のどちらであるかを非決定的に推測する．

段階 2a　推測した答えが q_{no} ならば，w を S_0 に加える．

段階 2b　推測した答えが q_{yes} ならば，w を S_1 に加えたのち，長さが $p_2(|w|)$ 以下である文字列 z を非決定的に選択し，$\langle w, z \rangle_2$ を S_2 に加える．

段階 3　N が受理すれば受理し，N が拒否すれば拒否する．

すると，V は明らかに，ある多項式 $p(n)$ に対して $p(n)$ 時間限定となる．

言語 A を

$$\{\langle x, y \rangle_2 \mid |y| \leq p(|x|) \text{ かつ } y \text{ は } \tau[V, x] \text{ における受理計算小路であり，}$$
$$\text{計算小路 } y \text{ において生成される } S_0 \text{ の各要素は } \overline{A_1} \text{ に属し，}$$
$$S_2 \text{ の各要素は } A_2 \text{ に属する} \}$$

と定義する．すると，A は $\overline{A_1} \oplus A_2$ に多項式時間論理積還元可能である．実際，A の $\overline{A_1} \oplus A_2$ の多項式時間論理積還元の生成する集合 S を，y が $\tau[V, x]$ の受理計算小路である場合には $S_0 \oplus S_2$ とし，そうでない場合には $\{\epsilon\}$ とすればよい．$A_2 \in \Pi_{k-2}^p$，$A_1 \in \Sigma_{k-1}^p$，$\mathrm{co}\Sigma_{k-1}^p = \Pi_{k-1}^p$，かつ，$\Pi_{k-2}^p \subseteq \Pi_{k-1}^p$ であ

り，Π^p_{k-1} は $\oplus$ と多項式時間論理積還元のもとで閉じているから，A は Π^p_{k-1} に属する．

また，N^{A_1} が x を受理する場合，$\tau[N^{A_1}, x]$ の受理計算小路をひとつ選び，A_1 に属する照会文字列 w のそれぞれに対して，$\langle w, z \rangle_2 \in A_2$ となる長さ $p_2(|w|)$ 以下の文字列を選んで A_1 の答えと組み合わせれば，$\langle x, y \rangle_2 \in A$ となる長さ $p(|x|)$ 以下の文字列 y が構成できる．一方，そのような y が存在する場合，計算小路 y においては $S_0 \subseteq \overline{A_1}$ と $S_2 \subseteq A_2$ が成り立ち，これは y が $\tau[N^{A_1}, x]$ の受理計算小路に対応することを意味する．したがって，

$$x \in L \iff (\exists y : |y| \leq p(|x|))[\langle x, y \rangle_2 \in A]$$

となり，$k = \ell$ においても Σ^p_k の特徴づけが成り立つ．❑

上記の定理に現われる式の否定をとることによって，次の系が得られる．

系 6.24　k を任意の正の自然数，$L \in \Pi^p_k$ とする．このとき，

$$(\forall x \in \Sigma^*)[x \in L \iff (\forall y : |y| \leq p(|x|))[\langle x, y \rangle_2 \in A]]$$

を成り立たせるような多項式 $p(n)$ と $A \in \Sigma^p_{k-1}$ が存在する．

上記の 2 つの結果を組み合わせると，次の結果が得られる．

系 6.25　k を任意の正の整数とする．

1. $L \in \Sigma^p_k$ のとき，またそのときに限り，多項式 $p_1(n), \cdots, p_k(n)$ と P に属する言語 A が存在し，すべての $x \in \Sigma^*$ に対して，

$$x \in L \iff (\exists y_1 \in \Sigma^{\leq p_1(|x|)})(\forall y_2 \in \Sigma^{\leq p_2(|x|)}) \cdots (Q_k y_k \in \Sigma^{\leq p_k(|x|)})[\langle x, y_1, \cdots, y_k \rangle_{k+1} \in A]$$

   が成り立つ．ただし，i が奇数のとき，Q_i は存在記号 $\exists$ であり，偶数のとき，Q_i は全称記号 $\forall$ である．

2. $L \in \Pi^p_k$ のとき，またそのときに限り，多項式 $p_1(n), \cdots, p_k(n)$ と P に属する言語 A が存在し，すべての $x \in \Sigma^*$ に対して，

$$x \in L \iff (\forall y_1 \in \Sigma^{\leq p_1(|x|)})(\exists y_2 \in \Sigma^{\leq p_2(|x|)})$$

$$\cdots(Q_k y_k \in \Sigma^{\le p_k(|x|)})[\langle x, y_1, \cdots, y_k \rangle_{k+1} \in A]$$

が成り立つ．ただし，i が奇数のとき，Q_i は全称記号 $\forall$ であり，偶数のとき，Q_i は存在記号 $\exists$ である．

6.2 Σ_k^p の完全問題

次に，系 6.25 を用いて Σ_k^p の完全問題を示す．

変数の集合 X に対し，X に対する真偽設定全体の集合を $\mathcal{ASS}(X)$ で表わす．すると，$X_1, \cdots, X_k$ がたがいに素な変数の集合であるとき，$\mathcal{ASS}(X_1) \times \cdots \times \mathcal{ASS}(X_k)$ は $X_1 \cup \cdots \cup X_k$ に対する真偽設定全体の集合である．$a_1 \in \mathcal{ASS}(X_1), \cdots, a_k \in \mathcal{ASS}(X_k)$ に対して，組 $(a_1, \cdots, a_k)$ が表わす $\mathcal{ASS}(X_1) \times \cdots \times \mathcal{ASS}(X_k)$ の要素を，単純に $a_1 \cdot \cdots \cdot a_k$ と書く．

$k \ge 1$ を整数とするとき，QSAT_k を命題論理式 φ とその変数の集合 X の k 分割 $(X_1, \cdots, X_k)$ で，条件

$$(Q_1 a_1 \in \mathcal{ASS}(X_1))(Q_2 a_2 \in \mathcal{ASS}(X_2)) \cdots \qquad (6.1)$$
$$(Q_k a_k \in \mathcal{ASS}(X_k))[\varphi(a_1 \cdot a_2 \cdot \cdots \cdot a_k) = 1]$$

を満たすものの全体の集合とする．ただし，Q_i は，i が奇数のとき存在記号 $\exists$ であり，i が偶数のとき全称記号 $\forall$ であり，φ と k 分割は $k+1$ 個組 $\langle \varphi, X_1, \cdots, X_k \rangle_{k+1}$ によって表わされるものとする．

また，QSAT_k において，限定記号が $\exists$ からではなく，$\forall$ から始まって，交互に現われるものとすることにより定義される言語を QSAT'_k とする．

定理 6.26 任意の $k \ge 1$ に対し，QSAT_k は Σ_k^p 完全であり，QSAT'_k は Π_k^p 完全である．

証明 $\mathrm{QSAT}_k \in \Sigma_k^p$ であることと，$\mathrm{QSAT}'_k \in \Pi_k^p$ であることは，帰納法を用いて簡単に証明できるので省略する（演習問題 6.8 参照）．

$L \in \Sigma_k^p$ とすると，定理 6.23 から，ある多項式 $p_1(n), \cdots, p_k(n)$ と言語 $A \in \mathrm{P}$ のもとで，すべての $x \in \{0,1\}^*$ に対して，

$$x \in L \iff (Q_1 y_1 \in \{0,1\}^{p_1(|x|)}) \cdots (Q_k y_k \in \{0,1\}^{p_k(|x|)})$$
$$[\langle x, y_1, \cdots, y_k \rangle_{k+1} \in A]$$

が成り立つ．ただし，i が奇数のとき，Q_i は存在記号 ∃ であり，偶数のとき，Q_i は全称記号 ∀ である．A を受理する多項式時間限定チューリング機械 M を選ぶ．

いま，k が奇数であると仮定しよう．すると，Q_k は存在記号 ∃ である．入力 x に対して，$y_1, \cdots, y_k$ を非決定的に選び，$w = \langle x, y_1, \cdots, y_k \rangle_{k+1}$ を構成し，M の入力 w に対する動きを模倣し，M が受理したとき，またそのときに限り，受理する非決定性チューリング機械を考え，それを N とする．N は明らかに多項式時間限定なので，$L(N)$ から SAT への多項式時間多対一還元（定理 4.20 参照）を用いて，任意の入力 x に対する N の計算を命題論理式で表わすことができる．これを φ_x とする．1 以上 k 以下の各 i に対して，y_i の選択を表わす変数の群を X_i とし，N の動きを表わすのに使われる残りの変数を Y とする．$x \in L$ の場合，

$$(Q_1 y_1 \in \{0,1\}^{p_1(|x|)}) \cdots (Q_k y_k \in \{0,1\}^{p_k(|x|)})[\langle x, y_1, \cdots, y_k \rangle_{k+1} \in A]$$

は，式

$$(Q_1 y_1 \in \{0,1\}^{p_1(|x|)}) \cdots (Q_k y_k \in \{0,1\}^{p_k(|x|)})$$
$$[\text{入力 } x \text{ に対して } y_1, \cdots, y_k \text{ を選択したとき，}$$
$$N \text{ は受理計算をもつ}]$$

と同値である．したがって，$x \in L$ のとき，またそのときに限り，

$$(Q_1 a_1 \in \mathcal{ASS}(X_1)) \cdots (Q_k a_k \in \mathcal{ASS}(X_k))(\exists b \in \mathcal{ASS}(Y))$$
$$[\varphi_x(a_1 \cdot \cdots \cdot a_k \cdot b) = 1]$$

が成り立つ．仮定から，Q_k は存在記号 ∃ であるので，$X'_k = X_k \cup Y$ と設定すれば，

$$x \in L \iff (Q_1 a_1 \in \mathcal{ASS}(X_1)) \cdots (Q_k a_k \in \mathcal{ASS}(X'_k))$$
$$[\varphi_x(a_1 \cdot \cdots \cdot a_k) = 1]$$

である．したがって，

$$x \in L \iff \langle \varphi_x, X_1, \cdots, X_{k-1}, X'_k \rangle_{k+1} \in \mathrm{QSAT}_k$$

が成り立つ．x からこの $k+1$ 個組を求めることは，明らかに多項式時間でできるので，$L \leq^p_{\mathrm{m}} \mathrm{QSAT}_k$ である．

また，$\psi_x = \neg\varphi_x$ とし，i が奇数のとき，Q'_i が全称記号 $\forall$，偶数のとき，Q'_i が存在記号 $\exists$ であるとすれば，

$$x \in \overline{L} \iff (Q'_1 a_1 \in \mathcal{ASS}(X_1)) \cdots (Q'_k a_k \in \mathcal{ASS}(X'_k)) \\ [\psi_x(a_1 \cdot \cdots \cdot a_k) = 1]$$

である．よって，

$$x \in \overline{L} \iff \langle \psi_x, X_1, \cdots, X_{k-1}, X'_k \rangle_{k+1} \in \mathrm{QSAT}'_k$$

である．$\overline{L} \in \Pi_k^p$ なので，QSAT'_k は Π_k^p 完全である．

一方，k が偶数のときは，QSAT'_k の Π_k^p 完全性を上記と同様に示し，その否定をとって，QSAT_k の Σ_k^p 完全性を示せばよい． ❑

次に，QSAT_2 が Σ_2^p 完全であることを用いて，Σ_2^p 完全問題を示す．

変数の集合 X 上の命題論理式の部分真偽設定 a が φ の**内項**（implicant）であるとは，X に a をほどこしてできる命題論理式が TAUT に属する，すなわち恒等的に真となることである．内項が，そのいかなる真部分真偽設定も内項でないという性質を満たすとき，**主項**または**素項**（prime implicant）であるという．部分真偽設定 a によって値が設定される変数の数を a の大きさとよび，$|a|$ で表わす．

ShortestImplicant は，命題論理式 φ が大きさがたかだか k の内項をもつかどうかを判定する問題である．

定義 6.27 ShortestImplicant $= \{\langle \varphi, k \rangle_2 \mid \varphi$ の内項 a で，$|a| \leq k$ なるものが存在する $\}$ と定義する．

ShortestImplicant が Σ_2^p 完全であることの証明には**パリティ関数**（parity function）を用いる．この関数は，**排他論理和関数**（exclusive-or function）ともよばれる．任意の整数 $k \geq 1$ に対し，k 変数のパリティ関数は，入力のうち

の1であるものの個数が奇数であるときは1，偶数であるときは0となる．$\oplus_k$で，k変数のパリティ関数を表わす．

パリティ関数は次の2つの性質をもつ．ただし，証明は省略する（演習問題6.9および6.10参照）．

命題 6.28　任意の$k \geq 2$に対して$\oplus_k$は，たかだか$2n$個の変数をもち，$12n$個のリテラルからなる命題論理式で表わすことができる．

命題 6.29　任意の$k \geq 2$に対して，$\oplus_k$の内項はすべて大きさkである．

定理 6.30　ShortestImplicantはΣ_2^p完全である．

証明　まず，ShortestImplicant $\in \Sigma_2^p$を証明する．入力$\langle \varphi, k \rangle_2$に対して，次のように動作する非決定性オラクルチューリング機械Nを考える．

段階1　φの変数の部分集合Yを非決定的に選ぶ．Yの大きさがkよりも大きければ，ただちに拒否する．

段階2　Yに対する真偽設定$a \in \mathcal{ASS}(Y)$を非決定的に選ぶ．

段階3　φに登場するYの各変数に対して，aの定める真偽設定をほどこした命題論理式$\varphi(a)$を計算し，それをφ'とする．

段階4　オラクルにφ'を照会し，答えがq_{yes}なら受理し，そうでなければ拒否する．

TAUTをオラクルとすると，この機械は多項式時間でShortestImplicantを非決定的に受理する．TAUT $\in$ coNPであるから，ShortestImplicant $\in \Sigma_2^p$である．

次に，ShortestImplicantがΣ_2^p困難であることを証明する．それには，QSAT_2からShortestImplicantへの多項式時間多対一還元fを構成する．

$w = \langle \varphi, X_1, X_2 \rangle_3$を$\mathrm{QSAT}_2$に対する入力，$X_1 = \{x_1, \cdots, x_n\}$，$X_2 = \{y_1, \cdots, y_\ell\}$とする．定義から，$w \in \mathrm{QSAT}_2$であるとき，またそのときに限り，$\varphi$は$X_1$上の内項をもつ．また，そのような内項があればその大きさはn以下である．

$n+1$をmで表わし，1以上ℓ以下の各iに対して，m個の新しい変数

$z_{i1}, \cdots, z_{im}$ を導入して，φ に現われるリテラル y_i のそれぞれを $\oplus_m(z_{i1}, \cdots, z_{im})$ で，また，リテラル $\overline{y_i}$ のそれぞれを $\neg \oplus_m (z_{i1}, \cdots, z_{im})$ で置き換える．こうしてできあがった命題論理式を φ' とし，

$$f(w) = \langle \varphi', n \rangle_2$$

と定める．命題 6.9 から，$f(w)$ の値 $\langle \varphi', n \rangle_2$ は多項式時間で計算できる．

この f が QSAT_2 から ShortestImplicant への多対一還元であることを証明する．まず，$w \in \mathrm{QSAT}_2$ であると仮定する．φ は X_1 上の内項をもち，その内項は φ' に対しても内項となる．したがって，$\langle \varphi', n \rangle_2 \in$ ShortestImplicant である．

また，φ' が大きさ $k \leq n$ の内項 a をもつと仮定した場合，a を X_1 の変数に関する部分真偽設定 a_1 と，それ以外の変数に関する部分真偽設定 a_2 とに分解する．X_1 に属さない変数は，φ' を構成する際に $\oplus_m$ を用いて拡大されている．命題 6.29 から，$\oplus_m$ の内項はすべて大きさ m である．$k \leq n < m$ なので，いずれの i に対しても，a_2 が y_i の置き換えに使った $\oplus_m(z_{i1}, \cdots, z_{im})$ を定数（0 または 1）にすることはない．そこで，a_2 を拡張して，いずれの i に対しても，$\oplus_m(z_{i1}, \cdots, z_{im})$ がただひとつのリテラル（正でも負でもよい）からなる命題論理式と等しくなるようにすることができる．こうしてできる a_2 の拡張を a_3 で表わす．そして，φ' に a_3 をほどこしてできる論理式を φ'' とする．

φ と φ'' のちがいは，X_2 に属する変数が，それぞれリテラルに置き換わっていることだけである．したがって，X_1 の変数に対する任意の部分真偽設定 b に対して，b が φ の内項であることと，b が φ'' の内項であることは同値である．仮定から，a が φ' の内項であるから，a_2 を拡張した a_3 と a_1 を融合してできる部分真偽設定 $a_1 \cdot a_3$ は a の拡張であり，したがって，φ' の内項である．よって，a_1 は φ' に a_3 をほどこしてできる φ'' の内項となり，それゆえ，φ の内項となる．ゆえに，φ には X_1 上の内項で大きさがたかだか k のものがあり，それは $\langle \varphi, X_1, X_2 \rangle_3 \in \mathrm{QSAT}_2$ であることを意味する．よって，$\mathrm{QSAT}_2 \leq_{\mathrm{m}}^p$ ShortestImplicant が成り立つ．

以上で，証明を終わる． ❑

6.3　Δ_2^p の完全問題

ここで，Δ_2^p の完全問題を紹介する．

6.3.1　OddMaxSat

OddMaxSAT は，n 変数 $x_1, \cdots, x_n$ 上の命題論理式 φ が充足可能であり，しかも文字列順序において最大の φ の充足真偽設定が x_n の値を 1 に設定するかどうかを判定する問題である．

定理 6.31　OddMaxSAT は Δ_2^p 完全である．

証明　定理を証明するには，OddMaxSAT $\in \Delta_2^p$ であることと，Δ_2^p に属する任意の言語が OddMaxSAT に多項式多対一還元可能であることを示せばよい．

まず，OddMaxSAT $\in \Delta_2^p$ を示す．いま，n 変数 $x_1, \cdots, x_n$ 上の命題論理式 φ に対して，$x_1, \cdots, x_n$ 上の充足真偽設定を自然な形で n ビットの文字列として表わす．つまり，$a = a_1 \cdots a_n \in \{0,1\}^n$ に対して，a は $(\forall i : 1 \leq i \leq n)[x_i = a_i]$ なる充足真偽設定を表わす．

そこで，集合 H を次のように定義する．

$$H = \{\langle \varphi, y \rangle_2 \mid \varphi \text{ は命題論理式，} |y| \text{ は } \varphi \text{ の変数の数であり，}$$
$$\text{文字列順序において } y \text{ 以上の充足真偽設定が存在する}\}$$

この H が NP に属することは明らかである（演習問題 6.11 参照）．また，任意の n 変数の命題論理式 φ と長さ n の任意の文字列 y および z に対して，

$$((y \leq z) \wedge \langle \varphi, z \rangle_2 \in H) \Rightarrow (\langle \varphi, y \rangle_2 \in H)$$

が成り立つ．したがって，

- $\varphi \notin$ SAT ならば，すべての y に対して $\langle \varphi, y \rangle_2 \notin H$ である．
- $\varphi \in$ SAT ならば，ある $\hat{w} \in \{0,1\}^n$ が存在して，

$$(y \in \{0,1\}^n)[\langle \varphi, y \rangle_2 \in H \iff y \leq \hat{w}]$$

が成り立つ．

そして，第 2 の場合に登場する $\hat{w}$ が，φ の文字列順序で最大の充足真偽設定である．

この H をオラクルとして使用すると，2 分探索（binary search）を使って任意の命題論理式 φ に対して，文字列順序において最大の充足真偽設定を計算することができ，$\varphi \in \mathrm{OddMaxSAT}$ かどうかを判定できる．

いま，n 変数の命題論理式 φ に対して，次のように動作する決定性オラクルチューリング機械 D を考える．

段階 1　$\langle \varphi, 0^n \rangle_2$ をオラクルに照会する．$\langle \varphi, 0^n \rangle_2$ がオラクルに属さないのであれば，ただちに φ を拒否する．$\langle \varphi, 0^n \rangle_2$ がオラクルに属するのであれば，段階 2 に進む．

段階 2　$\langle \varphi, 1^n \rangle_2$ をオラクルに照会する．$\langle \varphi, 0^n \rangle_2$ がオラクルに属するのであれば，ただちに受理する．そうでなければ，段階 3 に進む．

段階 3　u の値を 0^n に，v の値を 1^n に設定する．

段階 4　次を実行する．

段階 4a　m の値を $\|\{z \mid u \leq z \leq v\}\|$ に設定する．$m \geq 3$ であれば，段階 5 に進む．

段階 4b　文字列順序において，u から数えてちょうど $m/2$ 番目の文字列を求め，w_1 の値をその文字列に設定する．文字列順序において，w_1 の次の文字列を求め，w_2 の値をその文字列に設定する．

段階 4c　r_1 の値を $\langle \varphi, w_1 \rangle_2$ に設定し，r_2 の値を $\langle \varphi, w_2 \rangle_2$ に設定する．

段階 4d　r_1 と r_2 をそれぞれオラクルに照会する．

段階 4e　u と v の値を次のように変更する．

- r_1 がオラクルに属さないならば，v の値を w_1 に変更する．
- r_1 がオラクルに属し，しかも r_2 がオラクルに属さないのであれば，u の値を w_1 に，v の値を w_2 に変更する．
- r_1 も r_2 もオラクルに属するのであれば，u の値を w_2 に変更する．

段階 4f　段階 4a に戻る．

段階 5　u の最後のビットが 1 なら受理し，そうでなければ拒否する．

D のアルゴリズムの段階 4a において計算される m の値は，u と v の文字列順序における差である．m の初期値は 2^n である．段階 4b から 4e までが実行されると，その差は $m/2$ または 2 に縮まる．したがって，このループはたかだか $n-1$ 回くり返され，任意のオラクルに対して D は多項式時間限定である．

次に，D^H が OddMaxSAT を受理することを示す．φ を D の入力である n 変数の命題論理式とする．次の 4 つの場合が考えられる．

- $\varphi \notin \text{SAT}$ である．
- φ の最大の充足真偽設定 $\hat{w}$ は 1^n である．
- φ の最大の充足真偽設定 $\hat{w}$ は 1^n よりも小さく 0 で終わる．
- φ の最大の充足真偽設定 $\hat{w}$ は 1^n よりも小さく 1 で終わる．

$\varphi \in \text{OddMaxSAT}$ となるのは，第 2 と第 4 の場合である．第 1 の場合，$\langle \varphi, 0^n \rangle_2 \notin H$ となり，D^H は φ を段階 1 において拒否する．第 2 の場合，$\langle \varphi, 0^n \rangle_2 \in H$ かつ $\langle \varphi, 1^n \rangle_2 \in H$ であるので，D^H は φ を段階 2 において受理する．第 3 または第 4 の場合，任意の長さ n の 2 進文字列 w に対して，

$$\langle \varphi, w \rangle_2 \in H \iff w \le \hat{w}$$

が成り立つ．$\hat{w} < 1^n$ であるから，D^H は段階 3 に進む．段階 4 の作業がくり返されるあいだ，$\langle \varphi, u \rangle_2 \in H$ かつ $\langle \varphi, v \rangle_2 \notin H$ という条件がつねに満たされている．よって，u の最終的な値は $\hat{w}$ となる．したがって，第 3 の場合 D^H は拒否し，第 4 の場合 D^H は受理する．よって，すべての場合において，D^H は正しく $\varphi \in \text{OddMaxSAT}$ の判定を行なう．

次に，OddMaxSAT が Δ_2^p 困難であることを示す．A を Δ_2^p に属する任意の言語とする．定義から，NP のある集合 C をオラクルとして A を受理する多項式時間限定の決定性オラクルチューリング機械 M が存在する．ある多項式 $q(n)$ が存在して，任意のオラクルと任意の入力 x に対して，M はちょうど $q(|x|)$ 回，オラクルに照会するものと仮定してよい．C を非決定的に受理する多項式時間限定非決定性チューリング機械をひとつ選び，それを N とする．

このとき，入力 x に対して，次のように動作する非決定性チューリング機械

V を考える．

段階 1　長さ $q(|x|)$ の文字列 y とビット b を非決定的に選ぶ．

段階 2　集合 S_0 および S_1 を空集合に設定する．

段階 3　M の入力 x に対する動きを模倣する．ただし，1 から $q(|x|)$ の i に対して，M の第 i 番目の照会は次のように処理する．

- y の第 i ビット y_i が 1 であれば，答えは $q_{\rm yes}$ であると仮定して，照会文字列を S_1 に入れる．
- y の第 i ビット y_i が 0 であれば，答えは $q_{\rm no}$ であると仮定して，照会文字列を S_0 に入れる．

段階 4　M の模倣が終了したら，S_1 のすべての要素 w に対して，N の入力 w に対する動きを模倣する．S_1 のすべての要素に対して，N が受理すれば段階 5 に進む．そうでなければ拒否する．

段階 5　$b=1$ かつ M が受理したか，$b=0$ かつ M が拒否した場合は受理し，そうでない場合は拒否する．

V の入力 x に対する動きを SAT への還元性を用いて命題論理式に変えたものを φ とする．ただし，φ の変数の順番は，$y_1, \cdots, y_{q(|x|)}$ を表わすものが最初の $q(|x|)$ 個で，b を表わすものがいちばん最後にくるものとする．

V は y の値を $0^{q(|x|)}$ と設定した場合，$S_1=\emptyset$ という状態なので，段階 5 に到着する．M は必ず受理または拒否し，V は $b=0$ と $b=1$ を非決定的に選択するので，$b=0$ または $b=1$ のどちらかの場合において，V は x を受理する．したがって，φ は必ず充足可能である．

いま，$\mathcal{A}$ を φ の充足真偽設定で文字列順序において最大のものとする．$\hat{y}_1, \cdots, \hat{y}_{q(|x|)}$ を $\mathcal{A}$ の最初の $q(|x|)$ ビット，$\hat{b}$ を $\mathcal{A}$ の最後のビットとする．このとき，次が成り立つ．

事実 5　1 以上 $q(|x|)$ 以下のすべての i に対して，$\hat{y}_i=1$ のとき，またそのときに限り，M の第 i 番目の照会文字列は C に属する．また，$\hat{b}=1$ であるとき，またそのときに限り，M^C は x を受理する．

証明　$\tilde{y}_1, \cdots, \tilde{y}_{q(|x|)}$ を，入力 x に対して C が与える答えの列であると仮定する．V が $y = \tilde{y}_1 \cdots \tilde{y}_{q(|x|)}$ という選択をした場合，V が生成する照会文字列は，M がオラクル C のもとで生成する照会文字列と完全に一致する．その場合，S_1 に属する文字列はすべて C の要素であるから，$\tilde{y}_i = 1$ なるすべての i に対して，i 番目の照会文字列が入力として与えられたとき，N は受理する．したがって，V は段階 5 に到着する．そして，$b = 0$ または $b = 1$ のどちらか一方の場合に受理する．ただし，$b = 0$ で受理するなら，$x \notin L(M^C)$ なので $\tilde{b} = 0$ と定め，$b = 1$ で受理するなら，$x \in L(M^C)$ なので $\tilde{b} = 1$ と定める．

さて，$\hat{y}_1 \cdots \hat{y}_{q(|x|)}$ は最大であるので，

$$\hat{y}_1 \cdots \hat{y}_{q(|x|)} \geq \tilde{y}_1 \cdots \tilde{y}_{q(|x|)}$$

が成り立つ．もし，ここで等号が成り立たないのであれば，$\hat{y}_1 = \tilde{y}_1, \cdots, \hat{y}_{j-1} = \tilde{y}_{j-1}$，かつ，$\hat{y}_j = 1$，$\tilde{y}_j = 0$ となる j が存在しなければならない．もし，そのような j が存在したと仮定する．M^C の入力 x に対する最初の j 個の照会文字列を $w_1, \cdots, w_j$ とすると，$\hat{y}$ を選んだ場合も $\tilde{y}$ を選んだ場合も，$w_1, \cdots, w_j$ が生成される．$\tilde{y}$ を選んで段階 5 に到着するためには，M の w_j に対する受理計算小路が発見されなければならないが，$\tilde{y}_j = 0$ なので $w_j \notin C$ が成り立ち，そのような計算小路は存在しない．よって，等号が成り立たなければならない．

すると，$\tilde{b} = \hat{b}$ が成り立つので，$\hat{b} = 1$ のとき，またそのときに限り，$x \in L(M^C)$ である．❏

以上の議論から，これは A から OddMaxSAT への多対一還元となる．この還元が多項式時間で計算できることは明らかなので，$A \leq^p_m$ OddMaxSAT が成り立つ．

以上で，定理 6.31 が証明された．❏

上記の証明において命題論理式の構成を行なう際に，それが CNF 論理式や 3CNF 論理式になるように工夫することができるので，OddMaxSAT において命題論理式が CNF 論理式や 3CNF 論理式に限定された，OddMaxCNFSAT と OddMax3SAT は，どちらも Δ^p_2 完全である．

系 6.32　OddMaxCNFSAT および OddMax3SAT は Δ^p_2 完全である．

6.3.2 一般的な Δ_2^p の完全問題

第 4 章では，いろいろな言語の NP 完全性を，NP 完全の基本言語である SAT からの多項式時間多対一還元を構成することによって証明した（直接的でない場合は，2 つ以上の多対一還元を組み合わせた）．そこで構成した多対一還元を注意深く見てみると，入力として与えられた命題論理式の変数はたがいに独立した部品に対応しており（たとえば，ハミルトン閉路問題における選択ユニットの分岐），これらが解の一部となるか否かが，それに対応する変数の値が充足真偽設定によって 1 と設定されるか否かに対応する．したがって，それらの NP 完全の言語に対して，文字列順序において最大であるところの解が，ある特定の部品を含むかどうかという問題を考えると，それが Δ_2^p 完全となる．

以下に，そのようにして定義されるグラフに関する Δ_2^p 完全問題を示す．これらの問題のいずれにおいても，解 S は頂点集合 V の部分集合である．V が n 頂点からなるとき，V の頂点に 1 から n の番号をふり，S はそれらのどの頂点が含まれ，どれが含まれないかを示す n ビットの文字列として表わすことにする．また，3 個組 (G, k, s) は，NP 完全問題の定義の場合のように 2 進表現されるものとする．

系 6.33 次の問題は Δ_2^p 完全である．

1. $\mathrm{MaxVC} = \{(G, k, s) \mid G$ の大きさ k の頂点被覆のうちで文字列順序で最大のものは頂点 s を含む $\}$
2. $\mathrm{MaxClique} = \{(G, k, s) \mid G$ の大きさ k の完全グラフのうちで文字列順序で最大のものは頂点 s を含む $\}$
3. $\mathrm{MaxIS} = \{(G, k, s) \mid G$ の大きさ k の独立頂点集合のうちで文字列順序で最大のものは頂点 s を含む $\}$

証明 上記の 3 つの問題が Δ_2^p に属することは簡単に証明できるので省略し，これらが Δ_2^p 困難であることのみを証明する．

[1] φ を n 変数 $u_1, \cdots, u_n$ 上の 3CNF 命題論理式とする．定理 4.31 の証明で構成した CNFSAT から VC への多項式時間多対一還元を φ に適用すると，

各変数 u_i に対して，$u_i = 1$ に対応する頂点 x_i と，$u_i = 0$ に対応する頂点 y_i と，もうひとつの z_i という 3 点からなる 3 角形がつくられる．目標とする大きさ n の頂点被覆を構成するには，1 以上 n 以下の各 i に対して，x_i，y_i，z_i の中からちょうど 1 つを頂点被覆に含めなければならなかった．そこで，この合計 $3n$ 個の頂点に

$$x_1, y_1, z_1, x_2, y_2, z_2, \cdots, x_n, y_n, z_n$$

という順番をつけ，1 から $3n$ までの番号をふる．そして，G の残りの頂点には $3n+1$ 以降の番号を適当にふることにする．すると，1 から n のどの i に対しても，z_i を選ぶよりは y_i を選んだほうが，そして，y_i を選ぶよりは x_i を選んだほうが，頂点被覆の文字列としての順序が高くなる．したがって，G の n 頂点からなる被覆のうちで文字列順序において最大のものは，φ の充足真偽設定のうちで文字列順序において最大のものと一致する．φ の最後の変数は u_n であるから，頂点 s を x_n に設定すると，次の 2 つの条件が同値となる．

- φ の充足真偽設定のうちで文字列順序において最大のものを $u_n = 1$ と設定すること．
- G の n 頂点からなる被覆のうちで辞書式順序において最大のものが s を含むこと．

したがって，

$$\varphi \in \text{OddMax3SAT} \iff (G, n, s) \in \text{MaxVC}$$

が成り立つ．また，このような多対一還元は多項式時間で計算できるので，OddMax3SAT$\leq_{\text{m}}^{p}$MaxVC となる．ゆえに，MaxVC は Δ_2^p 困難である．

[2] φ を，n 個の変数 $x_1, \cdots, x_n$ をもつ 3CNF 命題論理式とする．いま，φ に新たに x_{n+1} と x_{n+2} の 2 変数を導入し，$x_n = x_{n+1} = x_{n+2}$ を表わす命題論理式

$$\begin{aligned}
&(x_n \vee x_{n+1} \vee \overline{x_{n+2}}) \wedge (x_n \vee \overline{x_{n+1}} \vee x_{n+2}) \\
&\wedge (x_n \vee \overline{x_{n+1}} \vee \overline{x_{n+2}}) \wedge (\overline{x_n} \vee x_{n+1} \vee \overline{x_{n+2}}) \\
&\wedge (\overline{x_n} \vee \overline{x_{n+1}} \vee x_{n+2}) \wedge (\overline{x_n} \vee \overline{x_{n+1}} \vee \overline{x_{n+2}})
\end{aligned}$$

と φ の積をとってできる論理式を φ' とする．φ' の文字列順序において最大の充足真偽設定は，φ の文字列順序において最大の充足真偽設定の x_n に対する設定を，x_{n+1} と x_{n+2} にもほどこしたものである．

この φ' に，定理 4.33 の証明で構成した 3SAT から Clique への多項式時間多対一還元をほどこしてできるグラフを (G,k) とする．この k の値は $\binom{n+1}{3} = n(n^2-1)/6$ であり，G の頂点はちょうど 3 個の変数に値を設定するような部分真偽設定に対応し，全部で $d = 8k$ 個ある．また，s を部分真偽設定 $(x_n = 1,\ x_{n+1} = 1,\ x_{n+2} = 1)$ に対応する頂点とする．G の頂点には次のように順序を与える．u を $(x_i = b_1,\ x_j = b_2,\ x_k = b_3)$ に対応する頂点，v を $(x_p = c_1,\ x_q = c_2,\ x_r = c_3)$ に対応する頂点とする．ただし，$1 \le i < j < k \le n+2$ かつ $1 \le p < q < r \le n+2$ である．このとき，次の条件のいずれかが成り立つとき，またそのときに限り，$u < v$ と定める．

- $i < p$
- $i = p$ かつ $j < q$
- $i = p,\ j = q$ かつ $k < r$
- $i = p,\ j = q,\ k = r$ かつ 3 ビットの文字列として，$b_1b_2b_3$ は $c_1c_2c_3$ よりも小さい

こうして順番づけされた頂点を $u_1, \cdots, u_d$ で表わす．また，G のクリーク K を，$u_1, \cdots, u_d$ のそれぞれが K に属するか否かを表わす d ビットの列で表わす．

G の大きさ k のクリークは，変数の各 3 個組に対して，その 3 個組に対応する 8 個の頂点の中からちょうど 1 つを含む．3 個組に与えられた順序は，最初の n 個が $(x_1,x_2,x_3),(x_1,x_2,x_4),(x_1,x_2,x_5),\cdots,(x_1,x_2,x_{n+2})$ であるから，φ' の文字列順序において最大の充足真偽設定は，G の文字列順序で最大の大きさ k のクリークに対応する．したがって，そのクリークが s を含むとき，またそのときに限り，φ の文字列順序で最大の充足真偽設定は $x_n = 1$ と設定する．つまり，$\varphi \in \mathrm{OddMax3SAT} \iff (G,k,s) \in \mathrm{MaxClique}$ である．この還元は多項式時間で計算できるので，$\mathrm{OddMax3SAT} \le_{\mathrm{m}}^{p} \mathrm{MaxClique}$ が示された．ゆえに，MaxClique は Δ_2^p 困難となる．

[3]　独立頂点集合問の NP 完全性の証明は，クリークが補集合グラフを取る

ことによって独立頂点集合になることを利用した（系 4.36）．したがって，[2] に示した多対一還元において，補集合グラフを取れば，MaxIS が Δ_2^p 困難性であることを証明できる．❑

こんどは，辺の選択が真偽設定に対応するグラフ問題を考える．そこでは，頂点ではなく辺のほうに順番づけが与えられているものとする．頂点のときのように，辺集合を 2 進文字列として表わすことができる．グラフ G とその辺集合 S が与えられたとき，S の辺がハミルトン閉路を構成するかどうかは多項式時間で判定できる（演習問題 6.13 参照）．そこで，グラフ G の任意のハミルトン閉路と，それに対応する辺部分集合を同一視することにする．こうすることによって，文字列順序で最大のハミルトン閉路を，文字列順序において最大の，ハミルトン閉路を構成する辺部分集合と定義する．

定理 4.43 の証明をふり返ってみると，これは 3SAT からの還元で，入力 φ に対し，各変数 x_i に対する選択ユニットの枝分かれの左右の辺がそれぞれ，$x_i = 1$ と $x_i = 0$ という設定に対応している．その 2 辺をそれぞれ e_i，f_i と名づけることにする．そして，辺の順序を

$$e_1 < f_1 < e_2 < f_2 < \cdots < e_n < f_n$$

そして，残りの辺がすべて f_n の後ろにくるように設定する．すると，文字列順序で最大のハミルトン閉路は，φ の文字列順序において最大の充足真偽設定に対応する．したがって，文字列順序で最大のハミルトン閉路が f_n を含むとき，またそのときに限り，文字列順序で最大の φ の充足真偽設定は x_n の値を 1 にする．

この議論から，次の定理が成り立つ．

定理 6.34

$$\begin{aligned}\text{MaxHamPath} = \{(G, s, t, e) \mid\ & G\ \text{の}\ s\ \text{から}\ t\ \text{に至るハミルトン小路で} \\ & \text{文字列順序において最大のものは}\ e\ \text{を通過する}\ \}\end{aligned}$$

および

$$\text{MaxHamCycle} = \{(G, e) \mid G\ \text{のハミルトン閉路で}$$

文字列順序において最大のものは e を通過する $\}$

は Δ_2^p 完全である.

系 6.33 および定理 6.34 では，NP 完全問題の解の構成因子（頂点，辺，変数）に順序を与えて，文字列順序で最大の解を求める問題を考えた．こんどは，順序づけの代わりに，解の構成因子を $a_1, \cdots, a_m$ に自然数の**重み**（**コスト**）を与える．そのような重みづけにおいて，解の重み（コスト）（weight，cost）は，それを構成する因子の重みの合計である．このような重みづけのもとで，もっとも重い解やもっとも軽い解のことを**最適解**（optimal solution あるいは optimum）とよぶ．**最適化問題**（optimization problem）とは，そのような最適解を計算する問題のことを指す．

さて，$a_1, \cdots, a_m$ を部品として構成される文字列順序で最大の解というのは，$a_i = 2^{m-i}$ という重みをつけたときにもっとも重くなる解のことであり，$a_i = 2^i$ という重みをつけたときにもっとも軽い解のことであるから，次の問題が Δ_2^p 完全であることがわかる.

系 6.35 次の問題はすべて Δ_2^p 完全である.

$\mathrm{OptVC} = \{(G, k, s) \mid G$ は頂点に重みのついたグラフで，
G の k 頂点の被覆でもっとも重いものは s を含む $\}$

$\mathrm{OptClique} = \{(G, k, s) \mid G$ は頂点に重みのついたグラフで，G の
k 頂点のクリークの中でもっとも重いものは s を含む $\}$

$\mathrm{OptIS} = \{(G, k, s) \mid G$ は頂点に重みのついたグラフで，
G の k 頂点の独立集合でもっとも重いものは s を含む $\}$

$\mathrm{OptHamPath} = \{(G, s, t, e) \mid G$ は辺に重みのついたグラフで，
G の s から t に至るハミルトン小路のうち
もっとも軽いものは辺 e を通過する $\}$

$\mathrm{TSP} = \{(G, e) \mid G$ は辺に重みのついたグラフで，G のハミル
トン閉路でもっとも軽いものは辺 e を通過する $\}$

最後の問題 TSP は，巡回セールスマン問題の最適解の構成因子を与えるような判定問題である（ただし，最適解が一意に定まる場合のみである）．巡回セールスマン問題は，もっとも重要な**最適化問題**のひとつである．

6.4　クラス DP

次に，解の最適性を判定する問題に対応するクラス DP を導入する．

6.4.1　DP とその特徴

前節では，最適解にまつわる判定問題が Δ_2^p 完全であることを示したが，最適解の重み（コスト）だけを求める問題を考えた場合，その複雑さはどれくらいであろうか．

最適化問題に対する入力 x とコスト C が与えられたとき，x がコスト C 以下の（C 以上の）解をもつか否かを判定する問題は，本質的に NP の問題である．最適コストがちょうど C であるという条件は，最適コストが C 以上であり，かつ，$C+1$ 以上でないという条件と同値であるから，NP の条件と coNP の条件を同時に満たすかという問題に本質的に等しい．そこで，言語クラス DP を，NP の言語 A と coNP の言語 B を用いて $A \cap B$ と表わすことのできる言語全体の集合を定める．

定義 6.36　$\mathrm{DP} = \{A \cap B \mid A, \overline{B} \in \mathrm{NP}\}$ と定義する．

DP の代表的な完全問題のひとつは，次の SAT-UNSAT である．

定義 6.37　$\text{SAT-UNSAT} = \{\langle x, y\rangle_2 \mid x \in \mathrm{SAT} \wedge y \notin \mathrm{SAT}\}$ と定める．

命題 6.38　言語 SAT-UNSAT は DP 完全である．

証明　$A = \{\langle x, y\rangle_2 \mid x \in \mathrm{SAT}\}$，$B = \{\langle x, y\rangle_2 \mid y \notin \mathrm{SAT}\}$ とすると，$\text{SAT-UNSAT} = A \cap B$ である．また，$A \le_{\mathrm{m}}^p \mathrm{SAT}$ かつ $\overline{B} \le_{\mathrm{m}}^p \mathrm{SAT}$ である．NP は多項式時間多対一還元のもとで閉じているから（命題 4.13），これは $A \in \mathrm{NP}$ かつ $B \in \mathrm{coNP}$ を意味する．したがって，$\text{SAT-UNSAT} \in \mathrm{DP}$ である．

いま，$A \in \mathrm{NP}$ と $B \in \mathrm{coNP}$ に対して $L = A \cap B$ が成り立つとすると，A から SAT への多項式時間多対一還元 f と，$\overline{B}$ から SAT への多項式時間多対一還元 g が存在する．そこで，$h(x) = \langle f(x), g(x) \rangle_2$ と関数 h を定めると，h は明らかに多項式時間計算可能である．また，任意の x に対し，$x \in L$ ならば $f(x) \in \mathrm{SAT}$ かつ $g(x) \notin \mathrm{SAT}$ であるから，$h(x) \in$ SAT-UNSAT であり，$x \notin L$ ならば $f(x) \notin \mathrm{SAT}$ または $g(x) \in \mathrm{SAT}$ であるから，$h(x) \notin$ SAT-UNSAT である．よって，h は L から SAT-UNSAT への多項式時間多対一還元であり，SAT-UNSAT は DP 困難である．

ゆえに，SAT-UNSAT は DP 完全である． ❑

次に，最大のクリークの大きさを判定する問題が DP 完全であることを示すが，それには次の補題を利用する．

補題 6.39 NP に属する任意の言語 A に対して，次の条件を満たす，A から Clique への多項式時間多対一還元 f が存在する．任意の 2 進文字列 x に対して，$f(x) = (G, k)$ とするとき，

- $x \in A$ ならば G の最大のクリークは k 頂点である．
- $x \notin A$ ならば G の最大のクリークは $k-1$ 頂点である．

証明 NP の任意の言語 A を選び，A を非決定的に受理する多項式時間限定非決定性チューリング機械 N を選ぶ．定理 4.20 の多対一還元を，チューリング機械 N に対して適用する．N の入力 x に対して，この多対一還元を適用すると，命題論理式ができあがる．それを ψ_x とする．p.127 で述べたように，この ψ_x の充足真偽設定全体の集合は，N の入力 x に対する計算小路全体の集合と一対一に対応する．この ψ_x に，和句 $(\mathrm{Sta}(T, 2))$（式 4.11 参照）を掛けると，その充足真偽設定全体の集合は N の受理計算小路全体の集合に一対一に対応する．

次に，SAT から CNFSAT を経由して 3SAT へ至る変換を ψ_x にほどこし，できあがった 3CNF 命題論理式を θ_x とする．これに $(\mathrm{Sta}(T, 2))$ という和句を掛けたものを ρ_x とする．θ_x の和句はすべて 3 個のリテラルをもち，θ_x の充足

真偽設定全体の集合は，N の入力 x における計算小路全体の集合と一対一に対応する．また，ρ_x の充足真偽設定全体の集合は，N の入力 x に対する受理計算小路全体の集合と一対一に対応する．

いま，定理 4.33 の証明における 3SAT から Clique への還元を θ_x にほどこすと，グラフ H と整数 ℓ の組 (H, ℓ) が生成される．H の頂点のそれぞれは，θ_x のいかなる和句の値も 0 にしない変数 3 個組に対する真偽設定に対応する．この H の最大のクリークは ℓ 頂点であり，H の ℓ 頂点のクリークはそれぞれ，N の入力 x における計算小路に対応し，かつ，θ_x の充足真偽設定に対応する．

そこで，H に $\mathrm{Sta}(T, 2) = 1$ という真偽設定に対応する頂点 $v_0 = (\mathrm{Sta}(T, 2), 1)$ を加え，H の頂点で，$\mathrm{Sta}(T, 2)$ の値を 0 に設定しないものすべてと辺で結ぶ．こうしてできるグラフを G とし，$k = \ell + 1$ と定める．H の最大のクリークは $k - 1$ 頂点であるから，G の最大のクリークの k 頂点または $k - 1$ 頂点である．ρ_x が充足可能のときは，H のクリークで ρ_x の充足真偽設定に対応するものがあり，そのようなクリークの頂点はすべて v_0 と辺で結ばれているので，G は k 頂点のクリークをもつ．一方，ρ_x が充足不可能であれは，H のどの $k - 1$ 頂点のクリークも，$\mathrm{Sta}(T, 2)$ の値を 0 にする．したがって，H のどの $k - 1$ 頂点のクリークも $\mathrm{Sta}(T, 2)$ の値を 0 とする頂点を含むので，k 頂点のクリークは G に存在しない．

以上で，補題が証明された．　❑

定義 6.40　$\mathrm{CliqueSize} = \{(G, k) \mid G$ の最大のクリークは大きさ k である $\}$ と定義する．

このとき，上記補題から，次の定理が成り立つ．

定理 6.41　CliqueSize は DP 完全である．

証明　L を，DP に属する任意の言語とする．すると，$L = A \cap \overline{B}$ を成り立たせる NP の言語 A と B が存在する．補題 6.39 で示した多項式時間多対一還元の構成法を，A に対して使用してできる還元を f，B に対して使用してできる還元を g とする．x を任意の文字列 x とし，$f(x) = (G, k)$，$g(x) = (H, \ell)$ と

すると，

- $x \in A$ ならば G の最大クリークは k 頂点であり，$x \notin A$ ならばそれらは $k-1$ 頂点である．
- $x \in B$ ならば H の最大クリークは ℓ 頂点であり，$x \notin B$ ならばそれらは $\ell-1$ 頂点である．

m を G の頂点数，n を H の頂点数とするとき，次のようなグラフ Z を構成する．

- G の $m+n$ 個のコピー $Y_1, \cdots, Y_{m+n}$ をつくる．また，$Y_0 = H$ とする．
- $0 \leq i < j \leq m+n$ なる各 (i,j) に対して，Y_i の任意の頂点を Y_j の任意の頂点と辺で結ぶ．

いま，$p = k(m+n)+\ell-1$ とすると，Z の最大クリークの頂点数は明らかに，G の最大クリークの大きさを $m+n$ 倍したものに H の最大クリークの大きさを足したものである．それは，

$$\begin{cases} k(m+n)+\ell & ((x \in A) \wedge (x \in B) \text{ のとき}) \\ k(m+n)+\ell-1 & ((x \in A) \wedge (x \notin B) \text{ のとき}) \\ (k-1)(m+n)+\ell & ((x \notin A) \wedge (x \in B) \text{ のとき}) \\ (k-1)(m+n)+\ell-1 & ((x \notin A) \wedge (x \notin B) \text{ のとき}) \end{cases}$$

である．k と ℓ はどちらも $m+n$ 未満であるから，これら 4 つの値はたがいに異なる．したがって，$x \in A \cap \overline{B}$ のときのみ，最大クリークの大きさが p となる．そこで，x の像を (Z,p) とすれば，L から CliqueSize への多対一還元ができあがる．

この還元が多項式時間で計算できることは明らかである．また，CliqueSize $\in$ DP も簡単に証明できる（演習問題 6.19 参照）ので，CliqueSize は DP 完全である． ❑

次に，TSP 問題の最適コストを判定する問題を考えよう．

定義 6.42 TSPCost $= \{(G,C) \mid G$ のハミルトン閉路の最小コストは C であ

る $\}$ と定義する．

定理 6.43　TSPCost は DP 完全である．

証明　補題 6.39 の証明のアイディアをここでも用いる．A を NP に属する任意の言語とし，N を A を受理する多項式時間限定のチューリング機械とする．入力 x に対して，A から SAT への多項式時間多対一還元を使って命題論理式を構成し，そこに登場する $(\mathrm{Sta}(T,2))$ という句を除いて 3SAT への変換をほどこすと，命題論理式 ψ_x ができあがる．これに HamPath への還元をほどこすと，HamPath に対する入力 (G,s,t) が得られる．$\mathrm{Sta}(T,2)$ に関する選択ユニット（p.149 の図 4.12 参照）の分岐点において，$\mathrm{Sta}(T,2)=1$ に対応する辺を e_1 で，$\mathrm{Sta}(T,2)=0$ に対応する辺を e_0 で表わす．ψ_x には句 $(\mathrm{Sta}(T,2))$ が現われないので，G は s から t へのハミルトン小路をもち，そのそれぞれは ψ_x の充足真偽設定，すなわち N の入力 x に対する計算小路に対応する．ψ_x が $\mathrm{Sta}(T,2)$ の値を 1 に設定する真偽設定によって，充足可能ならば（つまり，$x\in A$ であるとき），e_1 を通過するハミルトン小路が存在するが，充足可能でなければ，そのようなハミルトン小路は存在しない．そこで，e_1 の重みを 1，それ以外の辺の重みを 2 とする．G の頂点数を m とすると，G のハミルトン小路は $m-1$ 個の辺からなる．したがって，$x\in A$ のときは，ハミルトン小路は重み $2(m-2)+1=2(m-1)-1$ のものと重み $2(m-1)$ のものとの 2 種類があり，$x\notin A$ のときは，ハミルトン小路はすべて重みが $2(m-1)$ である．

同様の変換を言語 B に対しても行なって，n 頂点の HamPath への入力 (H,u,v) を得たとする．このとき，辺 e_1 の重みを 2，それ以外の辺の重みを 4 とすれば，$x\in B$ のときは，H のハミルトン小路は重み $4(n-2)+2=4(n-1)-2$ のものと重み $4(n-1)$ のものとの 2 種類があり，$x\notin B$ のときは，ハミルトン小路は重みがすべて $4(n-1)$ である．

いま，t と u とを重み 2 の辺でつなぎ，s と v とを重み 4 の辺でつないで，グラフ Z をつくる．そして，Z のハミルトン閉路のうちでもっとも軽いものの重みを z とする．Z のハミルトン閉路は，G のハミルトン小路と H のハミルトン小路を，(s,v) と (t,u) の 2 辺を用いてつなげたものである．したがって，w

に関して次のことがいえる.

$$w = \begin{cases} 2m+3n-3 & ((x \in A) \wedge (x \in B) \text{ のとき}) \\ 2m+4n-1 & ((x \in A) \wedge (x \notin B) \text{ のとき}) \\ 2m+4n-2 & ((x \notin A) \wedge (x \in B) \text{ のとき}) \\ 2m+4n & ((x \notin A) \wedge (x \notin B) \text{ のとき}) \end{cases}$$

である. つまり, $x \in A \cap \overline{B}$ のとき, またそのときに限り, $w = 2m+4n-1$ となる. そこで, x の像を $(H, 2m+4n-1)$ と定めれば, TSPCost への多対一還元ができあがる.

この還元が多項式時間で計算できることと TSPCost $\in$ DP は自明であるので, TSPCost が DP 完全であることが証明された. ❑

6.4.2 DP と coDP との関係

系 6.14 において, NP = coNP ならば PH が NP と一致することを示した. DP に関しては, DP = coDP という仮定から PH = NP という関係が導き出せるかどうかはわかっていないが, それを少し弱めた PH = Δ_3^p という関係が導き出せることはわかっている. その結果をここで証明する.

定理 6.44 DP = coDP ならば PH = Δ_3^p が成り立つ.

証明 命題 6.38 において SAT-UNSAT が DP 完全であることを証明したが, その補集合 $\overline{\text{SAT-UNSAT}}$ は

$$\{\langle x, y \rangle_2 \mid x \notin \text{SAT} \vee y \in \text{SAT}\}$$

であり, これは coDP 完全である. いま, DP = coDP を仮定する. 2 つのクラスが一致するから, $\overline{\text{SAT-UNSAT}}$ も SAT-UNSAT も DP 完全であり, したがって, $\overline{\text{SAT-UNSAT}}$ から SAT-UNSAT への多項式時間多対一還元が存在する. そのような多項式時間多対一還元をひとつ選んで, f で表わす.

$f(\langle x, y \rangle_2) = \langle u, v \rangle_2$ となる任意の文字列 x, y, u および v に対して,

$$\langle x, y \rangle_2 \notin \text{SAT-UNSAT} \iff \langle u, v \rangle_2 \in \text{SAT-UNSAT}$$

が成り立つ. 定義から, これは

$$(x \in \overline{\text{SAT}} \vee y \in \text{SAT}) \iff (u \in \text{SAT} \wedge v \in \overline{\text{SAT}})$$

を意味する．このとき，次が成り立つ．

$$v \in \mathrm{SAT} \Rightarrow y \in \overline{\mathrm{SAT}} \tag{6.2}$$

$$y, v \in \overline{\mathrm{SAT}} \Rightarrow (x \in \overline{\mathrm{SAT}} \iff u \in \mathrm{SAT}) \tag{6.3}$$

どちらの性質も，ある条件のもとで，充足可能という性質が充足不可能という性質に変換できることを表わしている．この 2 つの性質を利用して，ある範囲の長さの文字列すべてに対して，SAT と $\overline{\mathrm{SAT}}$ を入れ換える方法を考える．

任意の自然数 ℓ に対し，$S(\ell) = \{0,1\}^{\leq \ell}$ と定める．$S(\ell)$ の各要素 y に対し，次の 3 つの条件 $P(\ell, y)$，$Q(\ell, y)$ および $R(\ell, y)$ を考える．

$P(\ell, y) \equiv y \in \mathrm{SAT}$

$Q(\ell, y) \equiv [f(\langle x, y \rangle_2)$ を $\langle u, v \rangle_2$ に分解して得られる v が SAT に属するような x で $S(\ell)$ に属するものが存在する$]$

$R(\ell, y) \equiv [\neg P(\ell, y) \wedge \neg Q(\ell, y)$．すなわち，$y \in \overline{\mathrm{SAT}}$，かつ，あらゆる $x \in S(\ell)$ に対して，$f(\langle x, y \rangle_2)$ を $\langle u, v \rangle_2$ に分解して得られる v は $\overline{\mathrm{SAT}}$ に属する$]$

任意の ℓ と $y \in S(\ell)$ に対して，次が成り立つ．

- $P(\ell, y)$ ならば，$y \in \mathrm{SAT}$ である．
- $Q(\ell, y)$ ならば，性質（6.2）から $y \in \overline{\mathrm{SAT}}$ である．
- $R(\ell, y)$ ならば，性質（6.3）から $x \in \mathrm{SAT} \iff u \in \overline{\mathrm{SAT}}$ である．

そこで，次の 2 つの条件 $T_{\mathrm{easy}}(\ell)$ および $T_{\mathrm{hard}}(\ell, y)$ を考える．

$$T_{\mathrm{easy}}(\ell) \equiv (\forall y \in S(\ell))[P(\ell, y) \vee Q(\ell, y)] \tag{6.4}$$

$T_{\mathrm{hard}}(\ell, y)$ は $T_{\mathrm{easy}}(\ell)$ が y に対して成り立たない，という条件である．

$$T_{\mathrm{hard}}(\ell, y) \equiv [y \in S(\ell) \wedge \neg P(\ell, y) \wedge \neg Q(\ell, y)] \tag{6.5}$$

この 2 つの条件に対応する非決定性のアルゴリズム $\mathcal{G}_{\mathrm{easy}}$ および $\mathcal{G}_{\mathrm{hard}}$ を考える．N_{SAT} を，SAT を非決定的に受理する多項式時間限定非決定性チューリング機械とする．

$\mathcal{G}_{\mathrm{easy}}$ は，ℓ と $S(\ell)$ の要素 w を表わす組 $(0^\ell, w)$ を入力として受け取り，次を実行する．

段階 1 非決定的に $x \in S(\ell)$ を選び，$f(\langle x, w \rangle_2) = \langle u, v \rangle_2$ を計算する．

段階 2 N_{SAT} の入力 v に対する動きを非決定的に模倣する．N_{SAT} が受理するならば受理し，そうでなければ拒否する．

一方の $\mathcal{G}_{\mathrm{hard}}$ は，ℓ と $S(\ell)$ の 2 つの要素 y と w を表わす組 $(0^\ell, y, w)$ を入力として受け取り，次を実行する．

段階 1 $f(\langle w, y \rangle_2)$ の値 $\langle u, v \rangle_2$ を計算する．

段階 2 N_{SAT} の入力 u に対する動きを非決定的に模倣する．N_{SAT} が受理するならば受理し，そうでなければ拒否する．

この 2 つはどちらも多項式時間のアルゴリズムであり，次の性質をもつ．

- もし，$T_{\mathrm{easy}}(\ell)$ ならば，

$$(\forall w \in S(\ell))[w \in \overline{\mathrm{SAT}} \iff \mathcal{G}_{\mathrm{easy}}(0^\ell, w) \text{ は受理する }]$$

- もし，$T_{\mathrm{hard}}(\ell, y)$ ならば，

$$(\forall w \in S(\ell))[w \in \overline{\mathrm{SAT}} \iff \mathcal{G}_{\mathrm{hard}}(0^\ell, y, w) \text{ は受理する }]$$

いま，関数 $f : \mathbf{N} \to \Sigma^*$ を

$$f(\ell) = \begin{cases} 1 & (T_{\mathrm{easy}}(\ell) \text{ であるとき}) \\ 0 \min\{y \mid T_{\mathrm{hard}}(\ell, y)\} & (\text{そうでないとき}) \end{cases}$$

と定義する．そして，$\mathcal{G}_{\mathrm{joint}}$ を入力 $(0^\ell, F, w)$ に対して，次のように動作するアルゴリズムとする．

- $F = 1$ ならば，$\mathcal{G}_{\mathrm{easy}}(0^\ell, w)$ を実行する
- $F = 0y$ という形式ならば，$\mathcal{G}_{\mathrm{hard}}(0^\ell, y, w)$ を実行する

すると，次が成り立つ．

$$(\forall \ell \geq 0)(\forall w \in S(\ell))[w \in \overline{\mathrm{SAT}} \iff \mathcal{G}_{\mathrm{joint}}(0^\ell, f(\ell), w) \text{ は受理する }]$$

そこで，次のような QSAT_2 のためのプログラム $\mathcal{H}_{\mathrm{joint}}$ を考える．

段階 1　入力が $(0^\ell, F, \langle \varphi, X_1, X_2 \rangle_3)$ という形式でなければ，ただちに拒否する．

段階 2　X_1 に対する真偽設定 a を非決定的に選ぶ．

段階 3　φ に a をほどこしたあと，否定を取ってできる論理式 φ' を作成する．

段階 4　$\mathcal{G}_{\mathrm{joint}}(0^\ell, F, \varphi')$ を実行し，$\mathcal{G}_{\mathrm{joint}}$ が受理すれば受理し，拒否すれば拒否する．

すると，次が成り立つ．

$$(\forall \ell \geq 0)(\forall w \in S(\ell))(\forall F \in \Sigma^*)[F = f(\ell) \Rightarrow$$
$$(w \in \mathrm{QSAT}_2 \iff \mathcal{H}_{\mathrm{joint}}(0^\ell, F, w) \text{ は受理する })]$$

そこで，集合 H を

$$H = \{\langle 0^\ell, F, w \rangle_3 \mid \mathcal{H}_{\mathrm{joint}}(0^\ell, F, w) \text{ が受理する }\}$$

と定義する．この H は明らかに NP に属する．また，$F = f(\ell)$ かつ $w \in S(\ell)$ であれば，

$$w \in \mathrm{QSAT}_2 \iff \langle 0^\ell, F, w \rangle_3 \in H$$

が成り立つ．

いま，A を Σ_3^p に属する任意の言語とすると，QSAT_2 が Σ_2^p 完全であり，$\Sigma_3^p = \mathrm{NP}^{\Sigma_2^p}$ であるから，ある多項式時間限定非決定性オラクルチューリング機械 M が存在して，M はオラクル QSAT_2 のもとで A を非決定的に受理する．$p(n)$ を M の計算時間を上から押さえる多項式とする．入力 $\langle x, F \rangle_2$ に対して，次のように動作するチューリング機械 M' を考える．

- 入力 x に対する M の計算を模倣する．ただし，M が照会を行なうとき，その照会文字列 w を $\langle 0^{p(|x|)}, F, w \rangle_3$ で置き換える．そして，M が受理すれば受理し，M が拒否すれば拒否する．

M' は多項式時間限定である．そして，$F = f(0^{p(|x|)})$ かつオラクルが H であれば，$x \in A$ であるとき，またそのときに限り，M' は x を受理する．

そこで，

$$B = \{\langle x, F\rangle_2 \mid H \text{ をオラクルとするとき，} M' \text{ は } \langle x, F\rangle_2 \text{ を受理する}\}$$

と定義する．すると，$B \in \Sigma_2^p$ であり，$F = f(0^{p(|x|)})$ ならば，

$$x \in A \iff \langle x, F\rangle_2 \in B$$

が成り立つ．したがって，$f(0^{p(|x|)})$ が計算できれば，Σ_2^p のオラクルに $\langle x, F\rangle_2 \in B$ かどうかを照会することによって，$x \in A$ が判定できる．

入力 $\langle 0^\ell, y\rangle_2$ に対し，述語 $P(\ell, y)$ および $Q(\ell, y)$ が NP に属することは明らかである．集合 W を

$$W = \{\langle 0^\ell, z\rangle_2 \mid (\exists y \in S(\ell))[y \geq z \wedge \neg P(\ell, y) \wedge \neg Q(\ell, y)]\} \tag{6.6}$$

と定める．すると，$W \in \Sigma_2^p$ であり（演習問題 6.21 参照），W をオラクルとして使えば，$f(\ell)$ を求めることは，2 分探索を用いて ℓ の多項式時間でできる．したがって，$x \in A$ かどうかの判定は，Σ_2^p の言語をオラクルとして多項式時間でできる．よって，$A \in \Delta_3^p$ となる．これは $\Sigma_3^p = \Delta_3^p$ を意味し，定理 6.12 から $\mathrm{PH} = \Delta_3^p$ が成り立つ．

以上で，定理が証明された．❑

6.5 確率的チューリング機械と確率的計算量クラス

ここで，確率的に遷移を選択する，確率的チューリング機械のモデルと確率的計算量クラスを定義し，確率的多項式時間アルゴリズムの代表であるミラー–レイビン法を紹介する．

6.5.1 確率的チューリング機械と BPP および RP

確率的チューリング機械（probabilistic Turing machine）は，確率的に遷移を選択することができるチューリング機械である．

非決定的チューリング機械の場合のように，確率的チューリング機械には，遷移関数の各入力に対してとることのできる遷移が複数存在しうる．確率的チューリング機械は，その選択肢のひとつを等確率で選ぶ．したがって，確率的チューリング機械の有限の長さの計算小路 π に対して，π の各時点で起こり

うる遷移の数を求め，それらすべての積をとれば，その積の逆数が π の起こりうる確率である．ここでは，非決定性チューリング機械の正規化のときのように，確率的チューリング機械がとることのできる遷移はちょうど 2 つあり，したがって，2 つの遷移の候補のうちの 1 つが確率 1/2 で選ばれる，正規化された確率的チューリング機械を考える．

非決定性チューリング機械と同様，確率的チューリング機械が**多項式時間限定**であるとは，そのどの計算小路も，その長さが入力の長さの多項式で押さえられていることをいう．確率的チューリング機械 M とその入力 x に対して，$\mathrm{PrAcc}_M(x)$ で M が x を受理する確率を，また，$\mathrm{PrRej}_M(x)$ で M が x を拒否する確率を表わす．いま，任意の整数 T に対して，時刻 T 以内に受理する確率と時刻 T 以下に拒否する確率を考えると，もしいずれかの T に対してどちらかの確率が 0 よりも大きければ，その 2 つの確率の和の極限は 1 であるので，$\mathrm{PrAcc}_M(x) + \mathrm{PrRej}_M(x) = 1$ が成り立つ．言い換えると，M が入力 x に対して有限時間の停止計算小路をもつのであれば，$\mathrm{PrAcc}_M(x) + \mathrm{PrRej}_M(x) = 1$ が成り立つ．

確率的チューリング機械を用いて，確率的多項式時間の言語クラス，BPP と RP を定義する．

定義 6.45　1. 言語 L が BPP に属するとは，ある多項式時間限定の確率的チューリング機械 M が存在して，

- $x \in L \Rightarrow \mathrm{PrAcc}_M(x) \geq 3/4$，かつ，
- $x \notin L \Rightarrow \mathrm{PrAcc}_M(x) \leq 1/4$

が成り立つことである．このとき，M は L を**確率的多項式時間で受理する**（M probabilistically accepts L）という．

2. 言語 L が RP に属するとは，ある多項式時間限定の確率的チューリング機械 M が存在して，

- $x \in L \Rightarrow \mathrm{PrAcc}_M(x) \geq 3/4$，かつ，
- $x \notin L \Rightarrow \mathrm{PrAcc}_M(x) = 0$

が成り立つことである．

上の定義において，$x \in L$ なのに M が拒否すること，$x \notin L$ なのに M が受理することを，M が判定を誤ることとみなせる．すると，BPP と RP はともに判定の誤りが起こる確率が 1/4 以下であるように，確率的に多項式時間で判定できる言語のクラスとなる．RP については，$x \notin L$ の場合には判定が必ず正しいという条件がつけ足される．

次の関係は，定義から明らかである．

命題 6.46 1. RP と BPP はともに多項式多対一還元可能性のもとで閉じている

2. $\mathrm{P} \subseteq \mathrm{RP} \subseteq \mathrm{BPP}$
3. $\mathrm{P} \subseteq \mathrm{coRP} \subseteq \mathrm{BPP}$
4. $\mathrm{RP} \subseteq \mathrm{NP}$
5. $\mathrm{coRP} \subseteq \mathrm{coNP}$
6. $\mathrm{BPP} = \mathrm{coBPP}$

6.5.2 BPP と多項式時間階層の関係

$L \in \mathrm{RP}$ とする．L を確率的に受理し，しかも L に属す入力に対してのみ誤りを犯す確率的多項式時間限定チューリング機械を選び，それを M とする．任意の入力 x に対して，$x \in L$ のとき，M は確率 3/4 以上で受理し，$x \notin L$ のとき，M は確率 1 で拒否する．$p(n)$ を任意の多項式とする．入力 x に対して M のプログラムを，毎回新たな確率的選択を行ないながら $p(|x|)$ 回くり返し，そのうち 1 回でも受理すれば受理し，そうでなければ拒否する確率的チューリング機械を M' とする．M' は明らかに多項式時間限定である．$x \notin L$ の場合，M は確率 1 で拒否するので，M' も確率 1 で拒否する．$x \in L$ の場合，各試行はたがいに独立であるから，$p(|x|)$ 回のうち 1 回も受理しない確率はたかだか $2^{-2p(|x|)}$ である．したがって，M' が x を受理する確率は少なくとも $1-2^{-2p(|x|)}$ である．したがって，RP に関する条件を損なうことなく，$x \in L$ のときの判定の誤り確率を指数多項式的に減らすことができる．

BPP に対しても，同じように判定の誤りの確率を減らすことは可能であろうか．いま，BPP の言語 L を，確率的に受理する多項式時間チューリング機械 M を考える．先の手法を M に対して用いると，たしかに $x \in L$ のときの誤りの確率は減るのだが，$x \notin L$ のときの誤りの確率は逆に増えてしまう．問題は，M' が受理するための条件である「少なくとも 1 回 M が受理する」というところにあって，それを「過半数において受理する」に替えると，双方の誤り確率を指数多項式的に減らすことができる．

$p(n)$ を任意の多項式とし，$m(n) = 8p(n) + 1$ と定める．入力 x に対して，次のようにふるまう確率的チューリング機械 M' を考える．

- M の入力 x に対するプログラムを，毎回新たな確率的な遷移を行なって $m(|x|)$ 回実行し，そのうちの過半数が受理すれば受理し，そうでなければ拒否する

x を M' の任意の入力，n を x の長さとする．このとき，M' が判定を誤る確率を E とすると，E はどれほど大きくなるであろうか．M が x の判定を誤る確率を e とすると，$e \leq 1/4$ である．確率 E は，$m(n)$ 回の試行の過半数において M の判定が誤りである確率である．簡単のため，$q = 4p(n)$ とすると，

$$E = \sum_{i=q+1}^{2q+1} \binom{2q+1}{i} e^i (1-e)^{2q+1-i}$$

である．

$$e^i (1-e)^{2q+1-i} = (1-e)^{2q+1} \left(\frac{e}{1-e}\right)^i = (1-e)^{2q+1} \left(-1 + \frac{1}{1-e}\right)^i$$

なので，E は $e = 1/4$ で最大値

$$\sum_{i=q+1}^{2q+1} \binom{2q+1}{i} \left(\frac{1}{4}\right)^i \left(\frac{3}{4}\right)^{2q+1-i}$$

をもつ．$i \geq m+1$ において，

$$\left(\frac{1}{4}\right)^i \left(\frac{3}{4}\right)^{2q+1-i} \leq \left(\frac{1}{4}\right)^{q+1} \left(\frac{3}{4}\right)^q = \frac{3^m}{4^{2m+1}}$$

である．また，

$$\sum_{i=q+1}^{2q+1} \binom{2q+1}{i} < \frac{1}{2} \sum_{i=0}^{2q+1} \binom{2q+1}{i} = \frac{1}{2} 2^{2q+1} = 2^{2q}$$

である．したがって，

$$E < 2^{2q} \frac{3^q}{4^{2q+1}} = \frac{3^q}{4^{q+1}} < \frac{3^q}{4^q}$$

である．$q = 4p(n)$ なので，

$$E < \left(\left(\frac{3}{4} \right)^4 \right)^{p(n)} = \left(\frac{81}{256} \right)^{p(n)} < 2^{-p(n)}$$

が成り立つ．したがって，M' の誤りの確率は $2^{-p(n)}$ 未満である．また，M' は M を $m(n)$ 回くり返すだけなので，多項式時間限定である．よって，BPP の判定が誤る確率を指数関数的に減らすことができる．

以上をまとめると，次のようになる．

補題 6.47 L を，BPP に属する任意の言語とする．このとき，任意の多項式 $p(n)$ に対し，多項式時間限定確率チューリング機械 M が存在し，すべての x に対して，M の入力 x に対する $x \in L$ か否かの判定を誤る確率は $2^{-p(|x|)}$ 未満である．また，$L \in \mathrm{RP}$ の場合は，そのようなチューリング機械で，$x \notin L$ のときには判定の誤りを犯さないものが存在する．

さて，命題 6.46 から RP $\subseteq$ NP が成り立つが，BPP と NP の関係はどうであろうか．現在のところ，NP $\subseteq$ BPP という関係が成り立つかどうか，あるいは，BPP $\subseteq$ NP という関係が成り立つかどうかはわかっていない．しかしながら，BPP $\subseteq \Sigma_2^p \cap \Pi_2^p$ ということはわかっている．これを次に証明するが，それには次の補題を用いる．

補題 6.48 U を $\{0,1\}^m$，S を U の部分集合で，次のような性質をもつものとする．

$$\frac{\|S\|}{2^m} \text{ は } \left(1 - \frac{1}{m}\right) \text{ 以上または } \frac{1}{m} \text{ 未満である．}$$

U の任意の要素 x と y に対して，x と y のビットごとの排他論理和をとってできる U の要素を $x \oplus_2 y$ で表わす．そして，U の任意の要素 x に対して，

$S(x) = \{y \oplus_2 x \mid y \in U\}$ と定める．このとき，次が成り立つ．

- $\dfrac{\|S\|}{2^m} < \dfrac{1}{m}$ ならば，U の任意の要素 $x_1, \cdots, x_m$ に対して，$S(x_1) \cup \cdots \cup S(x_m)$ は U に真に含まれる．
- $\dfrac{\|S\|}{2^m} \geq 1 - \dfrac{1}{m}$ ならば，U の要素 $x_1, \cdots, x_m$ を一様かつ独立に選ぶとき，$S(x_1) \cup \cdots \cup S(x_m)$ が U に真に含まれる確率は $\left(\dfrac{2}{m}\right)^m$ 未満である．

証明　$\dfrac{\|S\|}{2^m} < \dfrac{1}{m}$ を仮定する．U の任意の 3 つの要素 x，y，z について，$y \oplus_2 x = z \oplus_2 x$ であることと $y = z$ であることは同値である．したがって，U の任意の要素 x に対して，$\|S\| = \|S(x)\|$ が成り立つ．したがって，$S(x_1) \cup \cdots \cup S(x_m)$ の大きさは $m\|S\|$ 以下であり，仮定から，これは 2^m よりも小さい．よって，$2^m - 1$ 以下である．これは，$S(x_1) \cup \cdots \cup S(x_m)$ が U に真に含まれることを意味する．

次に，$\dfrac{\|S\|}{2^m} \geq 1 - \dfrac{1}{m}$ を仮定する．U の要素 $x_1, \cdots, x_m$ を一様かつ独立に選んだとき，$S(x_1) \cup \cdots \cup S(x_m) \subset U$ である確率を E とすると，E は，$S(x_1), \cdots, S(x_m)$ のいずれにも属さない U の要素が存在する確率である．いま，U の要素 z を固定する．S の各要素 y に対して，$y \oplus_2 x = z$ となる x はただひとつ存在する．よって，1 つの i に対して，x_i を一様に選んだときに z が $S(x_i)$ に含まれない確率は $\dfrac{\|U - S\|}{\|U\|}$ であり，仮定から，これは $\dfrac{1}{m}$ 未満である．したがって，$x_1, \cdots, x_m$ を一様かつ独立に選ぶと，どの i に対しても z が $S(x_i)$ に含まれない確率は $\left(\dfrac{1}{m}\right)^m$ 未満である．E はこの確率をあらゆる y について足し合わせたものであるから，

$$E < 2^m \left(\frac{1}{m}\right)^m = \left(\frac{2}{m}\right)^m$$

が成り立つ．以上で，補題の証明を完了する．　❑

定理 6.49　$\mathrm{BPP} \subseteq \Sigma_2^p \cap \Pi_2^p$

証明　BPP は補集合のもとで閉じているので，$\mathrm{BPP} \subseteq \Sigma_2^p$ のみを示せばよい．L を，BPP に属する任意の言語とする．補題 6.47 から，任意の多項式 $p(n)$ に対し，L に関する判定を誤る確率が $1/2^{p(n)}$ 以下であるような，多項式時間限

定の確率的チューリング機械が存在する．$p(n) = n + 1$ とした場合にも，もちろんそのような確率的チューリング機械が存在するので，それを M とする．そして，$q(n)$ を M が $q(n)$ 時間限定であるような多項式とする．

$|y| = q(|x|)$ であるような入力 $\langle x, y \rangle_2$ に対して，次のように動作する決定性チューリング機械 N を考える．

- 入力 x に対する M の計算を，各時刻 i において，y の i 番目のビットが 0 ならば 2 つある遷移の選択肢のうちの第 1 のものを，1 ならば第 2 のものを選ぶことによって模倣し，M が受理すれば受理し，M が拒否すれば拒否する．

M は明らかに多項式時間限定である．W を M の受理する言語とする．

すべての x に対し，

$$\mathrm{PrAcc}_M(x) = \frac{\|\{y \mid |y| = q(|x|) \wedge \langle x, y \rangle_2 \in W\}\|}{2^{q(|x|)}}$$

が成り立つ．仮定から，右辺の比率は $1 - \dfrac{1}{2^{p(|x|)}}$ 以上であるか，$\dfrac{1}{2^{p(|x|)}}$ 未満である．十分大きな n に対して $q(n) < 2^{p(n)}$ が成り立つので，ある定数 n_0 が存在して，長さ n_0 以上のすべての x に対して，右辺の比率は $1 - \dfrac{1}{q(|x|)}$ 以上であるか，$\dfrac{1}{q(|x|)}$ 未満である．

いま，長さ n_0 以上である入力 x を固定し，$m = q(|x|)$，$U = \{0, 1\}^m$，$S = \{y \in U \mid \langle x, y \rangle_2 \in W\}$ と定める．すると，補題 6.48 から，

- $x \in L$ のとき，$\dfrac{\|S\|}{2^m} \geq 1 - \dfrac{1}{m}$ であるから，ある U の要素 $x_1, \cdots, x_m$ に対して，$S(x_1) \cup \cdots \cup S(x_m) = U$ が成り立つ．
- $x \notin L$ のとき，$\dfrac{\|S\|}{2^m} < \dfrac{1}{m}$ であるから，U のすべての要素 $x_1, \cdots, x_m$ に対して，$S(x_1) \cup \cdots \cup S(x_m)$ に属さない U の要素が存在する．

すなわち，

- $x \in L$ のとき，ある $x_1, \cdots, x_m \in U$ が存在して，すべての $y \in U$ に対して $y \in S(x_1) \cup \cdots \cup S(x_m)$ である．
- $x \notin L$ のとき，すべての $x_1, \cdots, x_m \in U$ に対して，ある $y \in U$ が存在し

て，$y \notin S(x_1) \cup \cdots \cup S(x_m)$ である．

そこで，

$$A = \{\langle x, x_1 \cdots x_{q(|x|)}, y \rangle_3 \mid y \in S(x_1) \cup \cdots \cup S(x_{q(|x|)})\}$$

と定義する．A は明らかに P に属する．$r(n) = q(n)^2$ とすれば，$r(n)$ は多項式であり，長さ n_0 以上のすべての x に対して，

- $x \in L \Rightarrow (\exists y : |y| = r(|x|))(\forall z : |z| = q(|x|))[\langle x, y, z \rangle_3 \in A]$，かつ，
- $x \notin L \Rightarrow (\forall y : |y| = r(|x|))(\exists z : |z| = q(|x|))[\langle x, y, z \rangle_3 \notin A]$ である．

これは，L の長さ n_0 以上の部分に関しては，それが Σ_2^p に属することを意味する．Σ_2^p は有限の変更のもとで閉じているので（命題 6.18），$L \in \Sigma_2^p$ が成り立つ． ❑

6.5.3 素数判定問題と BPP

確率的多項式時間の代表的なアルゴリズムは，**素数判定**のためのミラー–レイビン法である．素数判定は，もっとも基本的な整数論の問題のひとつであり，たくさんのアルゴリズムがこれまでに考案されてきた．最近，Agrawal らによって素数判定が決定的多項式時間で解けることが証明されたが，そのアルゴリズムは $O(n^{12})$ の複雑さをもち（n は素数判定される数の 2 進ビット数），実用化は現在のところむずかしい．一方，ミラー–レイビン法は確率的なアルゴリズムであるが，その複雑さはたったの $O(n^5)$ であり，実用的である．以下において，このアルゴリズムを紹介する．

6.5.3.1 代数的構造

集合 S に $S \times S \to S$ なる **2 項演算**（binary operation）$\circ$ が与えられたとき，S が $\circ$ のもとで**半群**（semigroup）であるとは，$\circ$ が**結合法則**（associative law）

$$(\forall a, b, c \in S)[a \circ (b \circ c) = (a \circ b) \circ c]$$

を満たすことをいう．

S が $\circ$ のもとで**モノイド**（monoid）であるとは，S が $\circ$ のもとで半群であり，任意の $a \in S$ について $a \circ e = e \circ a = a$ を満たす**単位元**（identity element）e が存在することである．

S が $\circ$ のもとでモノイドであれば，その単位元は一意に定まる．なぜならば，S が 2 つの異なる単位元 e および e' をもつとすると，e を単位元とみなせば $e \circ e' = e'$，e' を単位元とみなせば $e \circ e' = e$ となり，矛盾が生じるからである．

S が $\circ$ のもとで**群**（group）であるとは，S がモノイドであり，任意の $a \in S$ に対して，$a \circ a^{-1} = a^{-1} \circ a = e$ なる**逆元**（inverse element）a^{-1} が存在することである．

逆元も，単位元と同様に一意に定まる．どうしてかというと，a が 2 つの異なる逆元 b および b' をもてば，$b \circ a \circ b'$ は，$(b \circ a) \circ b'$ と結合すれば b' と等しく，$b \circ (a \circ b')$ と結合すれば b と等しく，結合法則に矛盾するからである．

演算 $\circ$ のもとでの群 S の任意の要素 a に対して，その**位数**（order）を

$$\underbrace{a \circ \cdots \circ a}_{k} = e$$

が成り立つ最小の正の整数 k と定める．ただし，e は S の単位元である．

半群，モノイド，および群において，$\circ$ が**交換法則**（commutative law）を満たすとき，それは**可換**（commutative）であるといい，それぞれ，**可換半群**（commutative semigroup），**可換モノイド**（commutative monoid），**可換群**（commutative group）とよぶ．

S に 2 つの演算 $\circ$ および $+$ が与えられ，S が $\circ$ のもとで半群であり，$+$ のもとで可換群であり，$(\circ, +)$ が**分配法則**（distributive law）

$$(\forall a, b, c \in S)[(a + b) \circ c = (a \circ c) + (b \circ c)]$$

および

$$(\forall a, b, c \in S)[c \circ (a + b) = (c \circ a) + (c \circ b)]$$

を満たすとき，S は**環**（ring）であるという．S が $\circ$ に関して可換群であるとき，S は**可換環**（commutative ring）であるという．

環 S が $+$ に関して群であるとき，これを**体**（field）という．体 S が $\circ$ に関して可換群であるとき，S は**可換体**（commutative field）であるという．

6.5.3.2　ユークリッドの互除法

整数 a と b に対して，$\gcd(a,b)$ は a と b の**最大公約数**（greatest common divisor）を表わす．ただし，$a=b=0$ のときは $\gcd(a,b)$ は不定であり，$a=0$ かつ $b \neq 0$ のときは $\gcd(a,b)=|b|$ であるものとする．a と b が $\gcd(a,b)=1$ を満たすとき，a と b は**たがいに素**（relatively prime）であるという．

次に示す**ユークリッドの互除法**（Euclid's algorithm）では，$a \geq b$ を満たす任意の正の整数 a と b を入力として，$\gcd(a,b)$ と $ax+by=\gcd(a,b)$ なる整数 x および y を計算する．

段階 1　$r_0=a$，$r_1=b$，$x_0=y_1=1$，$x_1=y_0=0$，$i=1$ と設定する．

段階 2　r_{i-1} を r_i で割り，その商を q_i の値とし，余りを r_{i+1} の値とする．

段階 3　$x_{i+1}=x_{i-1}-q_i x_i$，$y_{i+1}=y_{i-1}-q_i y_i$ と設定する．

段階 4　$r_{i+1}=0$ ならば (r_i,x_i,y_i) を出力して終了する．そうでなければ i の値を 1 増やして，段階 2 に戻る．

$a=b$ の場合，$r_2=0$ となる．また，$a>b$ の場合，$r_0,r_1,r_2,\cdots$ は単調減少であり，どの値も非負であるから，このアルゴリズムは必ず止まる．段階 4 において出力がなされるときの i の値を t とすると，帰納法によって次が証明できる（演習問題 6.24）．

命題 6.50　0 以上 t 以下の任意の t に対して，$ax_i+by_i=r_i$ が成り立つ．

また，計算される gcd の値が正しいことは，a に関する帰納法で次のように証明できる．まず，$a=2$ のときユークリッドの互除法が正しく動作することは簡単に確かめられる．次に，$a=a_0+1$，$a_0 \geq 2$，$a \geq b$，かつ，a_0 以下のすべての a に関して，gcd の正しさが証明されているとしよう．b が a を割り切るとき，gcd が b と出力されることは明らかなので，b が a を割り切らないと仮定する．すると，$b<a$ である．a を b で割った余りを c とすると，$\gcd(a,b)$ は a と b を割り切るので，c をも割り切る．したがって，$\gcd(a,b)$ は $\gcd(b,c)$ を割り切る．同様に，$\gcd(b,c)$ は $\gcd(a,b)$ を割り切る．よって，$\gcd(a,b)=\gcd(b,c)$ である．gcd のアルゴリズムによると，入力 (a,b) に対して出力される gcd の値は，入力 (b,c) に対して出力される gcd の値になる．よって，それは $\gcd(a,b)$

である．

定理 6.51 ユークリッドの互除法は正しく，gcd と $ax + by = \gcd(a, b)$ となる x と y を計算する．

次に，ユークリッドの互除法の複雑さを調べる．まず，r_i の減少する速さは指数的である．

命題 6.52 1 以上 $t-2$ 以下のすべての i に対して，$r_{i+2} < r_i/2$ が成り立つ．よって，$t \leq \lceil 2\log a \rceil$ である．

証明 $r_{i+1} \leq r_i/2$ ならば，$r_{i+2} < r_{i+1}$ であることから $r_{i+2} < r_i/2$ が成り立つ．$r_{i+1} > r_i/2$ ならば，$r_{i+2} = r_i - r_{i+1}$ であり，$r_{i+2} < r_i/2$ である．よって，$r_{i+2} < r_i/2$ が必ず成り立つ．

さて，$a \leq 2^{\log a}$ であるから，$m = \lceil 2\log a \rceil$ とすると，r_m が不定でないとすれば，それは 0 または 1 である．r_m が不定の場合は $t \leq m-2$ であり，0 の場合は $t = m-1$ であり，1 の場合は $r_{m+1} = 0$ であるので，$t = m$ が成り立つ．よって，$t \leq \lceil 2\log a \rceil$ である．❏

命題 6.53 1 以上 t 以下のすべての i に対して，$|x_i| \leq b$ かつ $|y_i| \leq a$ である．

証明 $1 \leq i \leq t$ なる i に関して，2×2 行列 M_i を

$$\begin{pmatrix} 0 & 1 \\ 1 & -q_i \end{pmatrix}$$

と定める．すると，1 以上 t 以下のすべての i に対して，

$$\begin{pmatrix} x_i & y_i \\ x_{i+1} & y_{i+1} \end{pmatrix} = M_i \cdots M_1 \tag{6.7}$$

が成り立つ（証明は i に関する帰納法による）．

ここで簡単のため，2×2 行列 A と B に対して，A の各要素の絶対値がそれと同じ位置にある B の要素の絶対値以下であることを記号 $A \preceq B$ で表わすことにする．1 以上 t 以下の各 i に対して，

$$M'_i = \begin{pmatrix} 0 & 1 \\ 1 & q_i \end{pmatrix}$$

と定めると，$M_i \preceq M'_i$ である．M'_i の要素はすべて非負であるので，

$$(\forall i, j : 1 \leq i \leq j \leq t)[M_j \cdots M_i \preceq M'_j \cdots M'_i]$$

が成り立つ．さて，1 以上 t 以下の各 i に対して，q_i は r_{i-1} を r_i で割った商であり，$q_i \geq 1$ であるから，$r_{i-1} \geq q_i$ である．また，r_i と r_{i-1} は 1 以上であるから，

$$M'_i \preceq \begin{pmatrix} r_i & r_{i-1} \\ r_i & r_{i-1} \end{pmatrix}$$

が成り立つ．また，$i \geq 2$ の場合，

$$\begin{aligned}\begin{pmatrix} r_i & r_{i-1} \\ r_i & r_{i-1} \end{pmatrix} M'_{i-1} &= \begin{pmatrix} r_i & r_{i-1} \\ r_i & r_{i-1} \end{pmatrix} \begin{pmatrix} 0 & 1 \\ 1 & q_{i-1} \end{pmatrix} \\ &= \begin{pmatrix} r_{i-1} & r_i + r_{i-1}q_{i-1} \\ r_{i-1} & r_r + r_{i-1}q_{i-1} \end{pmatrix} \\ &= \begin{pmatrix} r_{i-1} & r_{i-2} \\ r_{i-1} & r_{i-2} \end{pmatrix}\end{aligned}$$

が成り立つ．この変形をくり返すと，1 以上 t 以下のすべての i に対して，

$$M'_i \cdots M'_1 \preceq \begin{pmatrix} r_1 & r_0 \\ r_1 & r_0 \end{pmatrix}$$

が成り立つ．つまり，$|x_i| \leq r_1 = b$ かつ $|y_i| \leq r_0 = a$ である．　❑

仮定から $a > b$ であり，絶対値が a 以下の 2 の数の掛け算と割り算は $O((\log a)^2)$ 時間で行なうことができるので，ユークリッドの互除法は $O((\log a)^3)$ 時間で実行可能である．

定理 6.54　ユークリッドの互除法は $O((\log a)^3)$ 時間のアルゴリズムである．

6.5.3.3　フェルマーの小定理

a を任意の整数，n を 1 以上の任意の整数とするとき，式 $n \mid a$ で，n が a を

割り切ることを表わす．

整数 $n \geq 2$ と整数 a と b に対して，$n \mid (a-b)$ が成り立つとき，a と b は **n を法として合同**（conguent modulo n）であるといい，これを $a \equiv b \pmod{n}$ で表わす．この合同性は同値関係であり（演習問題 6.25），整数 a に対して記号 $[a]_n$ で，n を法とする a の同値類を表わす．整数全体は n を法として同値類に分割することができる．その同値類全体からなる集合を $\mathbf{Z}_n$ で表わす．$\mathbf{Z}_n$ は n 個の同値類をもち，それらは $[0]_n, [1]_n, \cdots, [n-1]_n$ である．これらを**剰余類**（residue class）という．簡単のため，これを単に $0, 1, \cdots, n-1$ と書く．

$\mathbf{Z}_n$ 上の演算 $+$ および $\cdot$ を，$[a]_n + [b]_n = [a+b]_n$，$[a]_n \cdot [b]_n = [a \cdot b]_n$ と定める．すると，$\mathbf{Z}_n$ は加法に関して可換群であり，乗法に関して可換モノイドである．よって，$\mathbf{Z}_n$ は可換環である．$\mathbf{Z}_n$ の同値類のうち，n とたがいに素であるもの全体の集合を $\mathbf{Z}_n^*$ で表わす．n の**素因数分解**（prime factorization）が $p_1^{e_1} \cdots p_k^{e_k}$ であるとき，$\mathbf{Z}_n^*$ の同値類の個数は $p_1^{e_1-1}(p_1-1) \cdots p_k^{e_k-1}(p_k-1)$ であり，これを $\varphi(n)$ で表わす．$\mathbf{Z}_n^*$ は乗法において可換群をなす．

次の定理は，**フェルマーの小定理**（Fermat's little theorem）とよばれ，n が素数であるとき，$\mathbf{Z}_n^*$ が位数 $n-1$ の群，つまり，すべての要素の位数が $n-1$ の約数となる群であることを示す．

定理 6.55 $n \geq 2$ が素数のとき，任意の $a \in \mathbf{Z}_n^*$ に対して，$a^{n-1} \equiv 1 \pmod{n}$ が成り立つ．

証明 $n = 2$ または 3 のとき，任意の $a \in \mathbf{Z}_n^*$ に対して，$a^{n-1} \equiv 1 \pmod{n}$ が成り立つことは容易に確かめられる．

$n \geq 4$ を素数とすると，n は奇数であることから，$n-1$ は 4 以上の偶数となる．方程式 $a^2 \equiv 1 \pmod{n}$ を解くと $(a-1)(a+1) \equiv 1 \pmod{n}$ となり，$1 \cdot 1 \equiv 1 \pmod{n}$ と $(-1) \cdot (-1) \equiv 1 \pmod{n}$ が得られる．2 以上 $n-2$ 以下の任意の a は n とたがいに素であるので，ユークリッドの互除法によって，$ax + ny = 1$ となる整数 x と y が存在する．これは，$ax \equiv 1 \pmod{n}$ となる a の逆元が存在することを意味するので，$\mathbf{Z}_n^*$ は群である．a が 0，1，-1 のいずれでもなければ，a の逆元は 0，1，-1 のいずれでもない．したがって，2 以

上 $n-2$ 以下のすべての数の積は，$(n-1)/2$ 個のたがいに逆元である対に分けられる．各対は1に合同であるから，1以上 $n-1$ 以下のすべての数の積は -1 と合同になる．いま，0と合同でない任意の a に対して，$n-1$ 個の積，

$$1 \cdot a, 2 \cdot a, \cdots, (n-2) \cdot a, (n-1) \cdot a$$

を考えると，これらはたがいに異なる．なぜならば，いずれかがたがいに等しければ，n の1でも n でもない約数が見つかるからである．

よって，これらの積は1以上 $n-1$ 以下のすべての数の積と合同である．先の議論から，それは -1 である．

$$(1 \cdot a)(2 \cdot a) \cdots ((n-2) \cdot a)((n-1) \cdot a)$$

は

$$a^{n-1} \cdot (1 \cdot 2 \cdot \cdots \cdot (n-1))$$

と書くことができ，これが -1 と合同であるから，$a^{n-1} \equiv 1 \pmod{n}$ が成り立つ． ❑

次の定理（証明は省略）は，n が素数の場合または奇素数のベキ乗のとき，$\mathbf{Z}_n^*$ が**巡回群**（cyclic group），すなわち，すべての要素をベキ乗によって生成する**生成元**（generator element）もしくは**原始根**をもつことを示す．

定理 6.56　法 n に関する原始根が存在するのは，$n = 2, 4, p^e, 2p^e$ のとき，またそのときに限る．ただし，p は奇素数，$e \in \mathbf{N}^+$ である．

原始根 g の位数は $\varphi(n)$ であることに注意すること．

中国剰余定理（Chinese remainder theorem）は，たがいに素である $n_1, \cdots, n_k$ とその剰余類 $a_1, \cdots, a_k$ が与えられたとき，これら剰余類と一致する $n_1 \cdots n_k$ の剰余類がただひとつ存在することを示す．

定理 6.57　**（中国剰余定理）**　$n_1, \cdots, n_k$ をたがいに素である2以上の整数，$a_1, \cdots, a_k$ を $\mathbf{Z}_n$ の剰余類とする．$n = n_1 \cdots n_k$ とすると，$\mathbf{Z}_n$ の剰余類 a で，$(\forall i : 1 \leq i \leq k)[a \equiv a_i \pmod{n_i}]$ なるものはただひとつ存在し，それは $a_1 n_1 r_1 + \cdots + a_k n_k r_k$ が属する剰余類である．ただし，r_i は n/n_i の $\mathbf{Z}_{n_i}^*$ に

おける逆元である.

6.5.3.4 ミラー–レイビン法

次の補題は，ミラー–レイビンの素数判定アルゴリズムの基となるものである.

補題 6.58 $n \geq 2$ を奇数とし，b と d を，$b2^d = n - 1$ かつ b が奇数となるような整数の対とする．1 と $n-1$ のあいだの任意の整数 a と，0 以上 d 以下の任意の i に関して，

$$s(a,i) = a^{b2^i} \bmod n$$

と定義する．このとき，条件

$$s(a,d) \equiv 1 \pmod{n} \tag{6.8}$$

および条件

$$s(a,0) \equiv 1 \pmod{n} \vee (\exists i : 0 \leq i \leq d-1)[s(a,i) \equiv -1 \pmod{n}] \tag{6.9}$$

を同時に満たす a の占める割合は，n が素数の場合は 100%，合成数の場合は 50%以下である.

この補題を以下に証明する.

まず，n が素数であると仮定する．定理 6.55 から $s(a,d) = 1$ であり，また定理 6.55 の証明の中で示したように，$a^2 \equiv 1 \pmod{n}$ ならば $a \equiv \pm 1 \pmod{n}$ であるので，1 の手前は 1 または −1 のどちらかである．よって，条件 6.8 および条件 6.9 が成り立つ.

次に，n が奇数である合成数で，$n = p_1^{e_1} \cdots p_k^{e_k}$ と素因数分解されると仮定する．すると，$e_1 \geq 2$ または $k \geq 2$ である．1 以上 k 以下の自然数 i に対して，$n_i = p_i^{e_i}$，$m_i = \varphi(n_i) = p_i^{e_i-1}(p_i - 1)$ と定める．$\mathbf{Z}_n - \mathbf{Z}_n^*$ の要素 a のいずれに対しても条件 6.8 は明らかに成り立たないので，補題を証明するには，$\mathbf{Z}_n^*$ の少なくとも半分の a に対して，条件 6.8 が成り立たないか，あるいは条件 6.9 が成り立たないことを示せばよい.

証明は次の 2 つの場合に分けられる.

1. $(\exists i : 1 \le i \le k)[m_i \not| (n-1)]$

2. $(\forall i : 1 \le i \le k)[m_i | (n-1)]$

まず，第 1 の場合を考える．一般性を失うことなく，$m_1 \not| (n-1)$ としてよい．$r = \gcd(m_1, n-1)$，$s = m_1/r$ と定める．m_1 と $n-1$ はどちらも偶数なので，r は 2 以上である．m_1 は $n-1$ を割り切らないので，r は $m_1/2$ 以下である．したがって，$2 \le s \le m_1/2$ である．g を $\mathbf{Z}_{n_1}^*$ の原始根とすると，$\mathbf{Z}_{n_1}^*$ の要素 a は，$0 \le u \le r-1$ なる u と $0 \le v \le s-1$ なる v を用いて，g^{us+v} と表わされる．$r = \gcd(m_1, n-1)$ であるから，$a^{n-1} \equiv 1 \pmod{n_1}$ となるのは $m_1 | r(us+v)$ のとき，またそのときに限る．$m_1 = rs$ であるので，これは $v = 0$ のとき，またそのときに限る．$s \ge 2$ であるから，$\mathbf{Z}_{n_1}^*$ のたかだか半分の要素 a に対して，$a^{n-1} \equiv 1 \pmod{n_1}$ が成り立つ．

$$a^{n-1} \equiv 1 \pmod{n} \iff (\forall i : 1 \le i \le k)[a^{n-1} \equiv 1 \pmod{n_i}]$$

であり，中国剰余定理によって，$\mathbf{Z}_n^*$ の要素は，$n_1, \cdots, n_k$ それぞれの法に関する剰余により一意に定まるので，$\mathbf{Z}_n^*$ のたかだか半分の要素 a に対して，$a^{n-1} \equiv 1 \pmod{n}$ が成り立つ．

次に，第 2 の場合，すなわち，$(\forall i : 1 \le i \le k)[m_i | (n-1)]$ である場合を考えよう．1 以上 k 以下の各 i に対して，m_i を割り切る最大の 2 のベキ乗を 2^{d_i} とし，$m_i = b_i 2^{d_i}$ と分解すると，$m_i | (n-1)$ という仮定から $b_i | b$ と $d_i \le d$ が成り立つ．よって，任意の $a \in \mathbf{Z}_n^*$ に対して，

$$(\forall i : 1 \le i \le k)[(a^b)^{2^{d_i}} \equiv 1 \pmod{n_i}]$$

が成り立つ．つまり，a^b は法 n_i に関して，1 の 2^{d_i} 乗根である．1 以上 k 以下の各 i に対して，a^b を何回 2 乗すると初めて 1 になるかを考える．中国剰余定理から，

$$a^{n-1} \equiv -1 \pmod{n} \iff (\forall i : 1 \le i \le k)[a^{n-1} \equiv -1 \pmod{n_i}]$$

が成り立つ．したがって，条件 6.9 が成り立つためには，この最初に 1 となる 2 乗の回数がどの i に対しても同じでなければならない．

まず，$k = 2$ の場合に，そのような 2 乗の回数の一致が見られる a の占める割合は半分以下であることを示す．いま，$i \in \{1, 2\}$，$0 \le i \le d_i$ に対して，j

回 2 乗して初めて 1 になるような a が $\mathbf{Z}_{n_i}^*$ に占める割合を $R(i,j)$ で表わすと，

$$R(i,0)=2^{-d_i}, \text{ かつ,}$$
$$1 \sim d_i \text{ の任意の } j \text{ に対して } R(i,j)=2^{-(d_i-j+1)}$$

である．中国剰余定理から，法 n_1 に関する同値類と法 n_2 に関する同値類とは独立に選択できるので，回数の一致が見られる割合は，

$$2^{-d_1}2^{-d_2}+\sum_{1\le j\le \min\{d_1,d_2\}} 2^{-(d_1-j+1)}2^{-(d_2-j+1)}$$

である．$\min\{d_1,d_2\}$ を固定して考えると，これは $d_1=d_2$ のとき最大となる．よって，$d_1=d_2=h$ とすれば，一致が起こる割合の上限は

$$2^{-2h}+\sum_{1\le j\le h} 2^{-2h+2(j-1)} = 4^{-h}+(4^{-h}+\cdots+4^{-1})$$
$$=\frac{1}{4^h}+\frac{\frac{1}{4}-\frac{1}{4^{h+1}}}{1-\frac{1}{4}}=\frac{1}{4^h}+\frac{4}{3}\left(\frac{1}{4}-\frac{1}{4^{h+1}}\right)=\frac{1}{3}+\frac{2}{3}\left(\frac{1}{4^h}\right)$$

である．$h\ge 1$ であるから，これは 1/2 以下となる．よって，$k=2$ のときの割合は半分以下である．

$k\ge 3$ の場合，中国剰余定理から，法 $n_3\cdot n_4\cdot\cdots\cdot n_k$ に関する同値類は法 $n_1\cdot n_2$ に関する同値類と独立に選べるので，2 乗の回数が一致するのは，$k=2$ の場合の割合以下となる．よって，$k\ge 3$ の場合にも，それは半分以下である．

残るは $k=1$ の場合であるが，$n=n_1^{e_1}$ であるとき，$n_1|m_1$ かつ $n_1\not| n-1$ であるから，$m_1|n-1$ が成り立たず，これは第 1 の場合に属する．

以上で，補題の証明を終わる．❑

この補題に基づいて，次のアルゴリズムを導入する．

段階 1　入力 M が 2 であれば「素数」と出力する．2 以外の偶数であれば「合成数」と出力する．

段階 2　$B=\lceil\log(M-1)\rceil$，$U=(M-1)\lfloor 2^{2B}/M-1\rfloor$ と設定する．また，$M-1$ が 2 で割れ切れる回数を d とし，$b=(M-1)/2^d$ と設定する．

段階 3　カウンター c の値を $3\lceil\log M\rceil$ に設定する．

段階 3a　$2B$ 回の確率的動きを用いて，1 と 2^{2B} のあいだの整数 m を

等確率で選ぶ．$m > U$ ならば段階 3e に進む．

段階 3b　$a = (m \bmod (M-1)) + 1$，$s = a^b \bmod M$ と設定する．s が 1 または $M-1$ ならば段階 3e に進む．

段階 3c　$\ell = d$ と設定する．

段階 3c-i　$s' = s^2 \bmod M$ と設定する．

段階 3c-ii　$s' \neq 1$ ならば段階 3c-iii に進む．$s' = 1$ である場合，$s \neq M-1$ であれば「合成数」と出力し，$s = M-1$ ならば段階 3e に進む．

段階 3c-iii　$s = s'$ とする．

段階 3c-iv　ℓ の値を 1 減らす．それが 0 でなければ段階 3c-i に戻る．

段階 3d　$s = 1$ でなければ「合成数」と出力する．

段階 3e　c の値を 1 減らす．それが 0 でなければ段階 3a に戻る．

段階 4　「素数」と出力する．

M が素数であるとき，このアルゴリズムは補題 6.58 から，必ず「素数」と出力する．M が合成数であるときはどうであろうか．段階 3 のループを 1 回行なったときに，段階 3a から段階 3e に飛び移る確率は $(M-1)/2^B$ 以下であり，それは $M/M^2 = 1/M$ 未満である．段階 3b に進んだとすると，a の値は 1 から $M-1$ のあいだで等確率で選ばれる．その a が M とたがいに素でない確率は $\varphi(M)/M-1$ で，これは少なくとも $1/\sqrt{M}$ 以上である．この場合，出力は必ず「合成数」となる．a と M がたがいに素であれば，補題から，少なくとも 1/2 の確率で「合成数」と出力する．よって，くり返しを 1 回実行したときに，「合成数」と出力しない確率は，たかだか

$$\frac{1}{M} + \frac{1}{2}\left(1 - \frac{1}{\sqrt{M}}\right) = \frac{1}{2} + \frac{1}{M} + \frac{1}{2\sqrt{M}}$$

である．奇数の最小の合成数は 9 であるから，この確率は 7/9 以下である．くり返しの部分は $c = 3\lceil \log M \rceil$ 回実行されるので，「素数」と出力される確率は $(7^3/9^3)^{\log M} < (1/2)^{\log M} = 1/M$ 以下である．よって，「合成数」と出力する割合は $1 - 1/M$ 以上である．

また，このアルゴリズムの計算時間に関しては，1 つの a に関するテストが

入力ビット数を n とすると，その 4 乗時間かかるので，全体では n^5 乗時間かかる．

この議論をまとめると，以下のようになる．

定理 6.59　ミラー–レイビン法は $O(n^5)$ の時間計算量をもち，入力が素数の場合は確率 1 で「素数」と出力し，入力が合成数の場合は確率 $1 - 1/M$ 以上で「合成数」と出力する．

6.6　演習問題およびノート

演習問題

問題 6.1　補題 6.5 を証明せよ．

問題 6.2　$\mathrm{NP}^{\mathrm{P}} = \mathrm{NP}$ を証明せよ．

問題 6.3　命題 6.17（PH の任意のクラスが $\oplus$ のもとで閉じている）を証明せよ．

問題 6.4　命題 6.18（PH の各クラスは $\leq^p_{\mathrm{m}}$ のもとで，また有限の変更のもとで閉じている）を証明せよ．

問題 6.5　多項式時間論理積還元と多項式時間論理和還元が，それぞれ推移律を満たすことを証明せよ．

問題 6.6　任意の集合 A に対して，NP^A が多項式時間論理和還元のもとで閉じていることを証明せよ．

問題 6.7　系 6.22 を証明せよ．

問題 6.8　$\mathrm{QSAT}_k \in \Sigma^p_k$ と $\mathrm{QSAT}'_k \in \Pi^p_k$ が，すべての $k \geq 1$ について成り立つことを証明せよ．

問題 6.9 k に関する帰納法で，命題 6.28 を証明せよ．

問題 6.10 命題 6.29（$\oplus_k$ の内項はすべて大きさ k）を証明せよ（大きさ $k-1$ の部分真偽設定は，π_m をいずれかの i に対して，$\oplus_k$ を x_i または $\overline{x_i}$ にすることを示せばよい）．

問題 6.11 $H = \{\langle \varphi, y \rangle_2 \mid y$ の長さは命題論理式 φ の変数の個数であり，φ は文字列順序で y 以上の充足真偽設定とするとき，H が NP に属することを証明せよ．

問題 6.12 言語 $\{\langle \varphi, k \rangle_2 \mid \varphi$ は大きさが k 以上である内項をもつ $\}$ が P に属することを証明せよ．

問題 6.13 グラフ G とその辺集合 S が与えられたときに，S の辺をある順に並べるとハミルトン閉路になるかどうかを多項式時間で判定できることを示せ．

問題 6.14 3 色問題において 3 色を $\{R, G, B\}$ とし，グラフ G の 3 色塗り分けを頂点の順序に従って R，G または B の値を並べた文字列で表わすことにする．$R > G > B$ という文字の順序を与えたとき，集合

$$\mathrm{Max3Color} = \{(G, s) \mid G \text{ の文字列順序において，} \\ \text{最大の 3 色塗り分けは } s \text{ を } R \text{ に塗る}\}$$

を考える．この集合が Δ_2^p 完全であることを証明せよ．

問題 6.15 次の SubsetSum に関する最大値問題が多項式時間で解けることを証明せよ．入力 $(a_1, \cdots, a_n, W)$（ただし，$a_1, \cdots, a_n, W \in \mathbf{N}$）に対して，$a_1, \cdots, a_n$ を足し合わせてできる最大の数が W 以上かどうかを判定する．

問題 6.16 $\mathrm{CriticalSAT} = \{\varphi \mid \varphi$ は充足不可能な CNF 命題論理式であり，ある和句を取り除くと充足可能になる $\}$ と定義する．このとき，CriticalSAT が DP 完全であることを証明せよ．

問題 6.17 $\mathrm{UniqueSAT} = \{\varphi \mid \varphi$ は充足真偽設定をただ 1 つもつ $\}$ と定義す

る．このとき，UniqueSAT $\in$ DP であること，および，UniqueSAT が coNP 困難であることを証明せよ．

問題 6.18 オラクル TSP のもとで，最小の重みをもつハミルトン閉路が多項式時間で求められることを示せ．

問題 6.19 CliqueSize $\in$ DP を証明せよ．

問題 6.20 言語 ISSize を $\{\langle G, k\rangle_2 \mid G$ の最大の独立頂点集合の大きさは k である $\}$ と定義する．このとき，ISSize が DP 完全であることを証明せよ．

問題 6.21 式 6.6 で定義された W が Σ_2^p に属することを示せ．

問題 6.22 命題 6.46 を証明せよ．

問題 6.23 NP $\subseteq$ BPP ならば，NP $=$ RP となることを証明せよ．

問題 6.24 ユークリッドの互除法において，0 以上 t 以下の任意の t に対して，$ax_i + by_i = r_i$ が成り立つことを証明せよ．

問題 6.25 任意の整数 $n \geq 2$ に対して，n による剰余に関する合同性が同値関係であることを証明せよ．

ノート

多項式時間階層は Stockmeyer によって導入された [40]．Δ_2^p の完全問題は Krentel による [20]．ShortestImplicant の完全性は Umans の証明 [44] に改良を加えたものである．Papadimitriou と Yannakakis は DP を導入し，その完全問題を示した [30]．定理 6.44 は Kadin の結果である [15]．BPP と RP は Gill によって提唱された [8]．この 2 つのクラスの誤り確率の減少法は Adleman によって示された [1]．定理 6.49 は Sipser による [38]．演習問題 6.23 は Ko による [18]．

数学的構造に関する定義は竹之内による [42]．初等整数論に関する結果は河田および Nathanson による（[17] および [28]）．gcd の係数の行列による計算法は Aho，Hopcroft と Ullman の教科書 [2] による．ミラー–レイビンの判定法は Miller と Rabin による（[26] および [31]）．

最後に，計算量理論のさらに発展的な内容は Balcázar，Díaz と Gabbaró による [3]，および Hemaspaandra と Ogihara による [11] を参照されたい．

参考文献

[1] Adleman, L. M.: "Two theorems on random polynomial time," *Proceedings of the Nineteenth IEEE Symposium on Foundations of Computer Science*, pp. 75–83, 1978.

[2] Aho, A. V., J. E. Hopcroft, and J. D. Ullman: *The Design and Analysis of Computer Algorithms*, Addison-Wesley, 1974.

[3] Balcázar, J. L., J. Díaz, and J. Gabarró: *Structural Complexity I*, Springer-Verlag, 1988.

[4] Book, R. V.: "On languages accepted in polynomial time," *SIAM Journal on Computing*, **1**(4):281–287, 1972.

[5] Borodin, A.: "Computational complexity and the existence of complexity gaps," *Journal of the Association for Computing Machinery*, **19**(1):158–174, 1972.

[6] Cook, S. A.: "The complexity of theorem-proving procedure," *Proceedings of the Third Annual ACM Symposium on the Theory of Computing*, pp. 151–158, 1971.

[7] Garey, M. R., and D. S. Johnson: *Computer and Intractability: A Guide to the Theory of NP-Completeness*, W. H. Freeman, 1979.

[8] Gill, J.: "Computational complexity of probabilistic Turing machines," *SIAM Journal on Computing*, **6**(4):675–695, 1977.

[9] Greenlaw, R., H. J. Hoover, and W. L. Ruzzo: *Limits to Parallel Computation: P-Completeness Theory*, Oxford University Press, 1995.

[10] Hartmanis, J., and R. E. Stearns: "On the computational complexity of algorithms," *Transactions of the American Mathematical Society*, **117**(5):285–306, 1965.

[11] Hemaspaandra, L. A., and Ogihara, M.: *Complexity Theory Companion*, Springer-Verlag, 2001.

[12] Hennie, F. C., and R. E. Stearns: "Two-tape simulation of multitape Turing machines," *Journal of the Association for Computing Machinery*, **13**(4):533–546, 1966.

[13] Hopcroft, J. H., and J. D. Ullman: *Introduction to Automata and Language Theory*, Addison-Wesley, 1979.

[14] Immerman, N.: "Nondeterministic space is closed under complement," *SIAM Journal on Computing*, **17**(5):935–938, 1988.

[15] Kadin, J.: "The polynomial time hierarchy collapses if the boolean hierarchy collapses," *SIAM Journal on Computing*, **17**(6):1263–1282, 1988.

[16] Karp, R. M.: "Reducibility among combinatorial problems," *Complexity of Computer Computations*, pp. 85–104, Plenum Press, N.Y., 1972.

[17] 河田敬義：『数論 I』（岩波講座 基礎数学 7），岩波書店，1979.

[18] Ko, K.: "Some observations on the probabilistic algorithms and NP-hard problems," *Information Processing Letters*, **14**(1):39–43, 1982.

[19] Kobayashi, K.: "On proving time constructibility of functions," *Theoretical Computer Science*, **35**:215–225, 1985.

[20] Krentel, M. W.: "The complexity of optimization problems," *Journal of Computer and System Sciences*, **36**(3):490–509, 1988.

[21] Ladner, R. E.: "Circuit value problem is log space complete for P," *SIGACT News*, **7**(1):18–20, 1975.

[22] Ladner, R. E.: "On the structure of polynomial time reducibility," *Journal of the Association for Computing Machinery*, **22**(1):155–171, 1975.

[23] Ladner, R. E., and N. A. Lynch: "Relativization of questions about log space computability," *Mathematical Systems Theory*, **10**(1):19–32, 1976.

[24] Ladner, R. E., N. A. Lynch, and A. L. Selman: "A comparison of polynomial time reducibilities," *Theoretical Computer Science*, **1**(2):103–124, 1975.

[25] Levin, L. A.: "Universal sequential search problems," *Problems of Information Transmission*, **9**(3):265–266, 1973.

[26] Miller, G. L.: "Riemann's hypothesis and tests for primality," *Journal of Computer and System Sciences*, **13**(3):300–317, 1976.

[27] Miyano, S.: "The lexicographically first maximal subgraph problems: P-completeness and NC-algorithms," *Mathematical Systems Theory*, **22**(10):47–73, 1989.

[28] Nathanson, M. B.: *Elementary Methods in Number Theory*, Springer-Verlag, 2000.

[29] Papadimitriou, C. H. : *Computational Complexity*, Addison-Wesley, 1993.

[30] Papadimitriou, C. H., and M. Yannakakis: "The complexity of facets (and some facets of complexity)," *Journal of Computer and System Sciences*, **28**(2):244-259, 1984.

[31] Rabin, M. O.: "Probabilistic algorithms for testing primality," *Journal of Number Theory*, **12**(1):128–138, 1980.

[32] Ruby, S. S., and P. C. Fischer: "Translational methods and computational complexity," *Proceedings of the Sixth Annual IEEE Symposium on Switching Circuit Theory and Logical Design*, pp. 173–178, 1965.

[33] Savitch, W. J.: "Relationships between nondeterministic and deterministic tape complexities," *Journal of Computer and System Sciences*, **4**(2):177–192, 1970.

[34] Schaefer, T. J.: "The complexity of satisfiability problems," *Proceedings of the Tenth Annual ACM Symposium on the Theory of Computing*, pp. 216–226, 1978.

[35] Schaefer, T. J.: "On the complexity of some two-person perfect-information games," *Journal of Computer and System Sciences*, **16**(2):

185-225, 1978.

[36] Schöning, U.: "A uniform approach to obtain diagonal sets in complexity classes," *Theoretical Computer Science*, **18**(1):95–103, 1982.

[37] Seiferas, J. I., M. J. Fischer, and A. R. Meyer: "Separating nondeterministic time complexity classes," *Journal of the Association for Computing Machinery*, **48**(2):357–381, 1994.

[38] Sipser, M.: "A complexity theoretic approach to randomness," *Proceedings of the Fifteenth Annual ACM Symposium on the Theory of Computing*, pp. 330–335, 1983.

[39] Stearns, R. E., J. Hartmanis, and P. M. Lewis II: "Hierarchies of memory limited computations," *Proceedings of the Sixth Annual IEEE Symposium on Switching Circuit Theory and Logical Design*, pp. 179–190, 1965.

[40] Stockmeyer, L. J.: "The polynomial time hierarchy," *Theoretical Computer Science*, **3**(1):1–22, 1976.

[41] Szelepcsényi, R.: "The method of forced enumeration for nondeterministic automata," *Acta Informatica*, **26**(3):279–284, 1988.

[42] 竹之内脩：『数学的構造』，朝倉書店，1978.

[43] Turing, A. M.: "On computable numbers, with an application to the Entscheidungsproblem," *Proceedings of the London Mathematical Society*, series 2(42):230–265, 1936. Correction: series 2(43):544–546.

[44] Umans, C.: "The minimum equivalent DNF problem and shortest implicants," *Journal of Computer and System Sciences*, **63**(4):597–611, 2001.

[45] Wagner, K. W.: "The complexity of combinatorial problems with succinct input representation," *Acta Informatica*, **23**(3):325–356, 1986.

索　引

英字，ギリシャ字，算用数字で始まらない基本的な記号

関数の漸近的性質を表わす記号

数の集合を表わす記号

英字，ギリシャ字，算用数字で始まる基本的な記号

言語名，関数名，クラス名

人　名

ル), 266
Book, Ronald V. (ロナルド・ブック), 203
Borodin, Alan (アラン・ボロディン), 63
Cantor, Georg (ゲオルグ・カントール), 72
Church, Alonzo (アロンゾ・チャーチ), 14
Cook, Stephen A. (スティーヴン・クック), v, 170
Díaz, Josep (ホゼフ・ディアース), 266
Fischer, Michael J. (マイクル・フィッシャー), 108
Fischer, Patrick C. (パトリック・フィッシャー), 108
Gabbaró, Joachim (ヨアヒム・ガバロー), 266
Garey, Michael R. (マイクル・ギャリー), 170
Gill, John (ジョン・ギル), 265
Greenlaw, Raymond (レイモンド・グリーンロー), 202
Hartmanis, Juris (ユリス・ハートマニス), v, 63
Hemaspaandra, Lane A. (レイン・ハマスパーンドラ), 266
Hennie, Frederick C. (フレデリック・ヘニー), 108
Hoover, H. James (ジェームズ・フーヴァー), 202
Hopcroft, John E. (ジョン・ホップクロフト), 63, 266
Immerman, Neil (ニール・インマーマン), 108
Johnson, David S. (デイヴィッド・ジョンソン), 170
Kadin, Jim (ジム・ケイディン), 265
Karp, Richard M. (リチャード・カープ), 170
Kawada, Yukiyoshi (河田敬義), 265
Ko, Ker-I (ケリー・コウ), 265
Kobayasi, Kojiro (小林孝次郎), 63
Koyama, Toru (小山透), v
Krentel, Mark W. (マーク・クレンテル), 265
Ladner, Richard E. (リチャード・ラドナー), 170
Levin, Leonid A. (レオニド・レヴィン), v, 170
Lewis, II, Philip M. (フィリップ・ルイス), 63
Lynch, Nancy A. (ナンシー・リンチ), 170
Meyer, Albert R. (アルバート・マイヤー), 108
Miller, Gary L. (ゲイリー・ミラー), 266
Miyano, Satoru (宮野悟), 203
Murota, Kazuo (室田一雄), v
Nathanson, Melvyn B. (メルヴィン・ネイサンソン), 265
Ogihara, Mitsunori (荻原光徳), 266
Papadimitriou, Christos H. (クリストス・パパディミートリュー), 203, 265
Rabin, Michael O. (マイクル・レイビン), 266
Ruby, S. S. (S・S・ルビー), 107
Ruzzo, Walter L. (ウォルター・ルッツォ), 202
Savitch, Walter J. (ウォルター・サヴィッチ), 93, 107
Schaefer, Thomas J. (トーマス・シェイファー), 170, 203

Schöning, Uwe (ウヴェ・シェーニング), 170
Seiferas, Joel I. (ジョール・サイファラス), 108
Sipser, Michael J. (マイクル・シプサー), 265
Stearns, Richard E. (リチャード・スターンズ), v, 63, 108
Stockmeyer, Larry J. (ラリー・ストックマイヤー), 265
Sugihara, Kokichi (杉原厚吉), v
Szelepscényi, Robert (ロバート・シェレプシーニー), 108
Takenouchi, Osamu (竹之内脩), 265
Turing, Alan M. (アラン・チューリング), 14, 63
Ullman, Jeffrey D. (ジェフリー・ウルマン), 63, 266
Umans, Christopher (クリストファー・ユーマンス), 265
Wagner, Klaus W. (クラウス・ヴァグナー), 203
Watanabe, Osamu (渡辺治), v
Yamashita, Masahumi (山下雅史), v
Yannakakis, Mihalis (ミハリス・ヤナカーキス), 265

事　項

数字

2 項演算 (binary operation), 252
2 分木 (binary tree), 65
　完全— (complete —), 60
3D マッチング (3D matching), 153
3 次元マッチング (3-dimensional matching), 153

あ行

アスキー文字 (ASCII 文字), 20
アメリカ数学会誌, v
アルゴリズム (algorithm), v
アルファベット (alphabet), 6
　作業用— (work —), 11, 12
　出力用— (output —), 109
　入力— (input —), 11, 12, 160
　—の大きさ (size of —), 7
　—のサイズ (size of —), 7
移行補題 (translational lemma), 84, 96, 107
位数 (order), 253, 257
オラクル (oracle), 204
　—に対する照会 (query to —), 205

か行

解 (solution)
　整数— (integer —), 156
　—の重み (weight of —), 235
　—のコスト (cost of —), 235
回文 (palindrome), 15, 44
可換 (commutative), 253
環 (ring), 253, 257
　可換— (commutative —), 253, 257
関係 (relation)
　2 項— (binary —), 4, 22, 25, 115, 200
　同値— (equivalence —), 4, 21, 22, 257
還元 (reduction)
　対数領域多対一— (logarithmic-space —), 115, 171
　多項式時間多対一— (polynomial-time many-one —), 114, 128, 136, 198, 231
還元可能 (reducible)
　対数領域多対一— (logarithmic-

space —), 114
多項式時間多対一— (polynomial-time many-one —), 114, 130
多項式時間論理積— (polynomial-time conjunctive —), 216, 219
多項式時間論理和— (polynomial-time disjunctive —), 216
関数 (function), 5
逆— (inverse —), 6, 21, 159, 161
合成— (composite —), 6, 112
構成可能— (constructible —), 42, 63
恒等— (identity —), 6, 115
時間構成可能— (time-constructible —), 42, 83, 85, 87
指数— (exponential —), 187
漸近的減少— (asymptotically decreasing —), 9
漸近的増加— (asymptotically increasing —), 8
漸近的非減少— (asymptotically nondecreasing —), 9
漸近的非増加— (asymptotically nonincreasing —), 9
全射— (surjective —, onto —), 6
全単射— (bijective —), 6, 158
単射— (injective —, one-to-one —), 6
単調減少— (monotonically decreasing —), 8
単調増加— (monotonically increasing —), 8, 164, 165
単調非減少— (monotonically nondecreasing —), 8, 33, 36, 42, 70, 210, 212
単調非増加— (monotonically nonincreasing —), 8
—における原像 (preimage of —), 6
—の像 (image of —), 5, 6, 52
—のチューリング機械による計算 (— computed by Turing machine), 111
—の定義域 (domain of —), 5, 179
排他論理和— (exclusive-or —), 223
パリティ— (parity —), 223
部分— (partial —), 110
ペアリング— (pairing —), 8, 61, 159, 161
領域構成可能— (space-constructible —), 43, 80, 93, 96
完全性 (completeness), 117
coNEXPTIME—, 117
coNL—, 173
coNP—, 117, 128
EXPTIME—, 117
NEXPTIME—, 117
NL—, 117, 171
NP—, v, 117, 135, 140, 169
P—, 117
PSPACE—, 117, 189
Σ_2^p—, 223
完全問題 (complete problem), 116
偽 (false), 118
木 (tree), 5
帰納的に表現可能 (recursively presentable), 158, 166, 169
行列 (matrix)
下三角— (lower triangular —),

184
隣接— (adjacency —), 136, 147, 173, 202
句 (clause), 128
積— (conjunctive —), 128
—の大きさ (size of —), 128
和— (disjunctive —), 128, 130
クラス (class)
言語— (language —), 7
補集合— (complementary —), 7
グラフ (graph)
2 部— (bipartite —), 199
完全— (complete —), 139, 231
補集合— (complementary —), 142, 233
無向— (undirected —), 5
有向— (directed —), 4, 189
連結— (connected —), 5
クリーク (clique), 139, 233
群 (group), 253, 257
可換— (commutative —), 253, 257
巡回— (cyclic —), 258
計算可能 (computable)
$S(n)$ 領域— ($S(n)$ space —), 111
$T(n)$ 時間— ($T(n)$ time —), 111
対数領域— (logarithmic-space —), 112
多項式時間— (polynomial-time —), 112, 114, 197
計算可能性 (computability), 14
計算木 (computation tree), 53, 65, 67, 161
—の頂点 (vertex of —), 54
—の根 (root of —), 53
—の葉 (leaf of —), 54
計算小路 (computation path), 54
受理— (accepting —), 124, 127, 213
停止— (halting —), 127
計算の複雑さ (computational complexity), v
計算量 (complexity), 30
関数の— (— of function), 111
時間— (time —), 30, 42
非決定性時間— (nondeterministic time —), 57
非決定性領域— (nondeterministic space —), 58
領域— (space —), 30, 31, 42
計算量理論, v
ゲート (gate), 181
AND—, 182
NOT—, 182
OR—, 182
出力— (output —), 182
入力— (input —), 182
元 (element)
逆— (inverse —), 253
生成— (generator —), 258
単位— (identity —), 253
言語 (language), 7
原始根 (primitive root), 258
限定 (quantify), 185
限定記号 (quantifier), 185
弧 (arc), 5
構成可能 (constructible)
時間— (time —), 42, 207
領域— (space —), 43
合成数 (composite number), 54
恒等的に真 (tautology), 128, 223
互除法 (Euclid's algorithm), 254, 257
困難性 (hardness), 117
coNEXPTIME—, 117

coNP—, 117
EXPTIME—, 117
NEXPTIME—, 117
NL—, 117, 172
NP—, 117, 133, 134
P—, 117
PSPACE—, 117

さ行

彩色 (coloring), 143
k—, 143
彩色可能 (colorable), 143
最大公約数 (greatest common divisor), 254
最適解 (optimal solution, optimum), 235
時間限定 (time bounded), 30, 58
指数多項式— (exponential —), 102
多項式— (polynomial —), 101, 112, 246
時間構成 (time-construct), 43
時刻 (time step), 11
自然数 (natural number), 4
時点表示 (configuration, ID), 24, 25, 27, 53, 124, 178, 186
拒否— (rejecting —), 26
—グラフ (— graph), 67, 94, 171, 172
受理— (accepting —), 26, 65, 161, 172
初期— (initial —), 26, 125, 172
停止— (halting —), 27
写像 (mapping), 5
集合 (set), 2
空— (empty —), 3
真部分— (proper sub—), 3
積— (intersection of —s), 3
—の大きさ (size of —), 4
—の共通部分 (common part of —s), 3
—の元 (element of —), 2
—の差 (difference of —s), 3
—の対称差 (symmetric difference of —s), 3, 34, 163
—の直積 (direct product of —s), 3, 39
—のデカルト積 (Carteisan product of —s), 3
—の要素 (member of —), 2
—の要素数 (cardinality of —), 4
部分— (sub—), 3, 111
ベキ— (power —), 4
補— (complement of —), 3
和— (union of —s), 3
集合被覆 (set cover), 156
充足可能 (satisfiable), 119, 127, 128
充足不可能 (unsatisfiable), 119
主項, 223
順序 (order)
辞書式— (dictionary —), 7
文字列— (lexicographic —), 7, 24
条件 (condition)
十分— (sufficient —), 1
同値— (equivalent —), 1
必要— (necessary —), 1
必要十分— (necessary and sufficient —), 1
状態 (state), 12
拒否— (reject —), 12, 26
—集合 (— set), 12
受理— (accept —), 12, 26
初期— (initial —), 12
剰余類 (residue class), 257
小路 (path), 5

ハミルトン— (hamiltonian —), 146
真 (true), 118
真偽設定 (truth assignment), 118
3 択 1 充足— (1-in-3 satisfying —), 167
NAE 充足— (NAE satisfying —), 132, 145, 146
充足— (satisfying —), 119, 127, 226, 264
部分— (partial —), 119, 138, 140, 223, 225
—の大きさ (size of —), 223
ステップ (step), 11
制御部 (finite control), 10, 12, 24
整数 (integer), 4
正の— (positive —), 4
非負の— (nonnegative —), 4
整数計画法 (integer programming), 156
0-1 —, 156
遷移関数 (transition function), 12, 110
全称記号 (universal quantifier), 2, 220, 221
素因数分解 (prime factorization), 257, 259
素項 (prime implicant), 223
素数 (prime number), 54, 257
存在記号 (existential quantifier), 2, 220, 221

た行

体 (field), 253
可換— (commutative —), 253
対角線論法 (diagonalization), 72, 87
対偶 (contrapositive), 2
互いに素 (relatively prime), 254
多項式時間階層 (polynomial hierarchy), 210
探索 (search)
2 分— (binary search), 227
幅優先— (breadth-first —), 65, 104
深さ優先— (depth-first —), 65, 69, 105
チャーチ–チューリングの提唱 (Chruch–Turing's Thesis), 14
チューリング機械 (Turing machine), 10
k 作業用テープ— (k-worktape —), 10
オラクル— (oracle —), 204
確率的— (probabilistic —), 245
決定性— (deterministic —), 52
神託— (oracle —), 204
正規化された確率的— (regularized probabilistic —), 246
正規化された非決定性— (regularized nondeterministic —), 60, 64, 123
多テープ— (multi-tape —), 10
停止性— (halting —), 14, 30, 53
—による認識 (recognition by —), 14
—の確率的受理 (probabilistic acceptance by —), 246
—の数え上げ (enumeration of —), 24
—の記述 (description of —), 21
—の拒否 (rejection by —), 13
—の出力 (output of —), 110
—の受理 (acceptance by —), 13, 14
—の停止 (halting of —), 14
—の非決定的受理 (nondetermin-

istic acceptance by —), 52–54
万能— (universal —), 27
非決定性— (nondeterministic —), 52
チューリング変換器 (Turing machine transducer), 109
頂点 (vertex), 4
—集合 (— set), 4
隣接— (adjacent —), 5
頂点被覆 (vertex cover), 135, 168, 231, 232
定理 (theorem)
ギャップ— (gap —), 42
サヴィッチの— (Savitch's —), 93, 186, 215
時間階層— (time hierarchy —), 83, 87, 202
線形加速— (linear speed-up —), 36, 38, 63, 86
中国剰余— (Chinese remainder —), 258, 260, 261
テープ圧縮— (tape compression —), 36, 38, 51, 63, 67
非決定性補集合の— (nondeterministic space complementation —), 96
フェルマーの小— (Fermat's little —), 257
領域階層— (space hierarchy —), 80, 87
テープ (tape)
オラクル— (oracle —), 204
作業用— (work —), 10
片方向無限— (one-way infinite —), 87
両方向無限— (two-way infinite —), 87
出力— (output —), 109, 204
入力— (input —), 10
—のマス目 (— cell), 10
到達可能性 (reachability), 25, 53
同値類 (equivalence class), 21, 22, 257
独立頂点集合 (independent set), 142, 201, 231
閉じている (closed)
⊕のもとで— (— under ⊕), 263
合成のもとで— (— under composition), 112, 116
集合の積のもとで— (— under intersection), 107
集合の和のもとで— (— under union), 107
対数領域多対一還元のもとで— (— under logarithmic-space many-one reductions), 116
多項式時間多対一還元のもとで— (— under polynomial-time many-one reductions), 116, 236, 247
多項式時間論理積還元のもとで— (— under polynomial-time conjunctive reduction), 217, 218
多項式時間論理和還元のもとで— (— under polynomial-time disjunctive reduction), 217, 218, 263
補集合のもとで— (— under complementation), 32, 96, 250
有限の変更のもとで— (— under finite variations), 34, 43, 159, 162, 216, 252, 263
還元可能性のもとで— (— under reducibility), 116

な行

内項 (implicant)

—の大きさ (size of —), 223

は行

パディング法 (padding method), 84

半群 (semigroup), 252

可換— (commutative —), 253

番地 (address), 10

判定可能 (decidable)

$S(n)$ 領域— ($S(n)$ space —), 32

$T(n)$ 時間— ($T(n)$ time —), 31

指数時間— (exponential-time —), 102

領域時間— (logarithmic-space —), 101

多項式時間— (polynomial-time —), 101

多項式領域— (polynomial-space —), 101

非決定的 $S(n)$ 領域— (nondeterministically $S(n)$ space —), 58

非決定的 $T(n)$ 時間— (nondeterministically $T(n)$ time —), 58

非決定的指数時間— (nondeterministically exponential-time —), 102

非決定的対数領域— (nondeterministically logarithmic-space —), 101

非決定的多項式時間— (nondeterministically polynomial-time —), 101

非決定的多項式領域— (nondeterministically polynomial-space —), 102

判定問題 (decision problem), 117, 136

ビット列 (bit sequence), 21

表現 (representation)

2 進— (binary —), 23, 119, 128, 153

簡素な— (succinct —), 197

—をもつ (succinctly representable), 197

ブロック (block), 37, 88

上— (upper —), 88

下— (lower —), 88

分配法則 (distributive law), 2, 129, 253

閉路 (cycle), 5

ハミルトン— (hamiltonian —), 147, 234, 264

ヘッド (head), 11

作業用— (work —), 12

出力— (output —), 109

第 k 作業用— (k-th work —), 12

入力— (input —), 12

辺 (edge), 4

結合する— (incident —), 5

—集合 (— set), 4

—の始点 (source of —), 5

—の終点 (sink of —), 5

有向— (directed —), 5, 189

法則 (law)

結合— (associative —), 252, 253

交換— (commutative —), 253

法として合同 (congruent), 257

ま行

待ち行列 (priority queue), 39

命題 (statement), 1

—の論理積 (logical-and of —s, conjunction of —s), 1, 118,

127, 128, 130, 132
—の論理和 (logical-or of —s, disjunction of —s), 1, 118, 128, 130
—の否定 (negation of—), 1, 118
命題論理 (propositional logic), 118
命題論理式 (propositional formula), 223
文字列 (string, word), 7
2 進— (binary —), 65, 113, 119, 172
照会— (query —), 205, 210
—の長さ (— length), 7
空の— (empty —), 7
モデル計算機 (computational model), v
モノイド (monoid), 253, 257
可換— (commutative —), 253, 257
森 (forest), 5
問題 (problem)
3SAT—, 132, 148
3 次元マッチング— (3-dimensional matching —), 153
CNF 充足可能性— (CNF satisfiability —), 129
*k*CNFSAT—, 130
NAESAT— , 132
SAT, 118
クリーク— (clique —), 139
限定論理式— (quantified boolean formula—, QBF—), 185
彩色可能性— (colorability —), 143
最適化— (optimization —), 235
集合被覆— (set cover —), 156
充足可能性— (satisfiability —), 118
巡回セールスマン— (traveling salesman —), 152, 236
しりとり— (geography game —), 189
素数判定— (primality testing —), 54, 252
頂点被覆— (vertex cover —), 135
到達可能性— (reachability —), 68, 93, 171
独立頂点集合— (independent set —), 142, 233
ナップサック— (knapsack —), 169
ハミルトン小路— (hamiltonian path —), 147
ハミルトン閉路— (hamiltonian cycle —), 147
標準的完全— (canonical complete —), 195
論理回路判定— (boolean circuit —), 183

や行

有限オートマトン (finite automaton), 61
有理数 (rational number), 4
ユニコード (Unicode), 20

ら行

離散的時間 (discrete time), 11
律 (law)
推移— (transitive —), 4, 115, 135, 176
対称— (symmetry —), 4
同値— (equivalence —), 4
反射— (reflexive —), 4, 115, 176
リテラル (literal), 118, 128

　　正の— (positive —), 118
　　負の— (negative —), 118
領域限定 (space bounded), 31, 33, 58, 59
　　対数— (logarithmic —), 100, 101, 112
　　多項式— (polynomial —), 101
領域構成 (space-construct), 43
論理回路 (boolean circuit), 181, 198
論理式 (formula)
2CNF 命題— (2CNF —), 174
kCNF 命題— (kCNF —), 130, 132
完全限定— (fully quantified boolean —), 185
限定— (quantified boolean —), 185
積和標準形— (DNF —), 129
和積標準形— (CNF —), 128, 131, 230

【著者紹介】

荻原光徳（おぎはら・みつのり）

1963年　川崎市生まれ
1987年　東京工業大学理学部情報科学科卒業
1993年　東京工業大学大学院理学部博士後期課程情報科学専攻修了
現　在　米国ロチェスター大学コンピュータサイエンス学科主任教授，理学博士
学術雑誌 *Theory of Computing Systems* および *International Journal of Foundations of Computer Science* 編集委員
著　書　“The Complexity Theory Companion”（Springer-Verlag，共著）
趣　味　音楽鑑賞，演奏（ピアノ，ベース，歌），読書（ミステリー，サスペンス）

アルゴリズム・サイエンス シリーズ❻
数理技法編
複雑さの階層
Hierarchies in Complexity Theory

2006年11月25日　初版1刷発行

著者　荻原光徳　©2006　（検印廃止）
発行　**共立出版株式会社**　南條光章
〒112-8700　東京都文京区小日向4-6-19
Tel. 03-3947-2511　Fax. 03-3947-2539　振替口座 00110-2-57035
http://www.kyoritsu-pub.co.jp

印刷：加藤文明社　製本：関山製本
Printed in Japan　ISBN4-320-12172-4　（社）自然科学書協会会員
NDC 007.64（アルゴリズム），410.1（数理哲学），418（計算法）